MOTORRÄDER

DIE BESTEN BIKES
ALLER ZEITEN

Gerhard Siem

MOTORRÄDER
DIE BESTEN BIKES
ALLER ZEITEN

HEEL

IMPRESSUM

HEEL Verlag GmbH
Gut Pottscheidt
53639 Königswinter
Telefon 02223 9230-0
Telefax 02223 923026
info@heel-verlag.de
www.heel-verlag.de

© 2013: HEEL Verlag GmbH, Königswinter
2. Auflage, 2017

Verantwortlich für den Inhalt:
Gerhard Siem

Lektorat:
Margit Bachfischer M. A., Bobingen

Titelfoto:
BMW AG

Lithographie, Satz und Gestaltung:
TIM-Verlag, Prittriching

Printed in Romania

ISBN 978-3-86852-704-9

INHALT

Harley-Davidson Polizeimaschinen

Harley-Davidson Zweiräder und dreirädrige Servi-Cars waren nach dem Zweiten Weltkrieg bei der amerikanischen Polizei wie auch bei anderen offiziellen Behörden sehr beliebt.

VORWORT

Die Entwicklung des Motorrads ist genauso alt wie die Erfindung des Automobils. Bereits im Dezember 1868 ließen sich Pierre Michaux und Louis-Guillaume Perreaux ein Dampfrad patentieren. Im April 1870 legte das Dampfrad die 15 Kilometer von Paris nach Saint-Germain mit einer Geschwindigkeit von bis zu 15 km/h zurück. Doch erst 15 Jahre nach dem tollkühnen Ritt der Franzosen auf einem Zweirad sollte mit der Erfindung des Ottomotors der Grundstein für das heutige Motorrad gelegt werden. Keine Geringeren als Gottlieb Daimler und Wilhelm Maybach stellten am 10. November 1885 ein benzinbetriebenes Vehikel, den Daimler-Reitwagen, vor, das von Daimlers Sohn Paul nach Untertürkheim gefahren wurde. Bereits im Jahr 1895 präsentierten die Münchner Brüder Wilhelm und Heinrich Hildebrand mit ihrem Partner Alois Wolfmüller das erste Serienmotorrad, das man für 430 Goldmark kaufen konnte. Auch in Amerika wurde mit selbstfahrenden Zweirädern experimentiert.

Es war Sylvester H. Roper, der am 1. Juni 1896 ein Dampfrad vorstellte und anschließend während Zirkusveranstaltungen und auf Messen fuhr. Mit 3 PS erreichte dieser Ur-Typ eines Motorrads bereits bis zu 45 km/h. Bei Versuchsfahrten verunglückt Roper mit seinem Dampfrad jedoch tödlich. Mit den schnell aufeinanderfolgenden technischen Verbesserungen wie Magnetzündung oder Spritzdüsenvergaser schritt auch die Entwicklung des Motorrads unaufhaltsam voran. So stellte FN aus Frankreich im Jahr 1904 das erste Motorrad mit Kardanwelle vor. Kurze Zeit später wurde in England der Kickstarter erfunden. Nun hatten die Motorräder bereits richtige Bremsen, die ersten Anlasser und eine elektrische Beleuchtung. Die Scott Motor Cycle Co. Ltd. baute ab dem Jahr 1908 die ersten Zweittaktmotoren erfolgreich in zweirädrige Fahrzeuggestelle ein und führte die Kombination erfolgreich über Jahrzehnte fort. Der italienische Ingenieur und Motorradrennfahrer Alberto Garelli verwendete ab 1911 eigene Zweitaktmotoren mit Doppelkolben. Kurz davor hatte sich auch das Deutsche Kaiserreich an die Ursprünge des Motorradbaus erinnert, und so verkauften NSU, Wanderer, BMW und DKW ihre ersten Motorräder. Doch vor allem in Amerika war die Nachfrage ungebrochen. Bis zum Ersten Weltkrieg war Indian der weltgrößte Hersteller von Motorrädern. Nach dem Krieg löste Harley-Davidson die Motorcycle Company aus Springfield ab.

Aber auch im Deutschen Reich tat sich etwas. Im Jahr 1928 hatte DKW die Weltspitze bei den Motorradverkäufen übernommen, und im Jahr 1925 kam die Böhmerland auf den Motorradmarkt – mit über drei Metern Länge das längste Motorrad der Welt. Dann dämpfte jedoch der Zweite Weltkrieg den Aufwärtstrend der Motorradentwicklung. Danach begann die Nachfrage nach motorisierten Untersätzen wieder ungebrochen, und NSU wurde zum größten Motorradproduzenten weltweit. Doch dann kamen die Japaner, und mit der Honda CB 750 Four waren die besten Tage der deutschen Motorradproduktion bereits gezählt. Aber auch das Automobil ließ ab den 1960er-Jahren die Verkaufszahlen sinken, und erst mit der Entdeckung des Motorrads als Spaßmacher durch die Firmen BSA, Norton, Triumph, Benelli, Dukati, MV Agusta und natürlich Harley-Davidson steigerte sich die Popularität des Motorrads wieder und führte bis heute ungebrochen zu einer Wiederauferstehung des Zweirads.

Das informative und brillant illustrierte Buch führt durch die über 140 Jahre alte Geschichte des Motorrads und dokumentiert – beginnend bei den neuesten Hightech-Bikes bis zurück zu den Ursprüngen mit dem Daimler Reitwagen – anhand von ausführlichen Modellinformationen und detaillierten technischen Daten die Entwicklung des Motorradbaus.

Gerhard Siem

Baujahr	2013 bis heute
Motorbauart	Vierzylinder
Hubraum (cm³)	1298
Leistung (PS bei 1/min)	144 bei 8000
Vmax in (km/h)	ca. 250
Rahmen	Brückenrahmen aus Aluguss, Telegabel vorn, Zweiarmschwinge aus Aluguss, Zentralfederbein hinten
Gewicht (kg)	275 (vollgetankt)

Yamaha FJR 1300

Sein Debüt hatte der Tourer bereits im Jahr 2001. Mit einer in allen Bereichen gelungenen sanften Rundum-Überarbeitung startete die Yamaha FJR 1300 in eine neue Saison. Auch beim neuen Modell blieben das bewährte Fahrwerk und der flüssigkeitsgekühlte Vierzylinder-Reihenmotor mit dem Kardanantrieb weitestgehend ohne große Änderung, denn vor allem am Design fanden die japanischen Konstrukteure Möglichkeiten, das Tourenbike moderner zu gestalten. Zu den Verbesserungen gehören ein neues Windschild, geänderte Seitenteile und LED-Lichter am unteren Rand der Scheinwerfer. Auch die Instrumente im Cockpit wurden komplett auf neuesten Stand gebracht. Durch die neue Ride-by-Wire-Drosselklappensteuerung können bei der FJR nun zwei Fahrstufen gewählt werden, und ein Tempomat zusammen mit einem schnelleren ABS sorgt für eine noch einfachere Handhabung des schweren Motorrads. Die Leistung wurde um 3 PS angehoben, was dem Drehmoment mit nun 138 Newtonmetern nochmals zugute kommt. So wird das Überholen, vor allem im Sportmodus, zu einen Kinderspiel. Nach ca. 95.000 Motorrädern dürfte die Yamaha FJR 1300 auch weiterhin einen zufriedenen Käuferkreis finden.

Baujahr	2013 bis heute
Motorbauart	V-Zweizylinder
Hubraum (cm³)	1854
Leistung (PS bei 1/min)	90,3 bei 4750
Vmax in (km/h)	190
Rahmen	Doppelschleifenrahmen aus Aluminium, Telegabel vorn, Schwinge, Zentralfederbein hinten
Gewicht (kg)	342 (vollgetankt)

Yamaha XV 1900 A Midnight Star

Obwohl die neue Yamaha XV 1900 A Midnight Star eine beeindruckende Erscheinung ist, sind die Fahrqualitäten des rollenden Kunstwerks doch alles andere als behäbig. Zusätzlich sieht man dem wuchtigen Cruiser bereits von Weitem an, dass der Komfort bei diesem Superbike großgeschrieben wurde. Den positiven optischen Eindruck unterstreichen der Pull-Back-Lenker, die breite Hinterradwalze und der rücksichtslose Streamliner-Look. Auch der optisch aufgefrischte riesige luftgekühlte Stoßstangenmotor mit einem Drehmoment von 170 Nm trägt zur Philosophie „Art of Engineering" bei und lässt das Bike wie einen Straßenkreuzer aus den 1960er-Jahren erscheinen. Als Neuerungen für das Jahr 2013 sind auch eine Anti-Hopping-Kupplung und eine geänderte Kotflügel-Halterung am Vorderrad vorgesehen. Als Zubehör können eine abnehmbare Batwing Fairing, 32 Millimeter starke Sturzbügel, lederne Fleedwood-Packtaschen und ein Miller-Slip-on-Auspuffdämpfer zusätzlich zu einem trendigen Look beitragen.

Baujahr	2013 bis heute
Motorbauart	Zweizylinder
Hubraum (cm³)	1199
Leistung (PS bei 1/min)	110 bei 7250
Vmax in (km/h)	ca. 210
Rahmen	Zentralrohrrahmen, Upside-Down-Gabel vorn, Schwinge, Zentralfederbein hinten
Gewicht (kg)	261 (vollgetankt)

Yamaha XT 1200 Z Super Ténéré ABS

„Dieses Motorrad ist für die Fahrt ins Abenteuer gemacht", verlautet der Yamaha-Werbeslogan vollmundig. „Für lange Reisen, großes Gepäck und ferne Ziele, genau wofür der Name Ténéré immer gestanden hat." Und die Techniker fügen hinzu: „Wir haben uns auf gutes Handling und beste Rückmeldung von der Maschine zum Fahrer konzentriert. Denn eine solche Maschine muss sich agil bewegen lassen."

Denn extreme Touren mit dem Motorrad in unbekanntes Terrain erfordern nicht nur viel Selbstvertrauen und fahrerisches Können, sondern auch eine ausdauernde Maschine – und genau diesen Anforderungen ist Yamaha mit der neuen Ténéré noch besser nachgekommen. So fühlt sich die Reise-Enduro nicht nur auf Schotterpisten, kurvigen Passstraßen oder bei steinigen Flussdurchfahrten wohl, sondern auch im Alltagsverkehr bietet das Motorrad eine gute Reisegeschwindigkeit bei viel Komfort. Mit einem Verbrauch von ca. 5,2 Litern auf 100 Kilometern kann man Reisestrecken bis zu 435 Kilometern mit einer Tankfüllung zurücklegen. Auch überzeugen gerade der wartungsfreie Kardanantrieb und das dreistufige Traktionssystem die abenteuerlustigen Langstrecken-Tourenfahrer.

Baujahr	2013 bis heute
Motorbauart	Vierzylinder
Hubraum (cm³)	599
Leistung (PS bei 1/min)	77,5 bei 10.000
Vmax in (km/h)	207
Rahmen	Brückenrohrrahmen, Teleskopgabel vorn, Hebelsystem, Federbein hinten
Gewicht (kg)	205 (vollgetankt)

Yamaha XJ6

Nach der Markteinführung der ersten 600er etablierte sich die Yamaha bald als Bestseller in ganz Europa. Auch die nachfolgenden Modelle FZS 600 und FZ 6 standen dem Ursprungsmodell in Nichts nach. Dann wurde die Serie im Jahr 2009 eingestellt. Im Jahr 2013 kehrte dann das 600er-Bike als XJ6 auf die Weltbühne zurück, denn Yamaha hatte gemerkt, dass gerade die 600er-Klasse in Europa eine der liebsten Klassen geworden war. Um das Motorrad als Allrounder einsetzen zu können, hatten die Yamaha-Konstrukteure großen Wert auf ein neutrales Fahrverhalten gelegt, sodass die Maschine einfach und leicht zu benutzen war. Gleichzeitig war das Fahrverhalten so geändert worden, dass der Fahrer auch in anspruchsvollen Situationen nie das Gefühlt hat, dass das Bike sich zu unnatürlich bewegt. Ob Bergstraßen oder Stadtverkehr, die Yamaha XJ6 fühlt sich auf jeder Art von Straße wohl und selbst kleinere Autobahnfahrten und Hochgeschwindigkeiten verkraftet der 600er-Reihenvierzylinder ohne Probleme. Dazu tragen auch das neu entwickelte Einspritzsystem und die Leistung von fast 78 PS bei. Mit der neuen Getriebeabstufung und der geänderten Kupplung fühlt sich jeder Typ von Motorradfahrer auf Anhieb wohl auf der unkomplizierten Maschine.

Yamaha Vmax

25 Jahre nachdem die Vmax das erste Mal die Motorradwelt erschüttert hatte, verblüffte Yamaha mit der Neuauflage der Vmax wiederum mit dem stärksten Serienmotorrad der Welt. Im ersten Modelljahr 2013 kostete die Vmax 19.750 Euro. Dafür bekommt man aber auch eine extreme Maschine mit einem komplett überarbeiteten V4-Motor mit 200 PS und einem maximalen Drehmoment von 167 Nm. Die Features der flüssigkeitsgekühlten Antriebseinheit sind eine Benzineinspritzung mit YCC-I und YCC-T, eine elektronische Drosselklappen- und Ansaugluftsteuerung und ein geregelter Dreiwegekatalysator. Zwar könnte die Vmax mit diesen Leistungsdaten eine theoretische Geschwindigkeit von um die 300 km/h erreichen, doch wird das Riesenbike bei 220 km/h elektronisch in Zaum gehalten. Um die stark gestiegene Leistung auch weiterhin beherrschen zu können, wurde die komplette Bremsanlage verstärkt. Der Aluminiumprofil-Rahmen ist ebenfalls neu, die Schwingenaufnahme aus Aluminiumguss, während das Rahmenheck mit stranggepressten Aluminium-Bauteilen verschweißt ist. Das exzellente Fahrwerk besteht vorn und hinten aus 52 Millimeter starken Standrohren mit Titanoxid-Beschichtung. Das hintere Monocross-Federbein mit Hebelumlenkung ist wie die Telegabel in Federvorspannung, Zug- und Druckstufendämpfung einstellbar.

Baujahr	2013 bis heute
Motorbauart	V-Vierzylinder
Hubraum (cm³)	1679
Leistung (PS bei 1/min)	200 bei 9000
Vmax in (km/h)	220
Rahmen	Brückenrohrrahmen aus Aluminium, Teleskopgabel vorn, Schwinge, Zentralfederbein hinten
Gewicht (kg)	310 (vollgetankt)

Baujahr	2013 bis heute
Motorbauart	Dreizylinder
Hubraum (cm³)	675
Leistung (PS bei 1/min)	106 bei 11.800
Vmax in (km/h)	216
Rahmen	Leichtmetall-Brückenrahmen, Kabaya Upside-Down-Gabel vorne, Zweiarm-Leichtmetallschwinge, Kabaya Monoshock hinten
Gewicht (kg)	182 (vollgetankt)

Triumph Street Triple R

Die Triumph Street Triple legte bereits bei ihrem ersten Auftritt den Grundstein für eine spektakuläre Karriere. Mit der im Jahr 2013 vorgestellten Generation kam ein rattenscharfes Bike auf die Spielwiese der Biker-Freaks. Das Rezept der Engländerin ist nicht neu, warum auch, bereits die Ur-Street-Triple bestach durch vorzügliche Gene. Lediglich das Gewicht wurde nochmals reduziert. 50.000 bis heute verkaufte Exemplare beweisen wohl die Qualität des Dreizylinders. Aggressive Linien und jede Menge scharfes Styling lassen das angriffslustige Motorrad wie ein geducktes Raubtier wirken. Doch auch das wassergekühlte Aggregat lässt von dem Motorrad einiges erwarten. Zwar sind 106 PS nicht die oberste Messlatte in der Superbike-Klasse, doch für einen saftigen Ritt über die Landstraße reicht die Leistung allemal. Alles passt bei dem Bike, ob Beschleunigung, Drehmoment oder Drehfreude, der Dreizylinder schließt alle Kategorien mit Bestnote ab. Spätestens nach dem ersten Ausritt fragt man sich, warum stärkere Motorräder überhaupt nötig sind. Um einen vernünftigen Preis anbieten zu können, wird das 13.700 Euro teure Motorrad komplett in Thailand gefertigt.

Triumph Thunderbird Storm ABS

Bereits zu ihrer Einführung im Jahr 2011 wurde die Triumph Thunderbird Storm bereits hochgelobt. Angetrieben wird die Thunderbird Storm von dem 1700 Kubikzentimeter großen Bigbore-Parallel-Twin T-16. Die großdimensionierten Kolben mit 107 Millimetern Durchmesser sorgen für kräftige 98 PS und ein gigantisches Drehmoment von 156 Newtonmetern bei nur 2950 Umdrehungen in der Minute. Damit hatte Triumph in der internationalen Cruiser-Klasse komplett neue Maßstäbe gesetzt. Das Fahrwerk stammt aus der „normalen" Standard-Thunderbird, das wegen der hervorragenden Fahreigenschaften bekannt ist. Bei der Storm wurde jedoch auf Schnörkel verzichtet, so kommt das Big Bike in einem völlig neuen aufregenden Look daher. Die Doppelscheinwerfer, der Dragbar-Lenker und die dunklen Farben unterstreichen den Charakter eines Streetrods nachhaltig. Zwei schwimmende Bremsscheiben am Vorderrad mit bissigen 4-Kolben-Festsattelzangen in Kombination mit einem Antiblockiersystem bringen ein sicheres und zuverlässiges Fahrgefühl. Ein im Tank integrierter Bordcomputer mit Tacho, Drehzahlmesser, Wegstreckenzähler und Tankanzeige informiert den Fahrer immer über den neuesten Stand der Maschine.

Baujahr	2013 bis heute
Motorbauart	Zweizylinder
Hubraum (cm³)	1699
Leistung (PS bei 1/min)	98 bei 5200
Vmax in (km/h)	220
Rahmen	Stahlrohr-Brückenrahmen, Showa-Gabel vorne, Zweiarm-Stahlrohrschwinge, Showa-Stereo-Federbeine hinten
Gewicht (kg)	339 (vollgetankt)

Baujahr	2013 bis heute
Motorbauart	Dreizylinder
Hubraum (cm³)	675
Leistung (PS bei 1/min)	128 bei 12.500
Vmax in (km/h)	263
Rahmen	Leichtmetall-Brückenrahmen, Öhlins Upside-Down-Gabel, Zweiarm-Leichtmetallschwinge, Öhlins TTX36 Twin Tube Monoshock hinten
Gewicht (kg)	184 (vollgetankt)

Triumph Daytona 675 R

Die neue Triumph Daytona 675 R wurde auf der EICMA 2012 vorgestellt. Ihre Karriere begann im Jahr 2006, als sie das erste Mal auf den deutschen Markt kam. Im Jahr 2009 bekam das Supersport-Modell die erste größere Überarbeitung und eine Leistungserhöhung auf 125 PS. Gleichzeitig reduzierte sich das Leergewicht auf nur 162 Kilogramm. Ab dem Modelljahr 2011 wurde die „R"-Variante vorgestellt. Sie unterschied sich durch eine verbesserte Bremsanlage und eine Öhlins-Radaufhängung. Karbonfaserteile reduzierten das Gewicht nochmals. Von 2010 bis 2013 gewann die Daytona 675 vier Jahre in Folge den Titel „King of Supersports". Die Triumph-Techniker nahmen sich auch für die Modellreihe des Jahres 2013 eine komplette Überarbeitung des flüssigkeitsgekühlten Dreizylindermotors vor. Dabei fanden sie nochmals Möglichkeiten für einen Leistungszuwachs durch ein höheres Drehen des Motors. Doch auch Rahmen und Airbox wurden komplett neu aufgebaut. Mit dem aggressiven schärferen Karosseriedesign und der neu verlegten Auspuffanlage wurde das neue britische Wunderbike eine Straßenrennmaschine ohne Kompromisse.

Suzuki Hayabusa 1300 ABS

Das 2013er-Modell der Suzuki Hayabusa 1300 ist nun auch mit Sport-ABS ausgerüstet, das auf ein modernes Brembo-Bremssystem zugreift. Daher ist der Supersportler für einen Ritt nur am Wochenende viel zu schade. Durch die vielen technischen Highlights hat sich die Hayabusa inzwischen zu einem richtigen Alltagsmotorrad gemausert. In der Mitte des starken Motorrads werkelt eines der mächtigsten Zweiradtriebwerke der Welt. Mit dem 1340 Kubikzentimeter Hubraum großen Vierzylinder-Aggregat erreicht die Hayabusa eine Leistung von 197 PS bei 9500 und ein Drehmoment von 155 Nm bei 7200 /min). Die Konkurrenz in Form der Kawasaki ZZR 1400 ABS leistet 193 PS und die BMW K 1300 S immerhin noch 167 PS. Beide Motorräder erreichen Höchstgeschwindigkeiten von über 280 Stundenkilometern. Zum kräftigen Vortrieb und zum fein dosierbaren Handling addiert sich ein cw-Wert, der dem von Flugzeugen nahekommt. Mit diesem neuen Meilenstein lässt Suzuki die Legende „Hayabusa" in das 14. Lebensjahr preschen.

Baujahr	2013 bis heute
Motorbauart	Vierzylinder
Hubraum (cm³)	1340
Leistung (PS bei 1/min)	197 bei 9500
Vmax in (km/h)	über 280
Rahmen	Aluminium-Brückenrahmen, Upside-Down-Gabel vorne, Kastenschwinge aus Aluminium, Zentralfederbein hinten
Gewicht (kg)	266 (vollgetankt)

Baujahr	2013 bis heute
Motorbauart	Dreizylinder
Hubraum (cm³)	798
Leistung (PS bei 1/min)	125 bei 11.600
Vmax in (km/h)	245
Rahmen	ALS-Stahl-Gitterrohr mit Alu-Hilfsrahmenplatten, Marzocchi-Upside-Down-Gabel vorne, Einarmschwinge aus Aluminium, Sachs-Federbein hinten
Gewicht (kg)	170

MV Agusta Rivale 800

Auch im Modelljahr 2013 gibt die italienische Firma MV Agusta ordentlich Gas. Mit einer supersportlichen Optik wurde die neueste Schöpfung, die aufsehenerregende Rivale 800, während der EICMA im Jahr 2012 der Öffentlichkeit vorgestellt. Zuerst denkt man, wessen Rivale sollte wohl die neu MV Agusta haben, doch beim genaueren Hinsehen erkennt man deutliche Stile der Hypermotard oder den fetten Hinterreifen der Diavel. Dennoch hat Chefdesigner Adrian Morton eine ganz eigenständige Form geschaffen, die den flüssigkeitsgekühlten Dreizylinder sowie die herrlich designten Auspuffendrohre wirksam in den Mittelpunkt rückt. Trotz des moderaten Preises von ca. 11.000 Euro ist bei dem radikalen Bike eine ganze Menge Elektronik verbaut. Das individuell einstellbare Motormanagement mit den verschiedenen Mappings und persönlichen Presets ist nur ein kleiner Teil des großen Elektronikpakets, das vor allem ungeübte Fahrer wegen der Leistung von 125 PS und einem Gewicht von nur 170 Kilogramm sehr zu schätzen wissen. Eine für die Marke MV Agusta typische Konstruktion ist die Verbundkonstruktion des Rahmens mit kurzem Gitterrohrrahmen aus Stahl und seitlich verschraubten Platten aus Leichtmetall.

Moto Guzzi V7 Stone

Im Jahr 2012 stellte Moto Guzzi eine völlig überarbeitete Version des 45 Jahre alten Guzzi-Klassikers V7 vor, die V7 Stone. Es verwundert daher nicht, dass die Stone auf den ersten Blick sehr viele Gemeinsamkeiten mit der Guzzi von damals hatte. Auffällig waren dabei nicht nur die typischen runden Scheinwerfer, die beiden verchromten Federbeine, die Faltenbälge an der vorderen Gabel und das bullige Aussehen, sondern auch die Doppelschalldämpfer, die einen individuellen Klang verbreiten. Leichte, in Mattschwarz gehaltene Aluminiumräder verstärken das eigene Design. Mit diesen nicht überladen wirkenden Details wurde das Motorrad zu einem echten Hingucker. Das geringe Gewicht von gerade einmal 179 Kilogramm garantierte mit der perfekten Abstimmung von Gabel und Federbeinen ein kinderleichtes Handling. Das gut schaltbare und kurz abgestufte Fünfganggetriebe lieferte über eine Kardanwelle den nötigen Antrieb am Hinterrad. Der Motor wurde gründlich überarbeitet und die italienischen Entwickler verpassten dem Aggregat 70 Prozent neue Bauteile. Der V-Twin wird nun nur noch von einer Drosselklappe versorgt, und zwei Lambda-Sonden sorgen für das richtige Verbrennungsgemisch. Auch in den neuen Zylindern und -köpfen verrichten höher verdichtende Kolben ihre Arbeit und helfen bei der Standfestigkeit des Motors mit.

Baujahr	2013 bis heute
Motorbauart	V-Zweizylinder
Hubraum (cm³)	744
Leistung (PS bei 1/min)	50 bei 6200
Vmax in (km/h)	170
Rahmen	Stahl-Doppelschleifenrahmen, Teleskopgabel vorne, Schwinge, Stoßdämpfer hinten
Gewicht (kg)	179 (fahrbereit)

Baujahr	2012 bis heute
Motorbauart	V-Zweizylinder
Hubraum (cm³)	1380
Leistung (PS bei 1/min)	97 bei 6500
Vmax in (km/h)	185
Rahmen	geschlossener Doppelschleifen-Stahlrohrrahmen, Teleskopgabel vorne, Schwinge, Stoßdämpfer hinten
Leergewicht (kg)	322

Moto Guzzi California 1400

Im Jahr 2012 hatte es Moto Guzzi wieder einmal geschafft, die Motorrad-Gemeinden zu verblüffen. Um die legendäre Moto Guzzi California wieder aufleben zu lassen, hatte Guzzi ein bemerkenswertes Flaggschiff mit der Typenbezeichnung California 1400 auf den Markt gebracht. Die neue California war bereits die siebte Evolutionsstufe, und kein einziges Bauteil wurde von den Vorserien übernommen. Dennoch folgte auch dieses Design akkurat den klassischen Linien ihrer Vorgänger. Der bauchige Tank, die Speichenräder und der viele Chrom an den Anbauteilen vermischten nahezu perfekt moderne Stilelemente mit historischer Karosserieführung. Das weltweit einzigartige V2-Aggregat mit einem Hubraum von fast 1,4 Litern besticht durch ein mächtiges Drehmoment von 120 Newtonmetern. Das moderne Ride-by-Wire-System bietet drei Fahrbereiche wie „Regen", „Touring" und „Sport", und die Traktionskontrolle hat ebenfalls drei Stufen. Das ABS von Bosch hält das über 300 Kilogramm schwere Motorrad auch während plötzlicher Bremssituationen zuverlässig in der Spur. Durch die moderne Technik gerät das Motorradfahren schnell zu einem genussvollen Cruisen.

KTM 990 Super Duke R

Das Naked Bike 990 Super Duke R von KTM ist als reine Fahrmaschine ohne Kompromisse konstruiert worden. Mit der kraftstrotzenden und doch gut dosierbaren Power des flüssigkeitsgekühlten V-Twin-Supersportlers mit der kontaktlos gesteuerten vollelektronischen Zündanlage mit digitaler Zündverstellung kann das Bike auch als Alltagsfahrzeug eingesetzt werden. Durch die gut konzipierte Sitzbank sind auch längere Touren mit Sozius möglich. Das von KTM gewohnt präzise Fahrwerk zeigt ein handliches Feeling bei jeder Straßenbeschaffenheit. Die exklusiven Teile beinhalten eine CNC-gefräste Gabelbrücke, Lenkungsdämpfer und pulverbeschichtete Gleitrohre der Gabel. Die Bremsanlage ist mit einer Doppelbremse mit radial verschraubten Vierkolben-Bremszangen am Vorderrad und einer Einscheibenbremse mit Einkolben-Bremszange am Hinterrad ausgestattet. Mit diesen spektakulären Eigenschaften kann die 990 Super Duke R wohl als eines der schärfsten Naked Bikes mit Straßenzulassung gelten.

Baujahr	2013 bis heute
Motorbauart	V-Zweizylinder
Hubraum (cm³)	999
Leistung (PS bei 1/min)	125 bei 9000
Vmax in (km/h)	240
Rahmen	Gitterrohrrahmen aus Chrom-Molybdän-Stahlrohren, WP Suspension Upside-Down vorne, WP Suspension Monoshock hinten
Gewicht (kg)	186

Baujahr	2013 bis heute
Motorbauart	V-Zweizylinder
Hubraum (cm³)	1195
Leistung (PS bei 1/min)	150 bei 9500
Vmax in (km/h)	240
Rahmen	Gitterrohrrahmen aus Chrom-Molybdän-Stahlrohren, WP Suspension Upside-Down vorne, WP Suspension Monoshock hinten
Gewicht (kg)	217 (vollgetankt)

KTM 1190 Adventure R

In Anlehnung an den Abenteuer-Urgedanken mit dem Motorrad entstand in Mattighofen in Österreich die nächste Stufe der KTM 1190 Adventure. Hinter der Motorradbezeichnung steckt die Seele von weiten Reisen zu exotischen Plätzen, rauer Natur und sportlichen Wüstenpisten. Diese Maschine ist speziell für die anspruchsvollen Fahrer dieser Kategorie gemacht. Auch beim V2-Triebwerk haben die Techniker von KTM wieder einmal gezaubert, mächtige 150 PS stehen dem Piloten über das Sechsganggetriebe am Hinterrad zur Verfügung. Mit dem perfekt angepassten Fahrwerk und den bestens abgestimmten Assistenzsystemen ist die Adventure jeder Herausforderung im Gelände wie auf der Straße gewachsen. Mit einem zulässigen Gesamtgewicht von 440 Kilogramm kann zur großen Reise auch manches nicht so wichtige Utensil mitgenommen werden.

KTM 1190 RC8 R

Ohne große Änderungen geht das Superbike KTM 1190 RC8 R in die neue Saison 2013. Eine Leistung von 175 PS und ein Drehmoment von 127 Nm machen die Maschine zum ultimativen Powerbike. Für die Umsetzung des Superbikes haben die Ingenieure von KTM alle Register gezogen und ein technisch und optisch hochwertiges Spaßgerät auf die Straße gesetzt. Mit dem großdimensionierten V-Twin stehen dem Fahrer der RC8 alle hochwertigen Features wie optimale Massenverteilung an der Kurbelwelle durch die 75-Grad-Stellung, eine Doppelzündung, ABS, ein Katalysator und ein endlos verstellbares Fahrwerk zur Verfügung. Die aufwendige orange Gitterrohrkonstruktion, der vom Schwerpunkt günstig platzierte Auspuff und das großzügige LCD-Cockpit lassen sofort das bei KTM gewohnte Rennbahn-Feeling aufkommen. Zu diesem sportlichen Design tragen auch die fünfspeichigen und zierlichen Aluminium-Gussräder mit den Dunlop-Sportsmart-Reifen bei. Das Superbike hat allerdings seinen Preis, 20.995 Euro sollten es in der Grundversion schon sein. Das Schwestermodell auf der Rennstrecke startet seit dem Jahr 2009 in der Superbike-Klasse der Deutschen Straßenmeisterschaft.

Baujahr	2013 bis heute
Motorbauart	V-Zweizylinder
Hubraum (cm³)	1195
Leistung (PS bei 1/min)	175 bei 10.250
Vmax in (km/h)	280
Rahmen	Gitterrohrrahmen aus Chrom-Molybdän-Stahlrohren, WP Suspension Upside-Down vorne, WP Suspension Monoshock hinten
Gewicht (kg)	217 (vollgetankt)

Baujahr	2013 bis heute
Motorbauart	V-Zweizylinder
Hubraum (cm³)	999
Leistung (PS bei 1/min)	116 bei 9000
Vmax in (km/h)	220
Rahmen	Gitterrohrrahmen aus Chrom-Molybdän-Stahlrohren, WP Suspension Upside-Down vorne, WP Suspension Monoshock hinten
Gewicht (kg)	192

KTM 990 Supermoto R

KTM hat im Jahr 2013 mit der 990 R ein ganzes Bündel an technischen Feinheiten auf den Markt gebracht. Neben dem modernen V2-Motor mit elektronischer Benzineinspritzung wartet die radikale Supermoto mit einem perfekten Fahrwerk und einem ABS Bosch 9M+ auf, die das radikale Motorrad sehr sicher machen. Der Einsatzbereich der Supermoto ist weit gefächert und bietet vom engen Großstadtdschungel über bergige Passstraßen bis zur Rennstrecke für jede Gelegenheit die passende Einstellung. Somit gehört die dynamische, 116 PS starke Maschine zu den vielseitigsten Angeboten im KTM- Motorradprogramm.

Baujahr	2013 bis heute
Motorbauart	Vierzylinder
Hubraum (cm³)	806
Leistung (PS bei 1/min)	113 bei 10.200
Vmax in (km/h)	über 250
Rahmen	Brückenrohrrahmen und Motorhilfsrahmen, Upside-Down-Gabel vorne, Bottom-Link Uni-Trak mit Gasdruck-Federbein hinten
Gewicht (kg)	229

Kawasaki Z 800 e

Im Jahr 2013 ist die Z 800 e-Variante in einem aggressiven Heritage-Look im Kawasaki-Motorradprogramm. Das mit 35 kW oder aber mit 70 kW erhältliche Naked Bike überzeugt mit einem komplett überarbeiteten Motor, einem tollen einstellbaren Fahrwerk und einem traumhaften Design — halt typisch Kawasaki. Mit dem größeren Hubraum produziert das Bike vor allem im niedrigen Drehzahlbereich genügend Power, die am flüssigkeitsgekühlten Motor angepasste kurze Übersetzung sorgt für starke Werte in der Beschleunigung. Das steife Fahrwerk überzeugt durch ein ständiges Feedback an den Fahrer und verhält sich jeder Situation als gewachsen. Die leichte 41-Millimeter-Upside-Down-Gabel und das Bottom-Link-Uni-Trak-System bieten eine hervorragende Straßenlage. Das gut dosierbare Bremssystem bietet hervorragende Leistungen in allen Bereichen. Zusätzlich bietet die Z 800 ein kompaktes Nissin-Motorrad-ABS. Eine dreifach geteilte LCD-Instrumentenanzeige im Cockpit hält den Fahrer immer auf dem neuesten Stand. Eine perfekt gestaltete Sitzbank mit einer außergewöhnlichen Sitzposition lässt Fahrer und Sozius zu einer Einheit verschmelzen.

Baujahr	2013 bis heute
Motorbauart	Zweizylinder
Hubraum (cm³)	773
Leistung (PS bei 1/min)	48 bei 6500
Vmax in (km/h)	174
Rahmen	Doppelschleifen-Rahmen aus Stahlrohr, Teleskopgabel vorne, Zweiarmschwinge aus Stahl, Federbeine hinten
Gewicht (kg)	216 (vollgetankt)

Kawasaki W 800

Wer mit seinem Motorrad in der Vergangenheit schwelgen möchte, der kommt an einem großvolumigen Zweizylinder-Dampfhammer kaum vorbei. Als Beigabe sollte es auch an Chromteilen, einfachen Bremsen und Speichenrädern nicht fehlen. Eine flache Sitzbank, zeitlose Rundinstrumente und ein großer Scheinwerfer unterstreichen den klassischen Stil des Motorrads. Seit dem Jahr 2011 hat hier Kawasaki mit der W 800 genau das Richtige im Modellprogramm. Mit dem Design der 1960er-Jahre in Kombination mit moderner Technik zieht der Retro-Klassiker alle Blicke auf sich. Der luftgekühlte, quer zur Fahrtrichtung eingebaute Reihenzweizylinder hat eine oben liegende Nockenwelle, die je vier Ventile pro Zylinder steuert. Für die Gemischregulierung wurde eine moderne Kraftstoffeinspritzung gewählt, die dem Motor eine moderate Leistung von 47 PS abverlangt. Damit schafft es das unverkleidete Motorrad auf eine reichliche Höchstgeschwindigkeit von 174 km/h Spitze. Für ein ungeteiltes Fahrvergnügen sorgt das Chassis mit dem Doppelschleifen-Rohrrahmen, der Zweiarmschwinge, der vorderen mit Gummibalgen versehenen Teleskopgabel und den hinteren Federbeinen.

Baujahr	2013 bis heute
Motorbauart	Zweizylinder
Hubraum (cm³)	649
Leistung (PS bei 1/min)	72 bei 8500
Vmax in (km/h)	ca. 220
Rahmen	Diamond-Rahmen aus hochfestem Stahl, Teleskopgabel vorne, Monofederbein hinten
Gewicht (kg)	206 (vollgetankt)

Kawasaki ER-6n

Eigentlich war die Kawasaki, deren erste Generation im Jahr 2006 auf den Markt kam, wegen des leichten Handlings und einer möglichen Drosselung auf 36 PS für den Einsteigermarkt konzipiert, doch schnell etablierte sich das trendige Bike in der Motorradszene. Dazu trug auch das leidenschaftliche Aussehen im Lifestyle-Trend bei. Doch auch die ER-6n des Modelljahres 2013 überzeugt durch ein absolut fantastisches Design. Vor allem die gekonnt entworfene neue kantige Scheinwerfermaske mit den übereinanderliegenden Scheinwerfern und die getönte Instrumentenblende verstärken den markanten Streetfighterlook. Unterhalb des geduckt wirkenden Tanks sitzt der kompakte Zweizylindermotor mit seiner guten Leistungscharakteristik. Dadurch hat das schlanke, drehfreudige Bike auch eine Berechtigung als alltagstaugliches Gefährt für die Fahrt zur Arbeit. Der Doppelrohrrahmen mit der steifen Schwinge trägt zusammen mit dem modernen Federungssystem zu einem leichten und sportlichen Handling bei. Die starke Polsterung des Sitzes gewährleistet dem Fahrer wie auch dem Sozius einen hohen Fahrkomfort.

Baujahr	2013 bis heute
Motorbauart	Sechszylinder
Hubraum (cm³)	1218
Leistung (PS bei 1/min)	161 bei 8800
Vmax in (km/h)	250
Rahmen	Brückenrohrrahmen aus Aluminium, Upside-Down-Gabel vorn, Einarmschwinge, Zentralfederbein hinten
Gewicht (kg)	249

Horex VR6 Roadster

Im Jahr 1956 war eine weitere deutsche Motorradmarke, die Horex-Fahrzeugbau AG, in Absatzschwierigkeiten geraten und beendete noch im gleichen Jahr die Produktion für Motorräder. Restbestände der Horex Imperator gingen an einen Importeur in den USA und wurden bis Anfang der 1960er-Jahre gebaut. Die Namensrechte gingen an Friedel Münch, den bekannten Erbauer der Münch-4 TTS. In den 1980er-Jahren verkaufte Münch die Rechte an den Zweiradimporteur Fritz Röth aus Hammelbach, der in Italien Mofas und Mokicks unter dem Namen „Horex" fertigen ließ. Über die Hörmann-Rawema GmbH in Chemnitz gelangten die Namensrechte schließlich an die derzeitige Markeninhaberin Horex GmbH in Garching bei München. Diese Firma brachte nach mehrmaligen Ankündungen für das Modelljahr 2013 ein Sechszylinder-Naked-Bike auf den Markt, das absolute Lust auf mehr macht, die Horex VR6 Roadster. Das klassisch wirkende hochmoderne Bike überzeugt mit schönen analogen Instrumenten und einem großen runden Frontscheinwerfer. Das Chassis bietet überzeugende Elemente wie Alu-Brückenrohrrahmen, Upside-Down-Gabel und ein zentrales Federbein. Der durchzugsstarke Motor erfreut mit einem starken Drehmoment von 137 Nm bei 2000 /min). Ob der Preis von 21.700 Euro es rechtfertigt, eine Horex zu fahren, muss jeder selbst entscheiden.

Ducati Multistrada 1200S Touring

Für die Saison 2013 schuf Ducati ein neues Multitalent, die Multistrada 1200S Touring. Mit dieser neuen Multistrada gelang Ducati eine perfekte Fortsetzung der Multistrada-Serie, die im Jahr 2003 auf der IFMA in München mit der Präsentation der ersten Serienmodelle begann. Ein Jahr später begann die Auslieferung des Motorrads an die Kunden. Bis zum Modelljahr 2006 konnte man aus zwei unterschiedlichen Motoren mit 618 oder 992 Kubikzentimetern wählen. Ab dem Jahr 2007 hatte die Multistrada einen 1100er-Motor mit geregeltem Kat und Lambdasonde. Doch die brandneue Multistrada 1200S hat nur noch wenig mit ihrem Vorgänger zu tun. Dichtgedrängte Elektronik verwandelt den Allrounder in ein Motorrad für alle Fälle. Denn durch das neue Radfedersystem Ducati Skyhook (DSS) und die insgesamt vier Fahrstufen Sport, Touring, Urban und Enduro, kann es die S Touring mit allen Straßentypen aufnehmen. Außerdem ist die Multistrada mit regelbarer Traktionskontrolle (DTC), dem Anti-blockiersystem (ABS), zwei eleganten Seitenkoffern mit 57 Litern Stauraum und Griffheizung ausgerüstet.

Baujahr	2013 bis heute
Motorbauart	L-Zweizylinder
Hubraum (cm³)	1198,4
Leistung (PS bei 1/min)	150 bei 9250
Vmax in (km/h)	über 230
Rahmen	Stahl-Gitterrohrrahmen, Sachs-Upside-Down-Gabel vorne, Einarmschwinge, einstellbare Sachs-Einheit hinten
Gewicht (kg)	206

Baujahr	2013 bis heute
Motorbauart	Vierzylinder
Hubraum (cm³)	599
Leistung (PS bei 1/min)	120 bei 13.500
Vmax in (km/h)	265
Rahmen	Aluminiumguss-Brückenrahmen, Showa-Big-Piston-Vorderradgabel vorne, Schwinge, Unit-Pro-Link-Hinterradaufhängung
Gewicht (kg)	156

Honda CBR 600 RR Repsol

Mit der im Modelljahr 2013 vorgestellten CBR 600 RR hat Honda zwei Ziele miteinander verbunden: Motorradrennen zu gewinnen und gleichzeitig ein Bike für den Alltag zu schaffen. Die erste Baureihe entstand bereits im Jahr 2003 und holte für Honda acht Weltmeisterschaftstitel. Nach dem Vorbild der MotoGP-Rennmaschine RC213V entstand eine sagenhafte Straßenmaschine mit absolut überzeugender Leistung. Bei der Entwicklung des Supersport-Bikes setzte Honda die modernsten Technologien ein und baute ein Rennmotorrad mit Straßenzulassung. 599 Kubikzentimeter und eine Leistung von 120 PS aus einem wassergekühlten Vierzylinder-Reihenmotor lassen einen maximalen Fahrspaß über den gesamten Drehzahlbereich garantieren. Das duale sequenzielle Einspritzsystem hilft bei der Kraftentfaltung und erzielt ein perfektes Ansprechverhalten bei wirtschaftlicher Verbrennung. Bereits der Anblick der orange-rot-schwarzen Repsol-Fahrmaschine lässt in ihr Rennsportgene vermuten. Dazu tragen auch die geduckte Aerodynamik und die gedrungene Form des Motorradsportlers bei. Doch nicht nur Geschwindigkeit zählt bei sportlich ausgerichteten Maschinen, sondern auch gute Bremsen. Mit dem Combined-ABS-Bremssystem und der daraus resultierenden optimalen Bremskraftverteilung sind extreme und schnelle Bremsvorgänge möglich.

Ducati Hypermotard SP

Hypermotard SP steht für Kraft und Temperament und ist mit lediglich 171 Kilogramm manchmal auch ein wenig zickig. Doch das haben Filmdiven ja so an sich, denn die Hypermotard kann sich brüsten, bereits in zwei Kinofilmen über die Leinwand zu jagen, in „Knight and Day" mit Cameron Diaz und Tom Cruise und in „Ja-Sager" mit Tim Carrey. Die Art von Motorrad ist klar in die Kategorie Supermotc einzuordnen. Mit dem speziellen Set-up, den geschmiedeten Marchesini-Felgen, den voll einstellbaren Federelementen, mit ultraleichter Aluminiumgabel von Marzocchi und Öhlins-Federbein sorgt die Ducati Hypermotard SP für unbändigen Fahrspaß. Die kompromisslose sportliche Hypermotard SP ist eines der Aushängeschilder der italienischen Firma, der ein besonderes Augenmerk in puncto Herstellung und Qualität gilt. Technisch verlockend ist der luft-/ölgekühlte L2-Viertakt-Motor, der an der Ducati Hypermotard in zwei Versionen zum Einsatz kommt. Zum einen die Hypermotard 796, welche bei einer Leistung von 84 PS eine Spitzengeschwindigkeit von 215 km/h erreicht. Zum anderen die Hypermotard-SP-Variante die mit einem Hubraum von 1079 ccm aufwarten kann. In der aktuellen Baureihe wird der moderne Testrastretta-11-Motor eingebaut. Das Motorrad holt aus dem 821 ccm großen flüssigkeitsgekühlten Motor satte 110 PS und 89 Nm Drehmoment heraus.

Baujahr	2013 bis heute
Motorbauart	L-Zweizylinder
Hubraum (cm³)	821,1
Leistung (PS bei 1/min)	110 bei 9250
Vmax in (km/h)	215
Rahmen	Gitterrohrrahmen aus Stahl, Marzocchi-Upside-Down-Gabel vorne, Einarmschwinge aus Aluminium, Öhlins-Moncfederbein hinten
Gewicht (kg)	171

Ducati 1199 Panigale S

Mit der 1199 Panigale S hat Ducati ein weiteres Mal einen Meilenstein gesetzt und mit dem 195 PS starken Superbike die Poleposition erreicht. Nicht nur das einzigartige Design, sondern auch mit dem Engineering und dem unbeschreiblichen Fahrgefühl hat Ducati die bis dahin gegoltenen Grenzen überschritten. Dabei hat sich auf den ersten Blick eigentlich nicht viel geändert. Noch immer ist das Superbike rot und im Inneren werkelt ein zweizylindriger großvolumiger Viertaktmotor. Doch dies ist nur ein erster flüchtiger Blick, denn in Wahrheit ist das Ding ein futuristisches italienisches Glanzstück, denn 195 PS Leistung bei nur 166,5 Kilogramm Trockengewicht sind nicht normal. Doch auch hier nimmt die umfangreiche Elektronik dem Fahrer einiges ab und hilft per Knopfdruck das wilde Superbike zu zähmen. Doch auch Komponenten wie Aero-Kit, Full-LED-Doppelscheinwerfer, Karbonkotflügel, Marchesinischmiedefelgen und einstellbare Öhlins-Lenkungsdämpfer machen die Maschine zu etwas Besonderem. Sobald man auf der 1199 Panigale S Platz nimmt, spürt man die Bereitschaft der Fahrmaschine für den Kampf gegen die Stoppuhr.

Baujahr	2013 bis heute
Motorbauart	L-Zweizylinder
Hubraum (cm³)	849,4
Leistung (PS bei 1/min)	140 bei 10.500
Vmax in (km/h)	271
Rahmen	Aluminium-Monocoque, Showa-Upside-Down-Gabel vorne, Einarmschwinge aus Aluminium, Öhlins-Mono-Federbein hinten
Gewicht (kg)	167

Baujahr	2013 bis heute
Motorbauart	L-Zweizylinder
Hubraum (cm³)	1198
Leistung (PS bei 1/min)	195 bei 10.750
Vmax in (km/h)	über 270
Rahmen	Aluminium-Monocoque, Öhlins-Upside-Down-Gabel vorne, einstellbare Anlenkung, veränderbare Kennlinie: Progressiv/Flat hinten
Gewicht (kg)	166,5

Ducati 848 evo Corse

Lamborghini auf zwei Rädern, so oder ähnlich nannte die Presse den neuen Geniestreich von Ducati. Obwohl Ducati am 18. April 2012 von der übermächtigen Audi AG geschluckt wurde, kann man beim neuen Modell keinen Abwärtstrend zu einem eventuell biederen deutschen Motorrad erkennen. Das teuflische Gefährt gibt es für lediglich 15.350 Euro, was für diesen Supersportler nicht zu wenig ist, denn wenn man die Fülle der eingebauten Edelteile in der Beschreibung entdeckt, kommt es dem Leser vor, wie eine lange Wunschliste zu Weihnachten. Die Liste beginnt beim Gitterrohrrahmen aus ALS450-Stahl, führt sich fort beim elektronischen Assistenzsystem, dem Lenkungsdämpfer, dem Schaltautomaten, dem verstellbaren Öhlins-Federbein, den 330 Millimeter großen Bremsscheiben und den bissigen Monobloc-Zangen von Brembo. Die Ducati 848 evo Corse bietet in dieser Ausstattung den idealen Einstieg in die wunderbare Welt des Wettbewerbsports. Daraus ergibt sich auch das Jagdgebiet der 848 evo Corse, die mit dieser Menge an feiner Technik nicht für die Stadt, sondern für Landstraßen und Autobahnen gemacht ist, wo man den Gashebel kräftig aufreißen kann.

Baujahr	2013 bis heute
Motorbauart	L-Zweizylinder mit Kompressor
Hubraum (cm³)	1198
Leistung (PS bei 1/min)	191 bei 9750
Vmax in (km/h)	theoretisch bis 300
Rahmen	Gitterrahmen NiCrMo4 mit gefrästen Aluminiumteilen, Öhlins-Upside-Down-Gabel vorne, Öhlins-Federbein hinten
Gewicht (kg)	181

Bimota DB11 VLX

Motorradfahrer, oder heißt diese Gruppe von Zweiradfetischisten anders, die mit 150 PS und mehr nicht zufrieden sind, können sich über das neue Sportbike DB11 VLX von Bimota freuen. Während der EICMA in Mailand im Jahr 2012 präsentierte Bimota die neue DB11. Im exklusiven Supermotorrad findet der kompromisslose flüssigkeitsgekühlte 1,2-Liter-L2-Ducati-Motor mit Benzineinspritzung und einer Leistung von 162 PS Verwendung. Bei der mit einem Kompressor ausgestatteten Variante VLX erreicht die Leistung sogar einen Spitzenwert von 191 PS. Das Drehmoment der mit einem Sechsganggetriebe ausgestatteten DB11 VLX liegt bei 143 Nm bei 7750 /min). Auf dem handgefertigten Edelrenner Platz genommen, kauert der Pilot hinter einer kleinen Windscheibe des nur 179 Kilogramm schweren DB11 VLX. Neben den Ducati-Motoren kann aber auch ein Vierzylinder-DB11 mit BMW-Motor geordert werden. Diese BB2 genannte Variante greift auf das Ein-Liter-Aggregat der BMW 1000 RR zurück und leistet 193 PS. Der Basispreis des einmaligen Zweiraderlebnisses liegt bei 25.000 Euro.

Baujahr	2013 bis heute
Motorbauart	Einzylinder, Zweitakter
Hubraum (cm³)	293,1
Leistung (PS bei 1/min)	12,2 bei 6000
Vmax in (km/h)	104
Rahmen	Schleifenrahmen, Sachs-Teleskopgabel vorne, verstärkter Kunststoff-Heckrahmen, Schwinge, Monoshock hinten
Gewicht (kg)	104

Beta RR2T 300

Die Vorstellung der neuen Zweitaktmotoren in den Sportenduros war im Jahr 2004 eines der wichtigsten Ereignisse in der über 100-jährigen Firmengeschichte von Beta. Nach der Rückkehr auf den Enduro-Markt präsentierte Beta im Jahr 2010 ihr eigenes 4T-Triebwerk. Die Motoren waren das Ergebnis einer 24 Monate andauernden Entwicklung. Verfügbar waren schließlich Motoren mit 250 und 300 Kubikzentimetern. Seit dem Jahr 2010 verbaut Beta in die Enduro-Modelle RR 4T 400, 450 und 520er-Motoren aus eigener Entwicklung und Produktion in hoher Qualität. Neue Zweitaktmotoren vervollständigen die RR-Enduro-Palette ab dem Jahr 2013. Das Fahrwerk der RR-Enduros profitiert bei veränderter Geometrie von den Entwicklungsschritten in den neun Modelljahren der 4T-Baureihe. Die Einstellung der Federelemente wurde ebenfalls dem 2013er-Modell angepasst, dabei sind die Räder und die Schwinge baugleich geblieben. Der Einsatz der handlichen und traktionsstarken Sportenduros bietet viele Möglichkeiten von Hobbyritten am Wochenende im Gelände bis zu schwersten, auch internationalen Motorsportveranstaltungen.

Baujahr	2013 bis heute
Motorbauart	Vierzylinder
Hubraum (cm³)	599
Leistung (PS bei 1/min)	82 bei 11.500
Vmax in (km/h)	230
Rahmen	Gitterrohrrahmen aus Aluminium, Upside-Down-Gabel vorne, Aluminiumschwinge, seitliches Federbein hinten
Gewicht (kg)	unter 200

Benelli BN 600

Auf Basis des 600-Vierzylinder-Motorrads entstand 2013 ein Allrounder, dessen Charakteristik auch unerfahrene Piloten ansprechen sollte. Merkmale der neuen Benelli waren das seitlich geführte hintere Federbein und die kantige Lampenmaske mit Klarglasscheinwerfer. Diese aktuellen Designelemente zeigten klar, dass Benelli auf die aktuelle untere Mittelklasse abzielte. Die optischen Elemente der BN 600 wirken äußerst vertraut, denn die Designer nahmen augenscheinlich Anleihen bei der Aprilia Shiver. Auch die technischen Daten der Benelli lesen sich durchaus lecker, 82 PS Leistung, ein maximales Drehmoment von 52 Newtonmetern, Ölbadkupplung, Nasssumpfschmierung, Sechsganggetriebe und Kettenantrieb, alles Features, aus denen Sieger gemacht werden. Dazu gesellen sich ein leichter Gitterrohrrahmen aus Aluminium, eine 50-Millimeter-Upside-Down-Gabel, eine Aluschwinge und ein in der Zugstufe und der Federbasis einstellbares Federbein. Ein ABS ist im Gesamtpaket nicht enthalten. Vom Motor bietet die BN 600 ein modernes flüssigkeitsgekühltes Vierzylinderaggregat mit Sechsganggetriebe und Kettenantrieb an. Farblich stehen die Varianten Weiß, Schwarz und Orange zur Verfügung.

Aprilia RSV4 Factory APRC ABS

Mit dem Debüt der neuen Aprilia RSV4 Factory APRC ABS setzte das italienische Werk aus Noale völlig neue Maßstäbe. Als Ableger der siegreichen Werksrennmaschinen ist die schöne Italienerin das Idealbild des sportlichen Straßenmotorrads. Aus einer Kombination von hochwertigsten Fahrwerkbestandteilen, besten Materialien und optimalem Design ist sie eine echte Herausforderung und lehrt der Konkurrenz auf der Straße das Fürchten. Das mit einem kurzen Radstand ausgestattete Fahrwerk mit der Upside-Down-Hydraulikgabel und progressivem Hebelwerk mit APS-System garantiert bestes Handling und eine perfekte Kraftübertragung auf das Hinterrad mit einer Reifengröße von 200/55 ZR17. Die V-Konstruktion des Motors ist klein gehalten und bietet ein hervorragendes Motormanagement mit Ride-by-Wire-System, das die Gasbefehle des Fahrers ohne Mechanik umsetzt. Dieses Prinzip bietet eine fast unbegrenzte Handhabung der Leistung von 184 PS und arbeitet perfekt mit dem APRC-System zusammen. Gemeinsam mit der mehrstufigen Aprilia-Traktionskontrolle, der Wheelie-Control, der Launch-Control und der Quick-Shift passt sich das Motorrad jeder Herausforderung an. Doch am wohlsten fühlt sich der Aprilia-Road-Racer durch seine Extraklasse auf der Rennstrecke, wo er durch die überlegene Technik so manchen entscheidenden Punkt herauskitzeln kann.

Baujahr	2013 bis heute
Motorbauart	V-Vierzylinder
Hubraum (cm³)	999,6
Leistung (PS bei 1/min)	184 bei 12.250
Vmax in (km/h)	ca. 270
Rahmen	einstellbarer Aluminium-Doppelbrückenrahmen mit Guss- und Stahlpressblech-Elementen
Trockengewicht (kg)	191

Baujahr	2012 bis heute
Motorbauart	Dreizylinder
Hubraum (cm³)	1131
Leistung (PS bei 1/min)	120 bei 9500
Vmax in (km/h)	über 260
Rahmen	Gitterrohrrahmen aus Stahl und Aluminium, Marzocchi-Gabel vorne, Gitterrohrschwinge, Sachs-Federbein hinten
Gewicht (kg)	199

Benelli TnT 899 R160

Anfang des neuen Jahrtausends werkelte Benelli intensiv an seiner Modellpalette. Im Jahr 2005 bekamen die Italiener eine chinesische Geschäftsführung. Im Jahr 2010 erhielt die TNT 1130 eine kleinere Schwester, die TNT 899 R160. Die Abkürzung TnT stand nun nicht mehr für den Sprengstoff, sondern für „Tornado naked Tre". Sie sollte die Benelli-Käufer mit einer etwas gezähmten Gewalt mit besseren Manieren überzeugen als ihre größere Schwester. Mit einer Walbro-Einspritzanlage und überarbeiteter Software leistet der flüssigkeitsgekühlte Reihen-Dreizylinder 120 PS und 88 Nm bei 8000 /min). Die betont aggressive Sitzhaltung unterscheidet sich in keinem Detail von der TNT 1130 und zeigt bereits bei einer Beschleunigung auf 2000 /min) wie wichtig eine gute Sitzposition ist. Erst einmal in Schwung gekommen, lässt das Fahrwerk die beiden Reifen am Untergrund kleben und vermittelt ein beruhigendes Vertrauen in die Maschine. Selbst hoppelige Asphaltstraßen bügeln die Marzocchi-Gabel und das Sachs-Federbein glatt. Das Bremsen übernimmt wie gewohnt eine Brembo-Vierkolbenanlage. Zwar zeigt sich die 899er etwas schüchterner als die TNT 1130, doch ändert dies nichts am Fahrspaß mit diesem kleinen Racer.

BMW F 700 GS

Ein neuer Star wird ab 2013 im Berliner BMW-Motorradwerk gefertigt, die leichte Reise-Enduro BMW F 700 GS. Bereits der Anblick redet dem Betrachter einen unbekümmerten Fahrspaß ein. Die Enduro ist jedoch als idealer Allrounder ausgelegt, durch eine sehr kurze Übersetzung spritzig und gleichzeitig mit einem perfekten Handling ausgestattet. Ein guter Kumpel für eigentlich jeden Motorradtyp, ob mit viel Erfahrung oder als Neuling hat man das Motorrad immer im Griff. Ein serienmäßiges ABS und ASC (Automatic Stability Control) und ESA (Electronic Suspension Adjustment) als Sonderausstattung helfen zusätzlich mögliche Fehler auszugleichen. Auch an die immer größer werdende Gruppe von weiblichen Motorradfahrern wurde gedacht, denn das geringe Gewicht, die niedrige Sitzhöhe und eine mögliche Tieferlegung der Maschine helfen auch Fahrerinnen beim Handling. Doch für Ausflüge ins leichte Gelände ist auch die F 700 GS, wie viele andere moderne Reise-Enduros, nicht gemacht. Lediglich die Gewissheit, dass man könnte, wenn man wollte, reicht den meisten F700 GS-Fahrern völlig aus.

Baujahr	ab 2012
Motorbauart	Zweizylinder
Hubraum (cm³)	798
Leistung (PS bei 1/min)	75 bei 7300
Vmax in (km/h)	192
Rahmen	Gitterrohrrahmen, Teleskopgabel vorne, gezogene Schwinge, Zentralfederbein hinten
Gewicht (kg)	209

BMW F 800 GT

Alpenpässe mit vielen Serpentinen, romantische Alleen und Highways bis zum Horizont, das ist das Jagdgebiet der BMW F 800 GT. Zur Zweiradmesse EICMA in Mailand wurde im November 2012 der Sporttourer von BMW vorgestellt. Seit Anfang des Jahres 2013 ist er in den BMW-Motorradverkaufsstellen erhältlich. Angetrieben wird das Motorrad aus der F-Reihe von einem österreichischen Rotax-Zweizylinder-Reihenmotor. Auch bei der Kraftübertragung ging BMW neue Wege und präsentierte das Motorrad mit einem wartungsarmen Zahnriemenantrieb zum Hinterrad. Im Vergleich zum Vorgänger F 800 ST hat sich die Leistung um 5 PS erhöht, und eine komplett neu überarbeitete Vollverkleidung bietet nun einen optimalen Wetter- und Windschutz. Auf langen Reisen bietet das Tourenbike eine überzeugende Fahrdynamik, gepaart mit einer hohen Stabilität und hohem Komfort. Bei Bremsmanövern kann man sich auf ein modernes 2-Kanal-ABS verlassen. Als Option assistiert ein als Zubehör erhältliches ASC bei unvorhergesehenen Straßenverhältnissen. Bei diesem Bike trifft der Spruch „Der Weg ist das Ziel" ohne Einschränkungen zu und lässt eine Reise zu einem unvergesslichen Trip werden.

Baujahr	ab 2012
Motorbauart	Zweizylinder
Hubraum (cm³)	798
Leistung (PS bei 1/min)	90 bei 8000
Vmax in (km/h)	230
Rahmen	Brückenrahmen ist aus Aluminium, Teleskopgabel vorne, Einarmschwinge, Zentralfederbein hinten
Gewicht (kg)	213

Buell (EBR) 1190

Im Oktober 2011 kam die totgesagte Firma Buell mit einem radikalen Hammer auf den Motorradmakt zurück. Die nagelneue EBR 1190 RS sollte Konstrukteur Erik Buell wieder in die Siegerstraße der Motorradhersteller zurückführen. Dabei steht das EBR für Erik Buell Racing. Gebaut wird nun in einer kleinen Werkstatt in East Troy, Wisconsin, in Handarbeit. Buell blieb bei diesem Motorrad seiner Philosophie treu und verbaute nur hochwertige Komponenten. Bei dem Supersportler verzichtete der amerikanische Tüftler auf solches Zubehör wie ABS

und Traktionskontrolle. Dennoch erreicht das Bike mit einer geplanten Stückzahl von lediglich 100 Maschinen eine stolze Summe von rund 44.000 Euro. Der ebenfalls von Rotax stammende flüssigkeitsgekühlte V2-Motor leistet 177 PS bei einem Drehmoment von 131 Nm. Das Fahrwerk hat eine Komplettausstattung von Öhlins. Der 9. September 2011 wird Eric Buell für immer im Gedächtnis bleiben, denn an diesem Tag erkämpften zwei EBR 1190 RS beim AMA Superbike-Lauf in New Jersey den sechsten und siebten Platz.

Baujahr	ab 2012
Motorbauart	Zweizylinder
Hubraum (cm³)	798
Leistung (PS bei 1/min)	90 bei 8000
Vmax in (km/h)	230
Rahmen	Brückenrahmen ist aus Aluminium, Teleskopgabel vorne, Einarmschwinge, Zentralfederbein hinten
Gewicht (kg)	213

Honda Shadow VT 750 CS (ABS)

Mit der Shadow 750 Black Spirit wollte Honda die Szene der 2010er Saison mit einem neuen Cruiser im Retrostil der 1970er-Jahre aufmischen und Yamaha und Kawasaki einen passenden Mitbewerber präsentieren. Gerade in der umkämpften Dreiviertel-Liter-Klasse der Tourer sollte die Honda Shadow 750 Black Spirit mit vielen Sicherheitsaspekten den Kunden zum Kauf animieren. Doch nicht nur von außen hatte Honda an alles gedacht, sondern auch das Innenleben war vom Feinsten. Über ABS, das gleichzeitig auf beide Räder wirkt, und mit einem gutmütigen Fahrwerk war für den gemütlichen Biker alles geboten. Auch der flüssigkeitsgekühlte V-Zweizylinder der Honda Shadow 750 Black Spirit mit 46 PS bei 5500 Touren sorgte für ein entspanntes Cruisen, und mit dem 17-Zoll-Vorderrad und der 21-Zoll großen hinteren Walze kommen fast wieder Choppergefühle auf. Die Wartungsintervalle fallen großzügig aus, was auch dem Kardanantrieb zuzuschreiben ist. Mit dem Tankinhalt von ca. 14,6 Litern sind Tankstopps Nebensache und zeichnen die Shadow auch als Reisemotorrad aus.

Baujahr	2012 bis heute
Motorbauart	V-Zweizylinder
Hubraum (cm³)	745
Leistung (PS bei 1/min)	46 bei 5500
Vmax in (km/h)	145
Rahmen	Doppelschleifen-Stahlrahmen, Teleskopgabel vorne, Federbeine hinten
Gewicht (kg)	262

Ducati Monster 1100 evo Diesel

Auf der Basis der Monster 1100 evo hat das Ducati Design Center mit Renzo Rosso, dem Modeunternehmer und Gründer der Marke „Diesel", im Jahr 2012 ein besonderes Ducati-Modell auf den Markt gebracht. Mit der Ducati 1100 evo Diesel möchten die beiden italienischen Unternehmen ihre seit dem Jahr 2011 erfolgreiche Partnerschaft in der Moto GP unterstreichen. Die vielversprechende neue „Urban Military Chic"-Interpretation im Diesel-Trimm überzeugt mit edlen Elementen wie schwarzen Felgen, Gitterrohrrahmen, Auspuff, Motorabdeckung und Cockpit. Der Rest des Naked Bikes ist in „Diesel Brave Green" lackiert, lediglich die leuchtend gelben Bremssättel unterbrechen den sexy Militarylook. Im charakteristischen Diesel-Style sind die Nähte der Sitzbank mit typischen Abnähern versehen. Das Logo des Diesel-Mohikaners ziert die neuen Aluminium-Lufteinlässe. Angetrieben vom kräftigen Desmo-L-Twin-Motor mit guten 100 PS zeigt sich diese Ducati-Monster-Ikone respektlos und mutig. Die Monster in einer limitierten Auflage ist laut Preisliste des Jahres 2012 für 13.495 Euro erhältlich. Abgerundet wird das Monster-Diesel-Programm mit Modeaccessoires wie Jacken, Sweatshirts, T-Shirts und Jeans, natürlich von Diesel.

Baujahr	2012 bis heute
Motorbauart	L-Zweizylinder
Hubraum (cm³)	1078
Leistung (PS bei 1/min)	100 bei 7500
Vmax in (km/h)	über 230
Rahmen	Stahl-Gitterrohrrahmen, Marzocchi-Upside-Down-Gabel vorne, Sachs-Mono-Federbein hinten
Gewicht (kg)	169

Baujahr	2012 bis heute
Motorbauart	Vierzylinder
Hubraum (cm³)	998
Leistung (PS bei 1/min)	210 bei 13.000
Vmax in (km/h)	ca. 300
Rahmen	Doppelprofilrahmen aus Aluminiumdruckguss, Upside-Down-Gabel vorne, Back-Link-Gasdruck-Zentralfederbein hinten
Gewicht (kg)	198 (vollgetankt)

Kawasaki Ninja ZX-10R

Aggressiv gestylt bietet der Supersportler ZX-10R von Kawasaki seit 2012 eine satte Leistung von 210 PS. Damit schickt der japanische Motorradhersteller eine weitere Ninja-Waffe in den unerbittlichen Kampf um die beste Leistung. Elektronik, Fahrwerk und Motor, alles ist neu bei der ZX-10R, Baujahr 2012. Längst ist dem Konkurrenten BMW S 1000 RR der Kampf angesagt. Die sechste Generation dieses Superbikes bietet alles, was bei den Vorgängern vermisst wurde. Nun kommt der Renner auch bereits bei Drehzahlen unterhalb von 6000 /min) ausgesprochen gleichmäßig zur benötigten Kraft beim Beschleunigen. So kann man die Kurven nehmen, wie es sich gehört: knietief auf der Straße, Arme gegen den Lenker gestemmt, dann blitzschnell ums Eck und gleichzeitig in die oberen Gänge schalten! Für das bessere Ansprechverhalten beim Gasgeben ist vor allem das neue RAM-Air-System verantwortlich, das eine Leistung von 114 Nm bei 11.500/min) freigibt. Das sind unter dem Strich lockere 300 und mehr Stundenkilometer. Auch das komplett einstellbare Fahrgestell lässt überzeugende Kurvenfahrten mit hohen Geschwindigkeiten zu. Serienmäßig ist die Kawasaki Ninja ZX-10R mit einer Anti-Hopping-Kupplung, einem ABS, einer elektronischen Wegfahrsperre, einem Laptimer und einem Endschalldämpfer aus Titan ausgestattet.

Moto Guzzi V7 Racer

Als der Moto Guzzi V7 Racer im Jahr 2011, also zum 90-jährigen Jubiläum der Marke Moto Guzzi, der Öffentlichkeit vorgestellt wurde, war die Guzzi-Gemeinde in ihrer ersten Reaktion sehr enttäuscht, denn zwischenzeitlich zählten bei Motorrädern nur noch Leistung und Sprintstärke. Die Guzzi sah zwar schön aus, doch der neue Retro-Racer kam mit lediglich knappen 50 PS daher. Viel zu wenig, um schnell unterwegs zu sein. Doch das wollte Moto Guzzi auch gar nicht. Die Italiener setzten auf ein simples Bike im Look der 1930er-Jahre mit der modernen Technik von heute. Die Technik zeigte sich mit einer leicht zu handhabenden Kupplung, grundsoliden Bremsen, dem gut abgestuften Fünfganggetrieben und der zweckmäßigen Federung auf der Höhe der Zeit, und auch bei höheren Geschwindigkeiten lag die V7 ruhig auf der Straße. Doch nur ca. 300 Interessenten kauften im ersten Jahr das fast 10.000 Euro teure Motorrad. Zu wenig für einen so großen Motorradhersteller wie Moto Guzzi. Erst in den nachfolgenden Jahren, als auch die Konkurrenz die Gruppe der Retro-Motorräder für sich entdeckte, gelang es den Verkauf zu steigern.

Baujahr	2012 bis heute
Motorbauart	V-Zweizylinder
Hubraum (cm³)	744
Leistung (PS bei 1/min)	48,8 bei 6800
Vmax in (km/h)	ca. 160
Rahmen	Doppelschleifen-Rahmen, Marzocchi-Telegabel vorne, Aluminiumschwinge, Bitubo-Federbeine hinten
Gewicht (kg)	198 (fahrbereit)

Baujahr	2012 bis heute
Motorbauart	Zweizylinder
Hubraum (cm³)	248
Leistung (PS bei 1/min)	24 bei 8500
Vmax in (km/h)	135
Rahmen	Doppelschleifen-Rohrrahmen aus Stahl, Teleskopgabel vorne, Kastenschwinge aus Stahl, Zentralfederbein hinten
Gewicht (kg)	182 (vollgetankt)

Suzuki GW 250 Inazuma

Auf der China International Motorcycle Trade Exhibition im Jahr 2011 stellte Suzuki aus Hamamatsu wieder einmal eine neue Idee eines Bikes vor. Seit dem Sommer 2012 glänzt der neue Stern am Himmel der Viertel-Liter-Klasse, die Suzuki GW 250 Inazuma. Der Name „Inazuma" heißt aus dem Japanischen übersetzt so viel wie „Blitz". Das kleine Bike wurde vor allem für den asiatischen und südamerikanischen Markt in China gebaut, ist aber auch in Europa für rund 3800 Euro erhältlich. Damit reagierte der japanische Hersteller auf die ständig gestiegene Nachfrage nach preisgünstigen und kompakten Motorrädern. Die Optik wie auch die Form des Naked Bikes sind dem großen Bruder, der B-King, nachempfunden. Der kleine Zweizylinder-Reihenmotor erbringt eine Leistung von immerhin 24 PS bei einem maximalen Drehmoment von 22 Nm bei 6500 Umdrehungen in der Minute. Durch eine moderne Benzineinspritzung und einen 14 Liter fassenden Tank kann der kleine Tourer immerhin eine Strecke von 410 Kilometern ohne Tankstopp zurücklegen. Mit der souveränen Lenkerposition und der niedrigen Sitzhöhe ist die Suzuki GW 250 Inazuma ein unkomplizierter und beherrschbarer kleiner „Blitz" für die Kurz- und Mittelstrecke.

MV Agusta F3 675

Bereits in den 1970er-Jahren hatte MV Agusta viel Erfolg mit Dreizylinder-Rennmotorrädern. So verwundert es nicht, dass die Firma zu diesem Konzept mit der MV Agusta F3 zurückgefunden hat. Dabei wird eine Motortechnik aus dem Moto-GP-Bereich mit einer gegenläufig drehenden Kurbelwelle verwendet. Der als Kurzhuber ausgelegte flüssigkeitsgekühlte Reihen-Dreizylinder erlaubt durch Ventile aus Titan eine sehr hohe Drehzahl. Gesteuert wird das Kraftwerk mit 128 PS über das MV-Agusta-MVICS-System und eine Ride-by-Wire-Steuerung. Zusätzlich lässt die individuell einstellbare Fahrstufe mit einer achtstufigen Traktionskontrolle kaum Wünsche offen. Statt des serienmäßigen Sechs-Gang-Kassettengetriebes kann auch gegen Aufpreis ein MV-Agusta-EAS-Schaltautomat geordert werden. Der interessante Superpreis fängt bei ca. 12.000 Euro an. Durch das atemberaubende Design gewann das revolutionäre Motorrad noch im ersten Modelljahr die Wahl zur „schönsten 600er der Welt". Als Sondermodell gibt es eine auf 200 Exemplare limitierte Oro-Edition mit Echtheitszertifikat und 24-karätiger Goldplakette sowie exklusiver Seriennummer.

Baujahr	2012 bis heute
Motorbauart	Dreizylinder
Hubraum (cm³)	675
Leistung (PS bei 1/min)	128 bei 10.600
Vmax in (km/h)	260
Rahmen	Gitterrohrrahmen, Marzocchi-Upside-Down-Gabel vorne, Einarmschwinge, Sachs-Federbein hinten
Gewicht (kg)	193

Baujahr	2012 bis heute
Motorbauart	Vierzylinder
Hubraum (cm³)	998
Leistung (PS bei 1/min)	182 bei 12.500
Vmax in (km/h)	ca. 295
Rahmen	Brückenrahmen aus Aluminium, Upside-Down-Gabel vorn, Zweiarmschwinge aus Aluminium, Zentralfederbein hinten
Gewicht (kg)	206 (vollgetankt)

Yamaha YZF-R1

Der Supersportler YZF-R1 ist das Flaggschiff in der Palette des Motorradherstellers Yamaha. Die Rennmaschine mit Straßenzulassung hat die technischen Daten der MotoGP Rennmaschine M1 und viele elektronische Highlights wie eine Traktionskontrolle eingebaut. Die Traktionskontrolle TCS (Traction Contol System) mit ihren sechs Modi wurde im harten MotoGP-Rennsport entwickelt und erprobt. Mit dem System ist die YZF-R1 das modernste Supersport-Motorrad, dass das japanische Unternehmen jemals entwickelt hat. Für genügend Leistung sorgt ein flüssigkeitsgekühlter Reihen-Vierzylindermotor mit fast einem Liter Hubraum und satten 182 PS. Der Reihenmotor entfaltet sein starkes Drehmoment von 115,5 Nm bei 10.000/min gleichmäßig und hilft so, die Traktion in jeder Situation perfekt unter Kontrolle zu haben. Per Knopfdruck ist es dem R1-Piloten möglich zu entscheiden, welche Charakteristik sein Superbike haben soll und wie aus der Kurve heraus beschleunigt werden soll. Der kompakte Alu-Rahmen sorgt mit den hochwertigen Federungskomponenten für ein genaues Handling.

Yamaha WR 250 Ra

Die Yamaha WR 250 Ra ist für echte Kerle gemacht. Die Spielwiesen des radikalen Gelände-Motorrads sind Schlamm, Geröll, Unterholz und Schotter. Wo ein normales Motorrad den Vortrieb aufgibt, fängt bei der 250er-Enduro der Spaß erst an. Doch auch beim Slalom in der täglichen Rushhour können immer wieder Bestzeiten aufgestellt werden. Ob beim Sprint, im Gelände oder an der Ampel, hält der Kurzhuber was er verspricht. Bei 31 PS, Benzineinspritzung und nur 136 Kilogramm Eigengewicht prescht der flüssigkeitsgekühlte Einzylinder unaufhaltsam davon. Dabei unterstützen gut dimensionierte Scheibenbremsen leicht dosierbar und ohne größeren Kraftaufwand die benötigte Verzögerung. Doch auch auf der Landstraße lässt sich die Enduro flott bewegen. Im Gelände zeigt das Motorrad durch individuell verstellbare Federelemente, was es kann. Der Freizeitfahrer wird durch die gleichmäßige Leistungsentfaltung seine Freude haben, auch wenn der etwas zu hohe Preis von 6650 Euro die Freude an dem agilen Sportgerät etwas trübt.

Baujahr	2012 bis heute
Motorbauart	Einzylinder
Hubraum (cm³)	250
Leistung (PS bei 1/min)	30,7 bei 10.000
Vmax in (km/h)	ca. 130
Rahmen	Zweischleifen-Aluminiumrahmen, Upside-Down-Gabel vorn, Schwinge, Zentralfederbein hinten
Gewicht (kg)	134 (vollgetankt)

Ducati Diavel

Bereits im November 2010 wurde die Ducati Diavel auf der EICMA Motorradshow in Mailand der Öffentlichkeit vorgestellt. Die neu kreierte Bezeichnung dieser Art von Super-Motorrädern war ab da „Power-Cruiser". Denn drei Dinge verkörpert die Diavel scheinbar perfekt: Kraft, Leistung und Charakter. Bereits die Silhouette der Diavel ist Furcht einflößend, doch wenn dann noch die Leistung von 162 PS hinzukommt, weiß der Interessent, dass Ducati vor allem auf die Power den größten Wert

Baujahr	2011 bis heute
Motorbauart	L-Zweizylinder
Hubraum (cm³)	1198,4
Leistung (PS bei 1/min)	162 bei 9500
Vmax in (km/h)	255
Rahmen	Gitterrohrrahmen aus Stahl, Marzocchi-Upside-Down-Gabel vorne, Einarmschwinge aus Aluminium, Sachs-Monofederbein hinten
Gewicht (kg)	210

legte. Die hohe Leistung, die sich hinter der zierlichen Vordergabel als bullige Einheit von Motor und Tank verbirgt, kann nur mithilfe von elektronischen Systemen wie Riding, ABS und Traktionskontrolle in den Griff bekommen werden. Dennoch lässt sich die Diavel auch für einen gemütlichen Bummel auf dem Boulevard nutzen. Anmutige Schönheit, gepaart mit einem Trockengewicht von lediglich 210 Kilogramm, ergeben eine magische Kombination, wie sie nur Ducati ersinnen kann. Die Diavel ist vor allem für den amerikanischen Markt gedacht und soll dort den schweren Dampfhämmern von Harley-Davidson ordentlich Feuer unter dem Hintern machen.

Baujahr	2011 bis heute
Motorbauart	Sechszylinder
Hubraum (cm³)	1649
Leistung (PS bei 1/min)	160 bei 7750
Vmax in (km/h)	bis 250
Rahmen	Brückenrahmen ist aus Aluminium, Duolever-Konstruktion, zentrales Federbein vorne, Zweigelenk-Einarmschwinge hinten
Gewicht (kg)	306

BMW K 1600 GT

Im Jahr 2011 setzte BMW wieder einen Meilenstein in der inzwischen über 90-jährigen Motorradgeschichte. Das erste serienmäßige Sechszylinder-Motorrad aus deutscher Produktion erblickte das Licht der Welt. Auf der Intermot im Oktober 2010 wurde die K 1600 GT bereits als die Weltneuheit vorgestellt. Ein Jahr später, im März, begann schon die Auslieferung der ersten Sporttourer. Die K 1600 GT hatte ihre Zukunft bereits in der Typenbezeichnung, denn GT steht für Grand Tourismo, also für gemütliches Reisen auf großen Strecken. Dabei vereinen sich Komfort, Dynamik und ein solider Stil perfekt miteinander, und wer bereits mit den legendären Sechszylinder-Automobilen von BMW geliebäugelt hatte, der wird von diesem zweirädrigen Fahrerlebnis begeistert sein. Mit einem Drehmoment von 175 Nm lässt sich der Supertourer auch im niedrigen Drehzahlbereich nicht quälen, sondern beschleunigt bereitwillig mit vornehmer Laufruhe aus dem Drehzahlkeller. Doch auch sportliche Zwischenspurts verrichtet die BMW K 1600 GT in einer kaum zu glaubenden Leichtigkeit. Ein Kurvenlicht macht die Maschine auch in der Nacht zu einem sicheren Begleiter.

Baujahr	2011 bis heute
Motorbauart	L-Zweizylinder
Hubraum (cm³)	1198,4
Leistung (PS bei 1/min)	155 bei 9500
Vmax in (km/h)	250
Rahmen	Gitterrohrrahmen aus Stahl, Öhlins-Upside-Down-Gabel vorne, Einarmschwinge aus Aluminium, Öhlins-Monofederbein hinten
Gewicht (kg)	167

Ducati Streetfighter S

Die im Jahr 2011 vorgestellte Ducati ist nichts für zartbesaitete Gemüter. Der brutale Streetfighter vereint die Kraft eines Supersport-Bikes mit dem Design eines Naked Bikes. Das Ergebnis ist Adrenalin pur! Mit 167 Kilogramm und 155 PS zerrt das Biest unbändig am dicken 190er-Hinterrad. Lediglich der Preis von fast 19.000 Euro dämpft den schier unendlichen Spaß ein wenig. Der Streetfighter S soll als Weiterentwicklung die Monster-Modellreihe ablösen. Dafür wurden alle greifbaren technischen Raffinessen wie die in der Superbike-WM erprobte Traktionskontrolle und das elektronische DTC-System (Ducati Traction Control) verbaut. Beim DTC vergleicht die Elektronik ununterbrochen die Raddrehzahl mit den Motordaten und erkennt innerhalb von Sekundenbruchteilen, ob das Hinterrad durchdreht oder ausbricht. Dann nimmt das DTC sehr rasch über den Zündzeitpunkt Leistung raus und reguliert die Benzineinspritzung. Das elektronische System ist über acht Stufen im Cockpit vorwählbar. Die achte Stufe macht das PS-Geschoss auch bei Regen noch spielend fahrbar, die erste Stufe des DTC lässt dagegen ein sanftes Abschmieren oder gewollte Powerslides zu.

Harley-Davidson XL 1200 N Sportster Nightster

Mit der Nightster zog die dunkle Seite in die Sportster-Familie von Harley-Davidson ein. Mit ihrem zeitlosen Rat-Rod-Look wirkt sie wie aus einer Gegenwelt mit dunklen Straßen und lichtlosen Hinterhöfen. Die Felgen, die Radnaben, die Telegabel und der Lenker sowie Hand- und Fußhebel tragen ein sehr schwarzes Aussehen. Faltenbälge an der Gabel und ein perforierter Zahnriemenschutz im Bullet Hole Design sorgen für Old School Feeling pur. Dank der tiefergelegten Federung kauert der Fahrer auf nur 676 Millimetern Sitzhöhe. Der knappe Frontfender ist das perfekte Gegenstück zum Heckfender, der nur das Wesentlichste abdeckt. Der kräftige 1,2-Liter-Evolution-Motor befördert die verbrannten Abgase durch eine verchromte Staggered-Dual-Auspuffanlage nach außen. Die Nightster ist die erste Harley-Davidson, von der die Company eine spezielle Ausführung für Europa auf den Markt gebracht hat. Sie unterscheidet sich vom US-Modell vor allem durch längere hintere Federbeine, um zusätzliche Freiheit bei Schräglage auf kurvigen Straßen zu schaffen. Fahrer, die den flacheren Bike-Look der US-Version bevorzugen, können problemlos auf kürzere Federbeine aus dem Programm der Harley-Davidson Genuine Parts und Accessories umrüsten.

Baujahr	2011 bis heute
Motorbauart	V-Zweizylinder
Hubraum (cm³)	1202
Leistung (PS bei 1/min)	67 bei 5700
Vmax in (km/h)	185
Rahmen	Doppelschleifen-Stahlrohrrahmen, Teleskopgabel vorne, Federbeine hinten
Gewicht (kg)	251

Baujahr	2011 bis heute
Motorbauart	V-Vierzylinder
Hubraum (cm³)	782
Leistung (PS bei 1/min)	101 bei 10.000
Vmax in (km/h)	200
Rahmen	Aluminium-Doppelrohr-Brückenrahmen, Teleskopgabel vorne, Aluminium-Einarmschwinge mit Pro-Link-System hinten
Gewicht (kg)	240,4 (vollgetankt)

Honda Crossrunner

Der Crossrunner von Honda debütierte im Jahr 2011 als reinrassiges Funbike. Und das Bike macht in allen Bereichen unbändigen Spaß. Kein mühsames Einlenken, sondern ein williges Folgen der Piloten-befehle ohne Kraftaufwand zeichnet den neuen Honda-Spross aus. Hinzu kommt der starke unverwüstliche V4-Motor der Honda VFR. Durch die niedrigere Leistung als bei der VFR ist der Motor noch mehr auf Drehmoment und nicht auf Höchstleistung ausgerichtet, was den Einspritzmotor zu einer schier unendlichen Ausdauer anregt. Aber auch das Fahrwerk lässt keine Wünsche offen, denn der leichte Rahmen mit der Einarmschwinge und den Federelementen verführt förmlich zu einem sportlichen Fahren. Selbst buckelige Straßen mit vielen Une-benheiten und atemberaubende Schräglagen steckt das Chassis ohne lästiges Eigenleben weg. Doch auch mit der Reisetauglichkeit tut sich der Crossrunner nicht schwer. Trotz der etwas sportlichen Sitzposition können lange Strecken getrost unter die Rei-fen genommen werden, und durch das kleine Windschild sind auch schnelle Autobahngeschwindigkeiten möglich. Da der Crossrunner bei ca. 200 km/h abriegelt, ist er jedoch nicht unbe-dingt das schnellste Fahrzeug auf der Autobahn, daher sollte man durch die ausladenden Rückspiegel auch den hinteren Verkehr immer im Auge behalten.

Moto Guzzi Griso 1200 8V S.e.

Bereits im Jahr 2005 hatte Moto Guzzi eine Griso in zwei Versionen mit 850 und 1100 Kubikzentimetern Hubraum in das Motorrad-Programm aufgenommen. Regelmäßig wurde die Mo-dellreihe umfangreichen Überarbeitungen unterzogen, und im Jahr 2007 wurde der Motor schließlich auf 1151 Kubik vergrößert und die Vierventiltechnik eingeführt. Mit dieser Maßnah-me war die erste Griso 8V geboren. Diese Italienerin der Extraklasse versprach eine besondere Art von Fahrerlebnis, kombiniert mit einem besonderen Design. Als dann im Jahr 2011 die Moto Guzzi 1200 8V S.e. vorgestellt wurde, war sie schnell das Gesprächsthema schlechthin. Vor allem die Sonderedition im „Black Devil"-Design hatte es den Guzzi-Fans angetan. Sport-lich und aggressiv im mattschwarzen Outfit stand sie in den Schaufenstern der Händler wie aus Titan geformt und zog alle Blicke auf sich. Der großdimensionierte Motorblock lud förm-lich ein zum Ausreizen der Leistung auf der Straße. Und genau das entsprach dem Charakter der Maschine. Der mächtige V2-„Quattroval-vole" leistete beeindruckende 110 PS bei einem Drehmoment von 110 Nm bei 6000/min). Das Zusammenspiel von Sechsganggetriebe und dem „C.A.R.C." (Cardano Reativo Compatto) garantierte eine perfekte Kraftübertragung über die Kardanwelle auf das Hinterrad.

Baujahr	2011 bis heute
Motorbauart	V-Zweizylinder
Hubraum (cm³)	1151
Leistung (PS bei 1/min)	110 bei 7100
Vmax in (km/h)	über 230
Rahmen	Rohrrahmen, Upside-Down-Gabel vorne, Einarmschwinge, Zentralfeder-bein hinten
Gewicht (kg)	244 (fahrbereit)

Baujahr	2011 bis heute
Motorbauart	Zweizylinder
Hubraum (cm³)	961
Leistung (PS bei 1/min)	80 bei 6500
Vmax in (km/h)	über 200
Rahmen	Doppelschleifenrahmen aus Stahlrohr, Teleskopgabel vorne, Schwinge, Federbeine hinten
Gewicht (kg)	188

Norton Commando 961 SEa

James Landsdowne Norton gründete 1899 eine Firma für Fahrradzubehör. Drei Jahre später bestückte er seine selbstgefertigten Rohrrahmen mit Motoren aus französischer Produktion. 1907 schickte Norton eine von einem Peugeot-V2 angetriebene Norton-Maschine zum berühmten Rennen auf der Isle of Man und siegte. Weltruhm sollte indes der 500-ccm-Single mit oben liegender Nockenwelle erlangen, den Konstrukteur Walter Moore 1927 entwickelt hatte. Die mit diesem Triebwerk bestückten Rennmaschinen erwiesen sich auf fast allen Rennstrecken als nahezu unschlagbar. Nach dem Krieg stand der Name Norton für hervorragende Fahrwerke – dank der Einführung des legendären Federbettrahmens. In den folgenden Jahren erhielten die Parallel-Zweizylinder-Modelle im Programm ein immer größeres Gewicht. Die Übernahme durch die AMC-Gruppe blieb zunächst ohne Folgen. Doch die finanzielle Lage besserte sich nicht. Die ganze Hoffnung des Konzerns lag auf der neuen „Commando". Doch 1977 verschwand der Name Norton vorläufig. Im Jahr 2011 knüpfte der britische Motorradhersteller Norton an die Tradition schöner Motorräder an. Klassische Erscheinung gepaart mit einfacher Technik, so kann man die Norton Commando am einfachsten beschreiben. Doch in Wirklichkeit haben die Norton-Techniker modernste Komponenten wie eine Öhlins-Teleskopgabel geschickt zusammengefügt und daraus ein wunderschönes großes Motorrad entstehen lassen.

Triumph Bonneville T 100

Schlichtheit ist eine Tugend, die die elegante Triumph Bonneville T 100 perfekt umsetzt. Die Engländerin ist ein Cruiser im klassischen Stil mit einem wuchtigen Parallel-Twin im Chassis, der mit seinen 230 Kilogramm flott zu bewegen ist. Für die Passagiere ist eine Sitzbank mit vorbildlichen Platzverhältnissen vorhanden. Der Arbeitsplatz mit dem weit ausladenden Lenker ist ebenfalls im klassischen Ambiente mit zwei Rundinstrumenten ausgeführt, lediglich das kleine digitale Display des Bordcomputers bringt einen wieder in die heutige Zeit zurück. Auch mit Chrom wird an der Bonneville nicht gespart, vom Vergaser über die Zylinderrippen, dem Scheinwerfer und den Auspuffrohren blitzt es überall an der Maschine im Hochglanz. Auch an Zubehör kommt die Bonneville mit allen möglichen Highlights daher. Für Tourenfahrer gibt es Frontscheiben in verschiedenen Ausführungen, für eine Vergrößerung des Stauraumes sind Satteltaschen lieferbar. Um sich auch auf langen Distanzen wohl zu fühlen, kann die Sitzbank gegen eine Gel-Variante ausgetauscht werden. Für ein gemütliches Cruisen mit der Sozia/Sozius gibt es eine lange Sissy Bar.

Baujahr	2011 bis 2015
Motorbauart	Zweizylinder
Hubraum (cm³)	865
Leistung (PS bei 1/min)	68 bei 7400
Vmax in (km/h)	185
Rahmen	Stahlrohr-Schleifenrahmen, KYB Vorderradgabel, Zweiarm-Stahlrohrschwinge, KYB-Stereo-Federbeine hinten
Gewicht (kg)	230 (vollgetankt)

Baujahr	2011 bis heute
Motorbauart	Dreizylinder
Hubraum (cm³)	1050
Leistung (PS bei 1/min)	130 bei 9200
Vmax in (km/h)	230
Rahmen	Leichtmetall-Brückenrahmen, Showa-Cartridge-Gabel vorne, Leichtmetall-Einarmschwinge, Showa-Monoshock-Federbein hinten
Gewicht (kg)	265 (vollgetankt)

Triumph 1050 Sprint GT

Im Modelljahr 2011 hatte die Triumph-Familie wieder einmal Zuwachs bei den Tourern bekommen. Da die neue Sprint GT ein Sproß einer sehr erfolgreichen Motorradgeneration ist, musste sie mit hervorragenden Eigenschaften ausgestattet sein. Um die Abkürzung „GT", das steht für Grand Tourismo, in ihrem Namen überhaupt tragen zu dürfen, waren von den Briten große Anstrengungen zur Verbesserung der Tourenqualitäten unternommen worden. Zudem musste sie sich ja in einer stark umkämpften Klasse von Super-Bikes wie der Suzuki Bandit behaupten. Das Leben der Sprint war in den ersten Jahren sicher nicht leicht, doch mit den Stilelementen, die sich an die internationalen Rennmaschinen anlehnten, schlich sich die Triumph langsam in die Herzen der Tourenfahrer ein. Ein großer Vorteil gegenüber der Konkurrenz war das absolut perfekte Fahrwerk, mit dem man wie auf Schienen seine Bahn ziehen konnte und selbst eine tiefere Schräglage das Motorrad nicht aus der Ruhe bringt. Die hochwertigen Federelemente schlucken dabei ungerührt jede Art von Pistenunebenheiten. Mit dem bei Triumph üblichen Temperament schiebt die Sprint GT den Tourer kräftig und gleichmäßig auch aus dem Drehzahlkeller an.

Baujahr	2011 bis heute
Motorbauart	Dreizylinder
Hubraum (cm³)	1215
Leistung (PS bei 1/min)	137 bei 9000
Vmax in (km/h)	210
Rahmen	Gitterrohrrahmen aus Stahl, Upside-Down-Gabel, Einarmschwinge aus Aluminium, Zentralfederbein hinten
Gewicht (kg)	259 (vollgetankt)

Triumph Tiger 1200 Explorer

Die Engländer haben Erfahrung im Umgang mit Königinnen, und so war es nicht verwunderlich, dass der britische Motorradbauer Triumph auf der EICMA im Jahr 2011 eine wahre Königin im Motorradbereich als Flaggschiff in der Tiger-Modellreihe vorstellte. Damit kommt ein potenter Wettbewerber für die Honda Varadero und die Yamaha Ténéré in den Ring zum Kampf um die Gunst des Kunden. Auch wenn das britische Werk weiterhin seiner Vorliebe für Dreizylinder-Motoren treu bleibt, ist der 1200er eine völlig neue Konstruktion. Derart gerüstet und mit einem recht moderaten Verdichtungsverhältnis von 11 : 1 kommt die Reise-Enduro mit Normalbenzin aus, was für Reisen in exotische Länder wegen der schlechteren Spritqualität von Vorteil sein kann. Einmal Knopf drücken und eine Drehung am Gasgriff und der Dreizylinder grummelt vor sich hin. Der Gasgriff funktioniert übrigens elektronisch, hier reiben keine Bowdenzüge mehr im Inneren des Chassis. Die Leistungscharakteristik ist lobenswert. Druckvoll, doch mustergültig gleichmäßig nimmt die Explorere das Gas an, und erst im sechsten Gang beendet der Begrenzer die Umdrehungen des Motors bei 9500/min).

Yamaha FZ8g

Als kostengünstiges Motorrad für den täglichen Bedarf stellte Yamaha im Jahr 2010 die neue FZ8-Serie vor. Die Baureihe war nun nicht mehr in der 600er-Mittelklasse angesiedelt, sondern maß sich nun mit den 800ern der Konkurrenzhersteller. Mit Bugspoiler und kleinem Windschild sah man dem 106 PS starken Motorrad sofort an, dass es die Herausforderung, Klassenbester zu werden, ohne Umschweife annahm. Die Befeuerung setzt bereits bei niedrigen Drehzahlen gutmütig an und steigert sich linear, ohne zu überfordern, bis zur Höchstdrehzahl. Bei 8000/min) liegt dann auch das optimale Drehmoment mit 82 Nm an. Mit dem eher auf Handlichkeit und Komfort ausgelegten Fahrwerk war von vornherein klar, für welches Metier die harmonische Maschine gemacht war, nämlich für die kurvenreiche Landstraße. Lediglich mit Sozius kommt man mit dem Fahrwerk durch das dann etwas zu weiche hintere Federbein schnell an die Grenzen. Dagegen erfreuten die Bremsen in Verbindung mit dem serienmäßigen ABS durch eine ordentliche Wirkung ohne blockierende Räder. So kann das 8500 Euro teure Modell auch für Einsteiger und/oder Wiedereinsteiger als Anfangsmotorrad genutzt werden.

Baujahr	2011 bis heute
Motorbauart	Vierzylinder
Hubraum (cm³)	779
Leistung (PS bei 1/min)	106,2 bei 10.000
Vmax in (km/h)	218
Rahmen	Brücken-Aluminiumrahmen, Upside-Down-Gabel vorne, Schwinge, Federbeine hinten
Gewicht (kg)	216 (vollgetankt)

Baujahr	2011 bis heute
Motorbauart	V-Zweizylinder
Hubraum (cm³)	1197
Leistung (PS bei 1/min)	130 bei 8700
Vmax in (km/h)	220
Rahmen	verschraubter Verbundrahmen, Aluminium-Seitenplatten, hochfester Stahlrohr-Gitterrahmen
Trockengewicht (kg)	212

Aprilia Dorsoduro 1200 ABS/ATC

Die Aprilia Dorsoduro mit ihren 212 Kilogramm verleitet mit ihrer Leistung von 130 PS und 115 Nm immer wieder zu akrobatischen Höchstleistungen. Dabei regeln das handliche Spezialfahrwerk und die zuschaltbare Traktionskontrolle ein ausbrechendes Hinterrad immer wieder ein. Doch beim Überziehen der natürlichen Physik hilft keine noch so gut durchdachte Elektronik vor einem Abflug in die Botanik. Die Idee der Entwickler von Aprilia war es, die Dorsoduro als Motorrad zu bauen, das durch die Fahrwerksgeometrie und die Technik dem Charakter einer Super-Moto am Besten entspricht. Dies hilft auch dem weniger routinierten Zweirad-Piloten bei kritischen Situationen oder schlechten Wetterverhältnissen, das Fahrzeug immer unter Kontrolle zu halten. Ebenfalls ohne Kompromiss ist der durchzugsstarke V2-Motor konzipiert. Seine Leistung lässt sich über die drei Einstellungen (T = Touring, S = Sport und R = Rain), die per Knopfdruck gewählt werden können, dem jeweiligen Gemütszustand des Fahrers anpassen. Ein um zwei Kilogramm leichteres Felgenpaar hilft nochmals das Handling zu verbessern. So hält das 2,25 Meter lange Motorrad bei Kurvenfahrten, was der niedrige Sitzschwerpunkt verspricht: eine besonders gute Spurtreue und einen hervorragenden Geradeauslauf.

Aprilia Tuono V4 R/APRC

Als Naked Bike entworfen, konzentrierte sich die Tuono V4 auf das Wesentliche. Als Vorbild stand auch bei diesem Straßensportler von Aprilia das Superbike der Motorradweltmeisterschaft aus dem Jahr 2010 Pate. Einen unübertroffenen Fahrspaß vermittelt der „Donner" (italienisch = Tuono) nachhaltig auf jeder Art von Straße. Ohne Rücksicht auf den Piloten entfalten sich die 167 PS bei 112 Nm und 9500 Umdrehungen in der Minute. Mit einem Schlag steigert sich seine Herzfrequenz um das Doppelte und zeigt die wahre Seite des Motorrads. Um das Bike zu zähmen, bietet Aprilia das APRC-System (Aprilia Performance Ride Control) als zusätzliche Option an. Um die Tuono gegenüber der RSV4 etwas moderater zu gestalten, wurde die Spitzenleistung etwas gedrosselt. Dem Tempo tut dies jedoch keinen Abbruch, denn dank eines kürzer übersetzten Sechsganggetriebes reißt das Naked Bike ab 5000 Umdrehungen in der Minute ungezähmt los, und erst der Begrenzer lässt den Piloten bei 11.500/min) wieder Zeit, zu Atem zu kommen. Auch diese Aprilia lässt sich durch einen Knopfdruck über dem Gasgriff auf drei unterschiedliche Fahrmodi einstellen.

Baujahr	2011 bis heute
Motorbauart	V-Vierzylinder
Hubraum (cm³)	999
Leistung (PS bei 1/min)	167 bei 11.500
Vmax in (km/h)	ca. 270
Rahmen	Aluminium-Doppelbrückenrahmen mit Guss- und Stahlpressblech-Elementen
Trockengewicht (kg)	197

Baujahr	2011 bis heute
Motorbauart	V-Zweizylinder
Hubraum (cm³)	449
Leistung (PS bei 1/min)	52,5 bei 10.800
Vmax in (km/h)	178
Rahmen	Verbundrahmen aus Stahlrohr und Alu-Profilen
Trockengewicht (kg)	108

Aprilia MXV 450

An Aprilia kommt im Motorradsport kaum ein anderer Hersteller vorbei. Nachdem Aprilia in der Supermoto-Weltmeisterschaft die Konkurrenz in Grund und Boden fuhr und auch im Endurosport international kräftig mitmischte, nahm Aprilia eine weitere schwierige Herausforderung an. Das neue Aufgabengebiet war der Motocross. Dabei flossen die Erfahrungen des australischen Motocross-Meisters Troy Corser in die Neuentwicklung ein. Als Resultat entstand ein kompromissloser „Crosser" mit dem weltweit einzigen Zweizylindermotor. Schnell war abzusehen, dass das neue Sportgerät Aprilia MXV 450 den Mitbewerbern in nichts nachstand. Trotz der etwas weit hinten liegenden Fußrasten bietet das Motorrad ein gutes Flugverhalten bei Sprüngen, und der CR-MO-Stahl-Perimeter-Rahmen hat einen hohen Anteil am sehr guten Geradeauslauf der Maschine auf der Piste. In engen Kurven ist die Sitzposition ein Garant für schnelle Rundenzeiten. Doch vor allem der V2-Motor und die daraus resultierende Traktion machen dieses Motorrad zu einem Gewinner, denn mit einem Handgriff lässt sich aus einem Motor mit viel Drehmoment ein Motor mit viel Leistung machen. Das Geheimnis ist das Umstellen der Zeit bei der Zündfolge.

Buell Lightning CityX XB12 SX

Für die inzwischen große Buell-Fangemeinde war es ein Schock, als Erik Buell im Herbst 2009 verkündete, dass die Produktion von Buell-Motorrädern zum Jahreswechsel eingestellt werde. Da jedoch die Garantie wie auch die Ersatzteilversorgung durch Harley-Davidson gesichert blieben, war die Lightning CityX XB 12 SX des Modelljahres 2010 eine Alternative für Liebhaber eines extravaganten Streetfighters, der ab 10.999 Euro für atemberaubenden Zweiradspaß sorgen sollte. Die Buell Lightning CityX XB12 SX war für die Stadt konzipiert und fühlt sich in den Straßenschluchten auch am wohlsten. Das Kraftpaket kombiniert kompakte Abmessungen mit einem charakterstarken luftgekühlten 45-Grad-V2-Motor mit genügend Leistung. 104 Nm und 94 PS schieben das extravagante Mobil mit Leichtigkeit auf eine adrenalinsteigernde Geschwindigkeit. Erst bei weit über 200 km/h ist die Endgeschwindigkeit erreicht. Für ein wenig Windschutz sorgt dabei eine kleine Frontscheibe. Überhaupt sind das Design und die Optik des Motorrads der Hingucker schlechthin. Die Auspuffanlage mit den dicken Schalldämpfern sorgt zusätzlich für die nötige Aufmerksamkeit beim Start an der Ampel.

Baujahr	2010 bis heute
Motorbauart	V-Zweizylinder
Hubraum (cm³)	1203
Leistung (PS bei 1/min)	94 bei 7000
Vmax in (km/h)	217
Rahmen	Leichtmetallrahmen mit vibrationsentkoppelter Uniplanar-Motoraufhängung, Showa-Upside-Down-Gabel vorne, Leichtmetallschwinge, Showa Zentralfederbein hinten
Gewicht (kg)	215

Baujahr	2010 bis heute
Motorbauart	V-Zweizylinder
Hubraum (cm³)	1690
Leistung (PS bei 1/min)	78
Vmax in (km/h)	185
Rahmen	Doppelschleifen-Stahlrohrrahmen, Teleskopgabel vorne, Federbeine hinten
Gewicht (kg)	313

Harley-Davidson FLSTFB Softail Fat Boy

Mächtig, böse und stark präsentierte die Company im Jahr 2010 die Harley-Davidson FLSTFB Softail Fat Boy Special zum Anlass des 20sten Jubiläums. Diese kompromisslose Version der Harley-Custom-Legende galt ab diesem Zeitpunkt in den Farben Vivid Black und Black Denim mit einem Trockengewicht von 313 Kilogramm als das neue Schwergewicht auf der Straße. Die Fat Boy Special ist eine Neuauflage einer der erfolgreichsten Entwürfe, die je die Harley-Davidson-Designschmiede verlassen hatten, und so blieb auch die neue Fat Boy Special ganz unverkennbar eine richtige Fat Boy. Sie liegt jedoch als moderne Interpretation des Fat-Custom-Segments ein bisschen tiefer und dunkler auf der Straße als ihre legendäre Schwester. Zunächst wurde das Motorrad mit dem luftgekühlten, im Rahmen starr verschraubten Twin-Cam-96B-Motor und einem Fünfganggetriebe ausgeliefert. Der Vorteil des starren Antriebsstrangs ist die kompakte Unterbringung des Motors im Rahmen. Seit 2012 gibt es die Fat Boy Special mit der Over/Under-Shotgun-Auspuffanlage und dem Mini-Beach-Lenker aus Edelstahl nun mit dem starken Twin Cam 103 B und Sechsganggetriebe und einem Drehmoment von 132 Nm bei 3250/min.

Kawasaki 1400 GTR

Die 1400 GTR ist bei Kawasaki bereits seit 2007 im Programm. 2010 wurde der Sporttourer komplett überarbeitet. Sie ist der klassische Sporttourer und das ideale Reisemotorrad für den vom Fernweh gepackten Biker. Für einen durchaus sportlichen Charakter sorgt der flüssigkeitsgekühlte Vierzylinder-Reihenmotor mit fast 1,4 Litern Hubraum. Daraus ergeben sich eine kräftige Leistungsausbeute von fast 160 PS und ein starkes Drehmoment von 136 Nm bei 6200 Umdrehungen in der Minute, mit der der sportliche Tourer ein flottes Vorankommen möglich macht. Die beiden je 35 Liter großen Seitenkoffer und das als Zubehör erhältliche Topcase betonen den Reisecharakter der um die 300 Kilogramm schweren Maschine. Für die Sicherheit sorgt das serienmäßig vorhandene ABS in Verbindung mit einer Traktionskontrolle. Darüber hinaus sorgt ein System zur Kontrolle des Reifendrucks für das frühe Erkennen eines schleichenden Plattfußes. In der kälteren Jahreszeit erhöhen serienmäßig beheizbare Handgriffe den Komfort, und die elektrisch verstellbare Frontscheibe sorgt zudem für Schutz vor Wind und Wetter. Mit diesen technischen Daten fährt die 1400 GTR in derselben Klasse wie die Honda Pan European.

Baujahr	2010 bis heute
Motorbauart	Vierzylinder
Hubraum (cm³)	1352
Leistung (PS bei 1/min)	155 bei 8800
Vmax in (km/h)	246
Rahme	Aluminium-Druckguss-Monocoque, Upside-Down-Gabel vorne, Bottom-Link Uni-Trak mit Gasdruck-Federbein hinten
Gewicht (kg)	312 (vollgetankt)

Triumph Bonneville T 100

Die englische Triumph Bonneville T 100 ist ein Naked Bike im Retro-Design der 1960er-Jahre. Es wurde zum 100. Geburtstag von MotorradmarkeTriumph als Jubiläumsedition aufgelegt. Obwohl das Bike im Old School Outfit daherkommt, verbirgt sich in der Triumph Bonneville T 100 modernste Technik. Angetrieben wird der 2-Zylinder-Viertakter von einem 965 Kubikzentimeter großen luftgekühlten Kraftwerk, das die Bonneville trotz ihres klassischen Aussehens auf bis zu 185 km/h beschleunigt.

Baujahr	2010 bis 2011
Motorbauart	Vierzylinder
Hubraum (cm³)	599
Leistung (PS bei 1/min)	125 bei 13.500
Vmax in (km/h)	220
Rahmen	Brückenrahmen aus Aluminium, Upside-Down-Gabel vorne, Aluminiumzweiarmschwinge, Zentralfederbein hinten
Gewicht (kg)	163

Suzuki GSX-R 600 (Typ L0)

Alle Jahre wieder – Im Jahr 2010 stellte Suzuki mit dem Typ L0 den dritten Modellschritt der fünften Baureihe vor. Da die GSX-R 600 im Zuge von Vergleichstests der Fachmagazine immer mehr das Nachsehen hatte, entschloss sich Suzuki, den Supersportler komplett neu zu gestalten. So verabreichten die Suzuki-Techniker der 600er zuerst eine Schlankheitskur, bei der sie rund zehn Kilogramm verlor. Obendrein wurde das neutrale und stabile Fahrwerk komplett überarbeitet. Auch die Laufkultur des drehfreudigen Vierzylinder-Reihenmotors fiel durch die hohe Laufkultur auf, die auf höchstem Niveau angesiedelt ist.

Die verbauten Brembo-Monobloc-Bremsen verzögern das schnelle Motorrad ohne jedliche Einschränkung, auch wenn ein ABS bei dieser Suzuki fehlt.

Baujahr	2010 bis heute
Motorbauart	V-Zweizylinder
Hubraum (cm³)	645
Leistung (PS bei 1/min)	72 bei 8400
Vmax in (km/h)	200
Rahmen	Gitterrohrrahmen aus Stahl, Teleskopgabel vorne, Kastenschwinge aus Stahl, Zentralfederbein hinten
Gewicht (kg)	205 (vollgetankt)

Suzuki 650 Gladius

Die 650er Suzuki Gladius wurde 2009 ins Verkaufsprogramm aufgenommen und löste die SV 650 ab. Der Unterschied zur Vorgängerin war vor allem der neue Rahmen mit der herausstechenden Optik. Der flüssigkeitsgekühlte V-Twin mit Benzineinspritzung, Doppelzündung und geregeltem Katalysator wurde fast unverändert übernommen. Das nach dem Kurzschwert der Gladiatoren benannte attraktive Naked Bike bekam es in der 650er-Klasse mit jeder Menge Konkurrenz zu tun. So zielt die 650 Gladius vor allem auf eine Gruppe ab, die als Neueinsteiger wieder in der Motorradgemeinde starten will. Daher ist auch alles an dem Motorrad recht einfach gehalten. Die Schalter sitzen alle an der richtigen Stelle, die Schalthebel liegen gut in den Fingern, Hinterteil und Füße finden schnell die richtige Sitzposition.

Baujahr	2009 bis 2012
Motorbauart	Einzylinder, Zweitakter
Hubraum (cm³)	125
Leistung (PS bei 1/min)	23,11 bei 10.000
Vmax in (km/h)	155
Rahmen	Brückenrahmen aus Aluminium
Trockengewicht (kg)	137

Aprilia RS 125 (Rm)

Die Aprilia RS 125 brachte alle Vorteile der erfolgreichen Werksrennmaschine in der Klasse bis 125 Kubikzentimeter auf die Straße. Die erste Serie des leichten Supersportlers kam im Jahr 1992 auf den Markt. Der Brückenrahmen mit der Upside-Down-Gabel vorne und einem hinteren Zentralfederbein ließ beim Fahrkomfort keine Wünsche offen. Die Scheibenbremsen, vorne mit Vierkolben-Festsattel und hinten mit Zweikolben-Festsattel, verzögerten das leichte Motorrad wirksam. Das erste Modell Gs hatte einen flüssigkeitsgekühlten Rotax-123-Motor mit 31,3 PS bei 10.800 Umdrehungen in der Minute eingebaut. Ab 1995 kam die zweite Modellreihe Mp mit einem leichten Facelift auf den Markt. Gleichzeitig sank die Leistung der 125er auf 28,55 PS. Die Modellreihe SF wurde ab 1999 angeboten. In der Modellreihe Py wurde ab 2006 erstmals ein ungeregelter Katalysator eingebaut, der die Abgasnorm Euro 2 erfüllte. Zusätzlich wurde ein weiteres Facelift durchgeführt. Die letzte Reihe Rm hatte ab 2008 einen elektronisch gesteuerten Dell'Orto vhst 28. Im Jahr 2012 wurde der Bau des Leichtmotorrads nach 20 Jahren wegen der nicht mehr möglichen Einhaltung der Abgasvorschriften für Zweitaktmotoren eingestellt.

BMW S 1000 RR

Kaum zu glauben, was BMW im Jahr 2008 als sportliches Motorrad zur Intermot in Köln präsentierte. Da stand ein sagenhafter Supersportler mit einem nur 60 Kilogramm schweren Vierzylinder-Reihenmotor mit annähernd 200 PS. Ab 2009 wurde das Sportbike dann im Berliner BMW-Werk produziert, um als Homologationsfahrzeug für die Superbike-Weltmeisterschaft und die Deutsche Motorrad-Straßenmeisterschaft zu dienen. Doch auch die für die Straße zugelassene Version schmeichelt mit auserlesener Rennsport-Technik wie Ventilen aus Titan, kohlenstoffbeschichteten Schlepphebeln, längenvariablen Ansaugrohren und einer Traktionskontrolle. Unüblich bei BMW ist die gewöhnungsbedürftige Antriebseinheit mittels einer Dichtringkette anstelle des bei den Bayern üblichen Kardanantriebs. Auch beim Fahrwerk schlug man nun traditionelle Wege ein und ersetzte die im Leichtmetallrahmen angebauten Federelemente wie Telelever am Vorderrad durch eine Upside-Down-Gabel und den bei BMW üblichen Paralever durch eine Zweiarmschwinge mit einem direkt angelenkten Monofederbein. Zur schräglagenabhängigen Traktionskontrolle mit einer Vier-Modi-Motorsteuerung ist für die S 1000 RR außerdem ein ABS erhältlich. Mit diesen absoluten Best-of-Eigenschaften erfüllt das BMW-Bike alle Voraussetzungen, um die enorme Power auch auf der Straße beherrschbar zu machen und nicht nur auf der Piste den Gegnern das Heck zu zeigen.

Baujahr	ab 2009
Motorbauart	Vierzylinder
Hubraum (cm³)	999
Leistung (PS bei 1/min)	193 bei 13.000
Vmax in (km/h)	299 (Werksangabe)
Rahmen	Leichtmetall-Brückenrahmen, Upside-Down-Gabel vorne, Zweiarmschwinge, Monofederbein hinten
Gewicht (kg)	183

Baujahr	ab 2009
Motorbauart	Vierzylinder
Hubraum (cm³)	1293
Leistung (PS bei 1/min)	175 bei 9250
Vmax in (km/h)	285
Rahmen	Aluminiumguss-Einarmschwinge mit BMW-Motorrad-Paralever, Zentralfederbein mit Hebelsystem
Gewicht (kg)	258 (vollgetankt)

BMW K 1300 S

Wie soll man so einen Supersportler nennen? Asphaltjäger, Extremsportler, Rekordbrecher? 2009 wurde die BMW K 1300 S das Flaggschiff des BMW Motorradprogramms. Ein Spitzenmotorrad war geboren, das so manchem stärkeren Superbike den Schweiß in den Nacken trieb. Doch auch wenn die BMW mit ihren 175 PS und einem Drehmoment von 140 Nm nichts für Weichlinge war, kann man mit ihrer Alltagstauglichkeit und dem ordentlichen Sound auch einfach so eine kleine Runde um den Block fahren. Auch bei den technischen Feinheiten hatten die Ingenieure der Bayerischen Motoren-Werke nicht gespart. Der Reihen-Vierzylinder war flüssigkeitsgekühlt, mit zwei Nockenwellen ausgerüstet und hatte vier Ventile pro Zylinder. Die Kraftstoffaufbereitung geschah über eine elektronische Einspritzung und die Motorsteuerung über eine digitale Motorelektronik mit integrierter Klopfregelung. Mit dem geregelten Dreiwegekatalysator erreichte die K 1300 S die Abgasnorm Euro 3. Doch auch bei der Sicherheit kann die Maschine punkten, das ABS ist serienmäßig enthalten, ASC und ESA können auf Wunsch eingebaut werden. Der Fahrzeugpreis beträgt im Jahr 2013 ca. 16.000 Euro.

Kawasaki VN 1700 Voyager

Mit dem ersten japanischen Full-Dressed-Tourer mit V-Twin VN 1700 Voyager gelang es Kawasaki im Jahr 2009, ein Motorrad für die Biker zu bauen, die eine Kombination aus kräftiger Fahrleistung gepaart mit viel Komfort für lange Reisestrecken wünschten. Mit der großen Frontverkleidung und dem dazugehörigen Windschild bietet das Motorrad einen bestmöglichen Schutz bei Wind und Wetter für Fahrer und Sozius. Ein Stauraum von 126 Litern in den Seitenkoffern, dem Topcase und abschließbare Handschuhfächer sorgen dafür, dass alle möglichen Gegenstände und Zubehörteile mitgenommen werden können. Der Komfort des Kawasaki-Cruisers wird durch das Overdrive-Sechsganggetriebe und die Cruise Control erhöht, eine aktive Bremskontrolle wird von einem serienmäßigen Antiblockiersystem unterstützt. Das Beste ist jedoch der flüssigkeitsgekühlte V2-Zylinder mit 1700 Kubikzentimetern Hubraum. Mit seinen 73 PS und einem Drehmoment von 136 Nm ist ein schaltfaules Dahincruisen ohne Probleme möglich und macht das Fahren über kurvenreiche Landstraßen und schnelle Autobahnen zu einem Hochgenuss. Zudem sorgt das Drehmoment bei bereits 2750 Umdrehungen in der Minute für ein zügiges Überholen aus dem Drehzahlkeller. Die Höchstgeschwindigkeit von 160 km/h reicht für ein schnelles Vorankommen und ein zügiges Mitschwimmen im jeweiligen Verkehr.

Baujahr	2009 bis heute
Motorbauart	V-Zweizylinder
Hubraum (cm³)	1700
Leistung (PS bei 1/min)	73 bei 5000
Vmax in (km/h)	160
Rahmen	Doppelschleifenrahmen aus Stahl, Teleskopgabel vorne, Schwinge mit zwei luftunterstützten Federbeinen hinten
Gewicht (kg)	406 (vollgetankt)

Baujahr	2009 bis heute
Motorbauart	Vierzylinder
Hubraum (cm³)	599
Leistung (PS bei 1/min)	128 bei 14.000
Vmax in (km/h)	262
Rahmen	Rahmen aus verschweißten Aluminiumprofilen, Upside-Down-Gabel vorne, Bottom-Link-Uni-Trak mit Gasdruck-Federbein hinten
Gewicht (kg)	191

Kawasaki Ninja ZX-6R

Für das Jahr 2009 wurde von Kawasaki wieder eine Neu-entwicklung realisiert, die nach Auskunft des Herstellers „konsequent auf Rennstreckentauglichkeit hin entwickelt" worden war. So entstand ein Mittelklasse-Supersportler, der in der Supersport-WM ein Weltmeister wurde und alle Straßentests der Fachmagazine für sich entschied. Der flüssigkeitsgekühlte Vierzylinder-Reihenmotor hat 599 Kubikzentimeter und leistet 128 PS bei 14.000/min). Der benötigte Kraftstoff wird durch eine Keihin-Einspritzung mit zwei Einspritzdüsen pro Zylinder sichergestellt. Der neu konstruierte leistungsstarke Motor hat ein besonders breites Leistungsband und eine bei Serienmotorrädern ungewöhnlich hohe Verdichtung von 13,9 : 1. Ebenfalls neu ist das Sechsganggetriebe, das als Kassettengetriebe ausgelegt ist und damit eine Übersetzungsanpassung an eine Rennstrecke ermöglicht. Optisch ist der Renner den großen Ninja-Racern angepasst. Auch bei der 600er führen die beiden Auspuffendrohre direkt unter dem Heck ins Freie. Als Fahrwerk ist ein Brückenrahmen aus Aluminium montiert, der von einer filigranen Schwinge mit Gasdruck-Federbein hinten und einer Upside-Down-Gabel vorne gefedert wird.

Moto Guzzi Stelvio 1200 4V

Im Jahr 2007 wurde von Moto Guzzi eine Reise-Enduro mit der Typenbezeichnung Stelvio 1200 4V während der Mailänder Zweiradmesse EICMA (Esposizione Internazionale Ciclo Motociclo e Accessori) vorgestellt. Die Bezeichnung „Stelvio" war eine Huldigung an das italienische 2757 Meter hohe Stilfser Joch, den Pass über die Alpen mit 84 Serpentinen. Das kraftvolle Motorrad sollte den in diesem Marktsegment beherrschenden BMW-Modellen Kontra bieten. Ein Jahr nach der Präsentation, im Jahr 2008, wurden die ersten Großenduros ausgeliefert. Die Moto Guzzi Stelvio wurde von einem bei Guzzi üblichen Vierventil-V-Twin mit

Baujahr	2009 bis 2010
Motorbauart	V-Zweizylinder
Hubraum (cm³)	1151
Leistung (PS bei 1/min)	105 bei 7000
Vmax in (km/h)	210
Rahmen	Zentralrohrrahmen aus Stahl, Upside-Down-Gabel vorne, Zweiarmschwinge aus Aluminium, Zentralfederbein hinten
Leergewicht (kg)	251

Luft-/Ölkühlung angetrieben und leistete 102 PS. Das Drehmoment lag bei 108 Nm bei 6500/min). Im Jahr 2010 wurde der großvolumige Motor kräftig überarbeitet und die Leistung um 3 PS angehoben. Da das Dickschiff hoch und mit rund 250 Kilogramm recht schwer daherkam, war es für schnelle Ritte im extremen Gelände nicht zu gebrauchen. Doch auf Schotterstraßen und auf kurvenreichen Landstraßen konnte sie ihr Talent zeigen. Ab dem Jahr 2011 wurde das Modell, nun als 8V, wesentlich verbessert, und auch ein serienmäßiges ABS stand zur Verfügung. Außerdem konnte das Fahrwerk für jede Situation komplett eingestellt werden.

Baujahr	2009 bis 2012
Motorbauart	Vierzylinder
Hubraum (cm³)	1340
Leistung (PS bei 1/min)	197 bei 9500
Vmax in (km/h)	298
Rahmen	Brückenrahmen aus Aluminium, Upside-Down-Gabel vorne, Zweiarmschwinge aus Aluminium, Zentralfederbein hinten
Gewicht (kg)	260 (vollgetankt)

Suzuki GSX 1300 Hayabusa

Zum Jahrhundertwechsel überraschte Suzuki die Motorradfans mit der Hayabusa, was auf Deutsch so viel wie „Wanderfalke" heißt. Fast zehn Jahre blieb das spektakuläre Motorrad an der Spitze der Motorradtechnologie und war das einzige Hochleistungsbike der Welt. Zum zehnjährigen Jubiläum wurde das attraktive Superbike komplett überarbeitet, da die Luft immer dünner wurde. Das Fahrwerk wurde ein wenig straffer gehalten und war nun komplett einstellbar. Lediglich die Bremsen kamen der Leistung des Motorrads nicht hinterher. Auch am flüssigkeitsgekühlten Vierzylinder mit der elektronischen Benzineinspritzung war der Hubraum auf 1340 Kubikzentimeter angehoben worden, was nun eine Leistung von 197 PS bei 9500/min brachte. Das Drehmoment lag nun bei 155 NM bei 7200/min. So blieb die enorme Power des Supersportlers für die nächsten Jahre gewahrt. Eine weitere Neuerung war die kräftig überarbeitete Verkleidung mit dem Tank, die jedoch auch in der zweiten Generation das Leben des Sozius nicht leichtermachte, denn auf der Rückbank war kaum Windschutz vorhanden.

Triumph Thunderbird 1600

Der großvolumige Triumph-Cruiser 1600 möchte sich nicht über Spitzenleistung wie Durchzug und Beschleunigung definieren lassen. Seine Vorzüge sind eher die hervorragenden Manieren und die außergewöhnliche Technik des riesigen Donnervogels. Diese Einstellung unterstrich auch die Wahl der Thunderbird 1600 zum „Cruiser of the Year" von der US-Zeitschrift Cycle World. In der umfangreichen Produktpalette von Triumph schließt der 1600er Cruiser perfekt die große Lücke zwischen der kleinen 865er Bonneville America und der überfetten 2,3-Liter-Rocket III. Der in der Thunderbird arbeitende Zweizylinder wurde bereits im Jahr 1950 mit einem Hubraum von 650 Kubikzentimetern vorgestellt, doch erst in der Dimension mit 1,6 Litern Volumen und mit einer Leistung von 85 PS bei lediglich 4850/min) kommt der flüssigkeitsgekühlte Reihen-Twin so richtig schön zur Geltung. Gleichzeitig werkeln beeindruckende 146 Nm bei 2750/min) die beiden Kolben auf die Kurbelwelle und von dort über ein Sechsganggetriebe und einen Zahnriemen auf das 200er Hinterrad.

Baujahr	2009 bis heute
Motorbauart	Zweizylinder
Hubraum (cm³)	1597
Leistung (PS bei 1/min)	85 bei 4850
Vmax in (km/h)	185
Rahmen	Zweischleifen-Stahlrohrrahmen, Showa-Gabel vorne, Zweiarm-Stahlrohrschwinge, Showa Stereo-Federbeine hinten
Gewicht (kg)	339 (vollgetankt)

Baujahr	2009 bis 2010
Motorbauart	Vierzylinder
Hubraum (cm³)	998
Leistung (PS bei 1/min)	180 bei 12.500
Vmax in (km/h)	285
Rahmen	Deltabox-Aluminiumrahmen, Upside-Down-Gabel vorne, Aluminium-Zweiarmschwinge, Zentralfederbein hinten
Gewicht (kg)	208 (vollgetankt)

Yamaha YZF R1 (RN22)

Gutes zu optimieren gleicht einem Drahtseilakt. Im Fall der neuen Yamaha YZF R1 beweist der Hersteller allerdings erneut ein glückliches Händchen. Mit dem richtigen Gefühl für die Balance zwischen beeindruckender Motorleistung und beinahe spielerischem Handling weiß das um 5 PS auf nunmehr 132 kW/180 PS erstarkte Big Bike auch in der jüngsten Ausgabe zu überzeugen. Die eigentliche Weiterentwicklung hat vorwiegend im Detail stattgefunden. Erstmals in der Geschichte der supersportlichen Yamaha-Oberklasse wird der Gaswechsel des

998 ccm großen Motors nicht mehr über fünf, sondern nur noch über vier Ventile pro Zylinder gesteuert. Tief im Inneren sorgt ein elektronisches Regelwerk für eine feine Dosierung der üppig bemessenen Leistung. Direkt aus dem MotoGP-Rennsport kommt auch die elektronische Drosselklappensteuerung (YCC-T – Yamaha Chip Controlled Throttle), die einen Verzicht auf die Sekundärdrosselklappe möglich macht und für eine geschmeidige Umsetzung der Gasgriffbefehle sorgt. Der Fahrer freut sich über einen gegenüber dem Vorgängermodell verbesserten Durchzug im mittleren Drehzahlbereich. Mit phänomenalen Elastizitätswerten kann allerdings auch die neue R1 nicht aufwarten. Die wirkliche Stärke spielt sie nach wie vor ab 7000/min aus. Beeindruckend ist die Leichtigkeit, mit der sich der G-Kat-bereinigte Einspritzer bis zur Nenndrehzahl von 12.500/min und darüber drehen lässt. So verwundert es nicht, dass das maximale Drehmoment von 113 Nm erst bei 10.500/min anliegt.

Baujahr	2008 bis heute
Motorbauart	V-Vierzylinder
Hubraum (cm³)	782
Leistung (PS bei 1/min)	110 bei 10.500
Vmax in (km/h)	244
Rahmen	Brückenrahmen aus Aluminium, Teleskopgabel vorne, Kastenschwinge aus Aluminium, Pro-Link- und Unique-Pro-Arm-Hinterradfederung
Gewicht (kg)	244 (vollgetankt)

Honda VFR 800

Im Jahr 2002 wurde die Honda VFR 800 neu aufgelegt. Der Sporttourer hatte nun einen seitlich montierten Kühler, eine Einspritzanlage, einen geregelten Katalysator und ein CBS-Integralbremssystem von Honda. Der wassergekühlte V-Vierzylinder-Motor war nun mit dem VTEC-System mit hydraulischer Steuerungstechnik der Ventile und vier obenliegenden Nockenwellen ausgerüstet, die über eine Kette angetrieben wurden. Serienmäßig war nun ein ABS mit der Honda-Kombibremse CBS verbaut. Das Design und die Vollverkleidung wurden nicht nur wegen der besseren Ergonomie vollkommen neu gestaltet. Im Modelljahr 2010 gilt

die Honda VFR immer noch als Leckerbissen für alle Technikfreaks. Das Superbike mit dem einzigartigen V-4-Antriebskonzept begeistert nicht nur die rennsportbegeisterten Motorradfahrer. Ein bestens zu schaltendes Sechsganggetriebe liefert über die Kette die im Überfluss vorhandene Kraft auf das 180er-Hinterrad. Mit dem voll verstellbaren Fahrwerk mit Leichtmetallbrückenrahmen und einstellbaren Federelementen kann das Motorrad individuell den sportlichen Ambitionen angepasst werden. Die Bremsverzögerung erfolgt durch eine Doppelscheibenbremse mit Dreikolbenbremszangen als Verbundbremse. Ein ABS kann zusätzlich geordert werden.

Derbi GPR 125 4T 4V

Die erste Derbi GPR 125 kam im Jahr 2004 auf den Markt und fand lediglich mit der Aprilia RS 125 und der Cagiva Mito ein paar gleichwertige Gegner in der Gunst um die meisten Marktanteile. Die kesse Spanierin mit dem hochgezüchteten flüssigkeitsgekühlten Zweitaktmotor begeisterte vor allem Youngster zwischen 16 und 17 Jahren. Denn der 124-Kubikzentimeter-Yamaha-Motor und das Sechsganggetriebe konnten in puncto Leistung richtig Laune machen. Ein zügiges Vorankommen setzte jedoch eine hohe Drehzahl zwischen 7000 und 9000 Umdrehungen voraus. Die Derbi GPR 125 4V war ein weiterer Meilenstein in der 125er-Racing-Klasse. Bereits im Jahr 2008 konnte sie ihre Qualitäten bei Motorradrennen unter Beweis stellen und gewann mit dem Franzosen Mike Di Meglio die Weltmeisterschaft in der 125-ccm-Klasse. Inzwischen ist in der Derbi 125 4T 4V ein moderner Viertakt-Vierventiler unter der Stromlinienverkleidung eingebaut. Die Leistung hat sich dabei nicht verändert, denn auch er liefert wie der frühere Zweitakter 15 PS, dies jedoch mit 1000 Umdrehungen weniger.

Baujahr	2008 bis heute
Motorbauart	Einzylinder
Hubraum (cm³)	124
Leistung (PS bei 1/min)	15 bei 8250
Vmax in (km/h)	120
Rahmen	Brückenrahmen aus Stahl, Teleskopgabel vorne, Bananenschwinge, Zentralfederbein hinten
Gewicht (kg)	123

Baujahr	2008
Motorbauart	V-Zweizylinder
Hubraum (cm³)	936
Leistung (PS bei 1/min)	75 bei 7200
Vmax in (km/h)	185
Rahmen	Stahlrohrrahmen, Teleskopgabel vorne, Schwinge, Zentralfederbein hinten
Gewicht (kg)	237 (vollgetankt)

Moto Guzzi 940 Custom

Seit dem Einstieg von Piaggio bei Moto Guzzi geht einiges am Comersee. Neue Modelle purzeln im Halbjahrestakt heraus, Motoren werden stärker, die Qualität scheint stark zu steigen. Beinahe klammheimlich scheint sich Moto Guzzi von der jahrelang bewährten Zweiventiltechnik zu verabschieden. Das kommt einer eigentlichen „Palastrevolution" gleich – ist doch heute jede angebotene Guzzi, von der kleinen Nevada bis zur mächtigen Breva, mit zwei Ventilen ausgestattet. Doch die Zweiventil-technik ist, technisch gesehen, am Zyklusende angekommen. Manchmal bekommen Motorräder Namen verpasst, die selbst Insider verwirren, wie die neue Moto Guzzi, die auf dem Mailänder Salon im letzten Herbst noch Custom 940 hieß. Doch mit einem Custombike nach guter alter Chopper-Sitte hat dieses Motorrad nichts zu tun. Mit ein bisschen Verspätung muss das auch den Leuten von Moto Guzzi aufgefallen sein. Diskret tauschten sie die Namensschriftzüge aus. Jetzt heißt die neue Guzzi nur noch Bellagio, nach dem mondänen Badeort am Zipfel der Halbinsel am Comer See, auf dem auch die Guzzi-Werke liegen. Nicht nur der Name sei neu, versichern die Guzzi-Ingenieure. Der Motor sei es vor allem. Das stimmt, einen 940-ccm-Hubraum mit dem Hub-Bohrungs-Verhältnis von 95 zu 66 Millimetern haben die Italiener tatsächlich noch nicht gebaut. Doch weil die Gehäuse aller Guzzi-Motoren im Prinzip dieselben sind, darf man ruhig auch behaupten, es handle sich um den aufgebohrten 850er V2 aus den Modellen Griso und Breva.

Baujahr	2007 bis heute
Motorbauart	V-Zweizylinder
Hubraum (cm³)	992
Leistung (PS bei 1/min)	92 bei 8500
Vmax in (km/h)	über 235
Rahmen	Gitterrohrrahmen aus Stahl, Upside-Down-Gabel vorne, Zweiarmverbundschwinge aus Stahl und Aluminium, Zentralfederbein hinten
Gewicht (kg)	170

Bimota DB6 Delirio

Im Jahr 2007 sorgte Bimota mit der DB6 Delirio für viel Begeisterung vor allem unter den italienischen Motorradfans. Das Aussehen der um das Team von Designer Sergio Robbiano geschaffenen neuen Wunderwaffe mit dem extravaganten Heck war schlicht erregend. Denn am Heck ließen zwei dreieckige Underseat-Endrohre unter kunstvoll gestalteten Blenden das verbrannte Gemisch ins Freie strömen. Auch das fein abgestimmte Fahrwerk und die perfekte Leichtbauweise mit einem fahrfertigen Gewicht von 190 Kilogramm überzeugten durch ein spielerisches Handling. Das großvolumige luftgekühlte 90-Grad-V2-Ducati-Triebwerk mit Doppelzündung und Sechsganggetriebe sorgte mit 88 Nm für einen kräftigen Durchzug, bis der Drehzahlbegrenzer bei 9200/min Einhalt gebot. Große Brembo-Vierkolben-Bremszangen und 320er-Scheiben in Verbindung mit einem serienmäßigen ABS sorgen für erbarmungslose Verzögerung und sind bestens dosierbar. Kein Wunder, dass bereits im ersten Verkaufsjahr die DB6 Delirio rund 400-mal über den Ladentisch ging, und das bei einem Preis von stolzen 19.490 Euro.

Boss Hoss BHC-3 ZZ4 SS

Boss Hoss Cycles wurde bereits im Jahr 1990 von Monte Warne in Dyersburg in Tennessee gegründet. Am Anfang trugen die Bikes noch den Namen „Boss Hog", wobei „Hog" die Abkürzung für H.O.G. (Harley Owners Group) stand. Als Harley-Davidson wegen eines Lizenzverstoßes die Umbenennung der Firma erwirkt hatte, entschied sich das Unternehmen Mitte der 1990er-Jahre für „Boss Hoss". Bereits von Anfang an konzentrierte sich Boss Hoss auf zwei- und dreirädrige Einzelanfertigungen mit Chevrolet-V-Achtzylinder-Motoren. Eines der teuersten, spektakulärsten Motorräder der letzten Jahre war die Boss Hoss BHC-3 ZZ4 SS, die ihr erstes Auftreten im Jahr 2007 hatte. Das Kürzel SS steht dabei für Super Sport. Das schwere Superbike wiegt etwa eine halbe Tonne und holt aus dem fast sechs Liter großen Achtzylinder ein Drehmoment von 550 Nm bei 3500/min) heraus. Der bärenstarke ZZ4-350-cui-Motor glänzt mit feinsten Aluminium-Zylinderköpfen. Die Kraft wird über eine Zweigang-Semi-Automatik und einen Zahnriemen auf das Hinterrad übertragen. Da die Vorgängermodelle für eine große mögliche Käufergruppe zu wuchtig und hoch waren, wurde die Sitzhöhe um acht Zentimeter verringert und der Radstand ebenfalls um acht Zentimeter verkürzt.

Baujahr	ab 2007
Motorbauart	V-Achtzylinder
Hubraum (cm³)	5735
Leistung (PS bei 1/min)	360 bei 5250
Vmax in (km/h)	199
Rahmen	Rohrrahmen aus Stahl, Upside-Down-Gabel vorne, Schwinge, Coilover Shocks hinten
Gewicht (kg)	505

Baujahr	2007 bis 2010
Motorbauart	V-Zweizylinder
Hubraum (cm³)	1125
Leistung (PS bei 1/min)	148 bei 9800
Vmax in (km/h)	267
Rahmen	Brückenrahmen aus Aluminium, Upside-Down-Gabel vorne, Zweiarmschwinge aus Aluminium, Zentralfederbein hinten
Gewicht (kg)	207 (vollgetankt)

Buell 1125R

Im Juli 2007 stellte Buell ein völlig neues Motorradkonzept vor und feierte damit das stärkste Buell-Motorrad seit dem 25-jährigen Bestehen der Motorradmarke. Mit dem Superbike 1125R kam erstmalig ein flüssigkeitsgekühlter V2-Motor zum Einsatz. Das Triebwerk besaß obenliegende Nockenwellen, vier Ventile pro Zylinder und war zusammen mit Rotax-Powertrain aus Gunskirchen entwickelt worden. Gleich vier Kilogramm leichter war das kräftige 148 PS starke flüssigkeitsgekühlte Aggregat der 1125R im Gegensatz zum luftgekühlten XB12-Motor. Der etwas ruppige Charakter des V2-Motor wird von dem sehr unkomplizierten Handling der Maschine bestens ausgeglichen und sorgt für optimalen Fahrspaß in fast jeder Situation. Die Einspritzung der 1125R sorgt dabei für eine gleichbleibende Leistung über den gesamten Drehzahlbereich. Die Kraftübertragung auf das Hinterrad erfolgte weiterhin über einen wartungsarmen Zahnriemen. Geschaltet wird das Powerbike über ein Sechsganggetriebe. Das Lieblingsgebiet der Buell 1125R ist ganz klar die schnelle, glatt asphaltierte Straße. Hier entfaltet sich die ganze Kraft des V-Twins. Beim Aufreißen des Gasgriffs erreicht die 1125R eine Geschwindigkeit von 267 km/h und verbraucht dabei rund 7,4 Liter Benzin auf 100 Kilometer. Für knapp 12.000 Euro erhielt der Superbike-Liebhaber mit der Buell 1125R ein Motorrad, das einen ganz eigenen Charakter an den Tag legte.

Derbi Senda 125 Cross City

Bereits im Jahr 1922 gründete der Spanier Siméon Rabasa i Singla eine Fahrradwerkstatt. Von dieser Fahrradwerkstatt (derivado de bicicleta) leitete sich der Name der späteren Motorradfirma ab. Doch die Produktion begann erst nach dem Zweiten Weltkrieg, als ein starker Bedarf der Bevölkerung nach motorisierten Fortbewegungsmitteln bestand. Dann stieg die Firma durch die guten Geschäfte in den Motorradsport ein, und bereits am 14. Juni 1968 siegte der Australier Barry Smith in der 50-Kubik-Klasse beim Isle of Man TT auf einer Derbi. Der Spanier Ángel Nieto holte sich dann im Jahr 1969 die erste Weltmeisterschaft für die Marke. Seit dieser Zeit gingen bis heute insgesamt 106 Grand-Prix-Siege und zwölf Fahrerweltmeisterschaften auf das Konto der Spanier. Doch auch Straßenmaschinen, vor allem Leichtkrafträder und Motorroller, hatte Derbi im Programm. Eine kleine und leichte Maschine war die Derby Senda 125 Cross City, ein Fun-Leichtkraftrad für jede Gelegenheit. Vor allem die Jugend sollte mit dieser Mischung aus Supermoto und Enduro angesprochen werden. Eine hochwertige Ausstattung mit einem großdimensionierten Scheinwerfer und LED-Rücklichtern, eine VA-Auspuffanlage und gut dimensionierte Scheibenbremsen erleichtern die Entscheidung beim Kauf.

Baujahr	2007 bis heute
Motorbauart	Einzylinder
Hubraum (cm³)	124
Leistung (PS bei 1/min)	11,15 bei 8500
Vmax in (km/h)	110
Rahmen	Brückenrahmen aus Stahl mit Unterzug, Teleskopgabel vorne, Schwinge, Zentralfederbein hinten
Gewicht (kg)	112

Baujahr	2007 bis heute
Motorbauart	V-Zweizylinder
Hubraum (cm³)	1690
Leistung (PS bei 1/min)	82
Vmax in (km/h)	175
Rahmen	Stahlrohrrahmen, Teleskopgabel
	vorne, Federbeine hinten
Gewicht (kg)	355

Harley-Davidson FLHRC Touring Road King Classic

Man nehme ein fantastisches Bike wie die Road King und schmücke es mit allen nur erdenklichen Zubehörteilen aus der Welt der Nostalgie, mit lederbezogenem Koffer, einem großen verchromten Scheinwerfer, mit verchromten Speichenrädern, großen Fendern und mit Weißwandreifen. Heraus kommt ein Motorrad, das sich vom kurzlebigen Zeitgeist nicht beeinflussen lässt und nicht irgendeinem Trend hinterherläuft. Diese „Nostalgie pur" heißt FLHRC Road King Classic. Das Motorrad wird seit 2012 durch den gummigelagerten 103er-Twin-Cam-Motor angetrieben. Ein wichtiges Merkmal der Touring-Motorräder sind die großen Satteltaschen die bei der Harley-Davidson Road King Classic aus lederbezogenen Spritzguss-Hartschalenkoffern bestehen. Die Kombination aus Touring- und Cruiser-Motorrad weist als weiteres Highlight eine luftverstellbare Hinterradfederung auf, mit der das Fahrgefühl und der Soziusbetrieb je nach Bedarf eingestellt werden können. Doch auch das hochmoderne ABS-System der Touring-Modelle arbeitet Hand in Hand mit der Hochleistungsbremsanlage von Brembo, sodass der Fahrer nach wie vor die Vorderradbremse völlig unabhängig von der Hinterradbremse dosieren kann.

Harley-Davidson FXDC Dyna Super Glide

Die in klassischer Linienführung gestaltete Harley-Fahrmaschine ist eine optische Anlehnung an die ersten Super-Glide-Modelle, die im Jahr 1971 den Asphalt unter die Räder nahmen – eine einzigartige Synthese aus unbändiger Kraft, sattem Sound und Eleganz. Schlank, rau und mit großer Kraft kommt die Harley-Davidson Dyna Super Glide Custom daher, geschaffen für die Ewigkeit. Ihr 1584 Kubikzentimeter großer Twin Cam 96 ist schwarz pulverbeschichtet und verfügt über verchromte Abdeckungen. Das Triebwerk, das von der elektronischen Kraftstoffeinspritzung ESPFI gespeist wird und mit einem aktiven Ansaug- und Auspuffsystem aufwartet, ist schwingungsentkoppelt in den fahrstabilen Dyna-Rahmen eingebettet. Technische Verbesserun-

Baujahr	2007 bis heute
Motorbauart	V-Zweizylinder
Hubraum (cm³)	1584
Leistung (PS bei 1/min)	76
Vmax in (km/h)	190
Rahmen	Stahlrohrrahmen, Teleskopgabel
	vorne, Federbeine hinten
Gewicht (kg)	295

gen an vielen Motorbauteilen machten den Twin Cam 96 bereits für das Modelljahr 2011 noch besser. Über das Cruise-Drive-Getriebe wird die Kraft mittels eines extrem reißfesten Sekundärzahnriemens auf das Hinterrad übertragen. Vorn und hinten rollt die Maschine auf Michelin-Scorcher-Reifen, die nicht nur für Grip und Handling bürgen, sondern auch eine hohe Standfestigkeit bieten. Die einteilige Doppelsitzbank des Motorrades ist nicht nur schick, sondern zusätzlich auch noch bequem.

Baujahr	2007 bis 2008
Motorbauart	Vierzylinder
Hubraum (cm³)	1078
Leistung (PS bei 1/min)	200 bei 11.750
Vmax in (km/h)	315
Rahmen	Gitterrohrrahmen aus Stahl, Marzocchi-Upside-Down-Gabel vorne, Einarmschwinge aus Magnesium, Zentralfederbein hinten
Gewicht (kg)	220 (vollgetankt)

MV Agusta 100 F4 CC

„Für 99 Freunde und mich möchte ich ein Motorrad schaffen, das es bisher noch nicht gegeben hat." So präsentierte MV-Chef Claudio Castiglioni seine Vorstellung von der stärksten Serienmaschine der Welt. Das „CC" stand natürlich für den Firmenchef Claudio Castiglioni selbst. 100.000 Euro teuer sollte das königliche Superbike werden und gewiss nicht für jeden Geldbeutel zu haben sein. In mattem Schwarz gehalten, mit schimmerndem Karbonüberzug stand sie dann im Jahr 2007 zum Kauf bereit. Das Topmodell in der F4-Baureihe glänzte mit ungewöhnlichen Werkstoffen wie Magnesium für die Schwinge, die Rahmenplatten und den Motordeckel. Karbon war ein weiterer edler Stoff, aus dem die Verkleidungsteile des Super-Dings bestand. Doch nicht nur die sichtbaren Teile waren das Maß aller Dinge, auch im Inneren des Motors werkelten leichte graphitbeschichtete Mahle-Kolben mit Pleuel aus Titan. Die Schalt- und Handhebel sowie die Gabelbrücke und die Fußrastenanlage waren CNC-gefräst. Über 90 Prozent der F4CC-Teile waren in Handarbeit gefertigt. Eine verschwenderisch wirkende Brembo-Bremsanlage mit Racing-Monobloc-Zangen sorgt für eine sichere Beherrschung der Maschine. So vermittelt das Bike dem, der es sich leisten kann, eine Leidenschaft, die man nur beim Fahren dieses Superbikes empfinden kann.

Suzuki B-King

Dieses puristische Muscle-Bike in ultraradikaler Optik präsentierte Suzuki im Jahr 2001 als Studie, und sie schlug ein wie der legendäre Hammer des Thor. Offensichtlich wollten die Japaner hier einen weiteren Meilenstein in ihrer Firmengeschichte setzen. Und richtig, gegen dieses spektakuläre Überbike war kein Kraut gewachsen. Es ließ die Konkurrenz blass aussehen. Der mit Kompressor aufgemöbelte wassergekühlte Vierzylinder der Hayabusa soll es auf stramme 250 PS bringen. Edle Materialien dominieren die Optik: Karbon, Edelstahl, poliertes Aluminium, Leder. Schon allein die plasmageschweißte Aluschwinge oder Brembos Perimeter-Vierkolben-Bremszangen versetzen Technikfreaks in Entzücken. Dazu gesellen sich moderne Gimmicks wie eine Fahrererkennung per Fingerabdruck oder das interaktive Telematic-System. Selbst einen Internetzugang hatte die B-King-Studie an Bord. Erst sechs Jahre später, im Jahr 2007, wurde dann der Terminator-Traum zur Wahrheit und Suzuki stellte das brachiale Naked Bike als Serienmodell der Öffentlichkeit vor. Dabei blieb der neue Überflieger sehr nahe an der Studie. Lediglich der Kompressor war nun kein Thema mehr. Ein Jahr später gab es die B-King auch mit ABS.

Baujahr	2007 bis heute
Motorbauart	Vierzylinder
Hubraum (cm³)	1340
Leistung (PS bei 1/min)	184 bei 9500
Vmax in (km/h)	247
Rahmen	Brückenrahmen aus Aluminium, Upside-Down-Gabel vorne, Aluminiumschwinge, Zentralfederbein hinten
Gewicht (kg)	235

Triumph Scrambler

Wie ein Held aus alten US-Spielfilmen blickt die Triumph Scrambler im Styling der 1960er-Jahre in die Welt des 21. Jahrhunderts. Man könnte fast meinen, gleich kommt Steve McQueen um die Ecke und beansprucht das Motorrad für sich. Im klassischen Stil mit breitem Lenker und hochgelegten Endschalldämpfern aus Edelstahl wirkt das um die 200 Kilogramm schwere Motorrad äußerst robust für Hetzjagden im Gelände oder bei Einsätzen in amerikanischen Wüstenrennen. Die Speichenfelgen und die flache Sitzbank lassen den hubraumstarken Cruiser wirken, als hätte er gerade vor einem Imbiss der 1960er-Jahre gestanden. Doch heutzutage sind diese Freizeitvergnügungen Vergangenheit, und es bleibt nur noch das vergnügliche Abenteuer von Überlandfahrten oder Geschicklichkeitsaufgaben im Stadtverkehr. Dafür ist die Scrambler mit ihrer Leistung von 58 PS und dem 865 Kubikzentimeter großen Motor bestens gerüstet. Geschaltet wird die Triumph Scrambler über ein Fünfganggetriebe, das die Kraft per X-Ring-Kette an das Hinterrad bringt. Die Kraftstoffversorgung wird von einer Einspritzanlage übernommen, deren Form an klassische Vergaser erinnert.

Baujahr	2007 bis 2010
Motorbauart	Zweizylinder
Hubraum (cm³)	865
Leistung (PS bei 1/min)	58 bei 7000
Vmax in (km/h)	168
Rahmen	Einschleifenrahmen aus Stahl, Teleskopgabel vorne, Schwinge, Federbeine hinten
Gewicht (kg)	205

Baujahr	2006 bis 2010
Motorbauart	V-Zweizylinder
Hubraum (cm³)	992
Leistung (PS bei 1/min)	92 bei 8000
Vmax in (km/h)	210
Rahmen	Gitterrohrrahmen aus Stahl, Marzocchi-Upside-Down-Gabel vorne, Zentralfederbein hinten
Gewicht (kg)	ca. 180

Ducati Sport 1000

Keine üble Idee: Da entwirft Ducati im Jahr 2005 mal eben drei wunderschöne Konzeptbikes und zeigt diese sogenannte „SportClassic-Familie" auf den bedeutendsten Messen der Welt, um Lob und Anerkennung von allen Seiten zu ernten. So überrascht es nicht, dass sich die Italiener entschlossen hatten, alle drei SportClassic-Modelle in Serie zu produzieren. Die „Paul Smart" verließ als Erste der drei Neoklassiker im November 2005 die Produktionshallen. Sie trug das gleiche Kleid wie jene 750er-Rennmaschine, mit der Paul Smart im Jahr 1972 in Imola gewann. Anschließend begann die Produktion des puristischen Café Racers „Sport 1000", und nur sechs Monate später hatten die Kunden ab September 2006 die Möglichkeit, die puristische „GT 1000" zu erwerben. Doch vor allem mit der Sport 1000 traf Ducati mitten ins Herz der Fans, denn wie die Maschinen vor 30 Jahren, so musste auch dieser moderne Racer aussehen. Mit viel Motor, stabilem Fahrwerk und bissigen Bremsen erreichte die Sport 1000 den Geschmack der Ducatisti. Die Sport war ein typischer Renner für die Landstraße, mit genügend Power zum Überholen, auch aus dem mittleren Drehzahlbereich.

Kawasaki VN900 Custom

Zwischen 2000 und 2009 war die Modellpalette bei Kawasaki unaufhaltsam angewachsen. Doch als Kawasaki im Jahr 2008 die VN900 Custom auf den Markt brachte, konnte niemand ahnen, dass der Cruiser eines der besten Motorräder der Japaner werden sollte. Das schwere Motorrad wurde in bester Chopper-Manier gefertigt. Drag Bars und gegossene 21-Zoll-Alufelgen lassen das Bike sehr gut aussehen und bilden seither eine günstige und attraktive Alternative zu hubraumstärkeren Choppern. Die dicken, schwarzlackierten Kotflügel, das massive Heck und der harmonisch eingepasste V-Twin machen das Bike zu einem klassischen Cruiser ohne zu starke Verspieltheit. Der moderne, wassergekühlte V-Twin mit Vierventiltechnik und elektronischer Kraftstoffeinspritzung bringt dem Customer einen kraftvollen Schub aus dem Drehzahlkeller und leistet dabei bei 78 Nm 50 PS. Die Bremsanlage mit einer 300-Millimeter-Scheibenbremse mit Zwei-Kolben-Bremssattel am Vorderrad und einer 270-Millimeter-Scheibe am Hinterrad lässt eine sichere und starke Verzögerung des Bikes zu. Mit einem Fünfganggetriebe wird die Kraft durch einen Zahnriemen auf das Hinterrad gebracht. Der Grundpreis belief sich auf ca. 8900 Euro.

Baujahr	2007
Motorbauart	V-Zweizylinder
Hubraum (cm³)	903
Leistung (PS bei 1/min)	50 bei 5700
Vmax in (km/h)	160
Rahmen	Doppelschleifenrahmen aus Stahlrohr, Teleskopgabel vorne, Uni-Trak-Federungssystem hinten
Gewicht (kg)	278

Baujahr	2007 bis heute
Motorbauart	V-Zweizylinder
Hubraum (cm³)	1584
Leistung (PS bei 1/min)	73 bei 5250
Vmax in (km/h)	160
Rahmen	Stahlrohrrahmen, Teleskopgabel vorne, Dreieckschwinge, verdeckt gekapselte Hinterradaufhängung hinten
Gewicht (kg)	307

Harley-Davidson FXCW Rocker und FXCWC Rocker

Die Harley-Davidson-Rocker-Baureihe wurde als klassischer Chopper im Stil der 1970er-Jahre konzipiert. Viel Liebe zum Detail, viel Chrom und ein pulverbeschichtetes Outfit in Verbindung mit edlem Metall machen das tolle Bike zu einer Augenweide. Motorisiert ist die Rocker mit dem 1,6-Liter-V-Twin mit einer Leistung von 71 PS bei 5300 Umdrehungen in der Minute.

Baujahr	2006 bis heute
Motorbauart	V-Zweizylinder
Hubraum (cm³)	1783
Leistung (PS bei 1/min)	125 bei 6200
Vmax in (km/h)	205
Rahmen	Doppelschleifenrahmen aus Stahl, Upside-Down-Gabel vorne, Zweiarmschwinge aus Aluminium, Zentralfederbein hinten
Gewicht (kg)	321

Suzuki Intruder M 1800 R

Die Suzuki Intruder M 1800 R ist wohl das sportlichste Bike unter den Cruisern. Das liegt vor allem auch an der flüssigkeitsgekühlten V-Twin-Motorenkonstruktion, die kurzhubig statt langhubig wie bei der Konkurrenz ausgelegt ist. Daher ist das zweirädrige „Asphaltschiff" auch sehr drehfreudig, und erst bei 7500/min geht die Nadel des Drehzahlmessers in den roten Bereich. Auch sonst haben sich die Suzuki-Techniker einiges einfallen lassen, so verhelfen zwei kettengetriebene Nockenwellen und vier Ventile pro Zylinder dem mächtigen V-Twin zum Leben. Das Resultat kann sich mit 125 PS bei 6200 Umdrehungen in der Minute sehen lassen, denn mit dieser Intruder-Variante stößt man in eine neue Dimension vor. Auch das fahrfertige Gewicht von fast 350 Kilogramm lässt die Größe des Motorrads erahnen. Die Größe mit dem 240er-Hinterrad macht sich jedoch auch während der Fahrt bemerkbar, denn schnell wird klar, dass das Handling nicht so spritzig wie bei einer Enduro sein wird. Auch ist das Superbike nicht unbedingt für einen Soziusbetrieb ausgelegt, denn falls ein Transport einer zusätzlichen Person nötig sein sollte, muss die Heckabdeckung gegen ein mitgeliefertes Sitzkissen ausgetauscht werden.

Yamaha XJR 1300

Durch die regelmäßige Modellpflege von Yamaha entstand aus dem im Jahr 1999 zum ersten Mal erschienenen Yamaha Naked Bike bis 2006 ein leichtes Bike mit zeitlosem Design und graziöser Linie. Alle Instrumente sind auf ihrem Platz und lediglich bei Sonneneinstrahlung sind die neuen Kontrollleuchten schlecht zu erkennen. Dies gilt auch für den digitalen Geschwindigkeitsmesser, bei dem man erahnen muss, in welchem Fahrbereich man sich befindet. Das bequeme Fahrwerk, kombiniert mit dem ab 1800 Umdrehungen in der Minute anziehenden Vierzylindermotor, ist das Merkmal dieser Typenreihe. So kann man sich beim Schalten Zeit lassen, und ein Bummeln im niedrigtourigen Bereich nimmt das Motorrad nicht gleich krumm. Somit ist die Yamaha XJR 1300 gerade für Langstrecken mit oder ohne Sozius der richtige Partner. Dreht man den Motor komplett aus, geht der schnurrende Klang des luftgekühlten Triebwerks schnell in ein turbinenähnliches Heulen über, das erst kurz vor den 10.000/min zu Ende ist. Dabei schiebt das Bike mit gleichmäßiger Kraft unaufhaltsam vorwärts. Das hervorragende Bremssystem in Kombination mit der bedienungsfreundlichen Hydraulikkupplung lässt den Fahrer immer souverän Herr der Lage sein, ein ABS war nicht erhältlich.

Baujahr	2006 bis 2008
Motorbauart	Vierzylinder
Hubraum (cm³)	1251
Leistung (PS bei 1/min)	98 bei 8000
Vmax in (km/h)	über 200
Rahmen	Doppelschleifenrohrrahmen aus Stahl, Teleskopgabel vorne, Schwinge, Zentralfederbein hinten
Gewicht (kg)	222

Baujahr	2005 bis 2010
Motorbauart	Dreizylinder
Hubraum (cm³)	1131
Leistung (PS bei 1/min)	137 bei 9500
Vmax in (km/h)	über 250
Rahmen	Brückenrahmen aus Stahl und Aluminium, Upside-Down-Gabel vorne, Gitterrohrschwinge, Zentralfederbein hinten
Gewicht (kg)	220

Benelli TNT 1130 Titanium

Trinitrotoluol mit der Abkürzung TNT ist einer der stärksten Sprengstoffe der Welt. Das wird wohl der Grund dafür gewesen sein, dass Benelli seinen ersten Streetfighter so genannt hat. Ein potentes Motorrad mit aggressiven Formen und sinnlichen Rundungen, gepaart mit einer außergewöhnlichen Technik. Dazu bot die TNT rekordverdächtige Sprintqualitäten an und vermittelte unkontrollierbare Adrenalinstöße. Dank ihres enormen Drehmoments und ihrer linearen Leistungsentfaltung eignete sie sich aber auch hervorragend zum Touren. Für den Einsatz in der TNT wurde das von Morini entwickelte Dreizylinder-Aggregat der Tornado auf voluminöse 1131 ccm aufgebohrt. Mit der TNT 1130 setzte Benelli einen Meilenstein in der Motorradgeschichte, und der Supersportler verkaufte sich trotz eines hohen Preises bestens. So ließ ein erster Ableger auch nicht lange auf sich warten. Im Jahr 2005 erblickte eine Cafe-Racer-Version mit sportlich gekröpftem Alu-Lenker das Licht der Welt. Parallel zur Cafe-Racer-Variante kam auch die TNT 1130 Titanium auf den Markt. Sie glänzte mit einer Auspuffanlage aus Titanium und geschmiedeten Aluminiumrädern, wodurch sich einige Kilogramm Gewicht gegenüber der Standardversion einsparen ließen.

Bimota Tesi 2D

Im Jahr 1983 ließ die futuristische Bimota Tesi mit Honda-Motor als erstes Straßenmotorrad mit Achsschenkellenkung die Fachwelt aufhorchen. Es folgte im Jahr 1991 die Tesi 1D und als Weiterentwicklung die 2D, ebenfalls mit Radnabenlenkung und nach vorne gerichtetem Auspuff. Diese revolutionäre Lenkung sollte vor allem im Motorrad-Rennsport der italienischen Marke viele Siege garantieren. Doch auch der Rahmen war etwas Besonderes, denn er bestand aus zwei aufwendig gefrästen Aluminiumplatten, die mit dem Lenkkopf und dem Hilfsrahmen für das Rahmenheck verschraubt waren. Das Federbein am Vorderrad war seitlich angebracht. Der luft- und ölgekühlte Ducati-V2-Motor mit seinem Hubraum von 992 ccm und Sechsganggetriebe bildete eine Antriebseinheit. Das Motorrad wog im fahrbereiten Zustand 170 Kilogramm. Die futuristische Tesi 2D hatte es auf der Straße vor allem auf die Naked Bikes von Honda, Kawasaki und Yamaha abgesehen und wollte mit dem außergewöhnlichen Design und dem extremen Fahrwerk frischen Wind in diese Klasse bringen. Auch die durch die Leichtbauweise vorzüglichen Fahrleistungen waren in dieser Klasse einmalig.

Baujahr	2005 bis heute
Motorbauart	V-Zweizylinder
Hubraum (cm³)	992
Leistung (PS bei 1/min)	86 bei 8500
Vmax in (km/h)	über 230
Rahmen	Rahmen aus gefrästen Aluminiumplatten, Gitterrohrhilfsrahmen aus Stahl, Zweiarmschwinge vorn, Zentralfederbein mit Hebelsystem, Zweiarmschwinge aus Aluminium hinten
Gewicht (kg)	149

Baujahr	2005 bis 2008
Motorbauart	Vierzylinder
Hubraum (cm³)	1157
Leistung (PS bei 1/min)	163 bei 10.250
Vmax in (km/h)	262
Rahmen	Kastenprofilrahmen aus Aluminium, Duolever, Zentralfederbein vorne, Paralever, Zentralfederbein hinten
Gewicht (kg)	211

BMW K 1200 R

„Hochleistungsroadster" nannte BMW diese gewagte Naked-Bike-Version der K 1200 S. Man könnte sich zwar wundern, dass ausgerechnet BMW das stärkste unverkleidete Serienmotorrad der Welt als Streetfighter auf die Räder stellte. Sich aber besser darüber zu freuen, dass die Bayern es tatsächlich ernst mit der neuen Ausrichtung hin zu mehr Sportlichkeit meinten, sollte der Vorzug gegeben werden. Im Automobilbereich von BMW feierte man mit dieser Strategie schließlich schon großartige Erfolge, und dem biederen Image der Marke tat diese Auffrischung sicherlich gut. Zumal auch weniger eingefleischte Technikfreaks von der präsenten Techno-Optik begeistert sein dürften. Zwar besaß die Neue eine durch ein neues Luftansaugsystem um 4 PS geringere Leistung, da die nackte Schöne aber mit einer kürzeren Übersetzung des Sechsganggetriebes ausge-

stattet war, schob sie ihren Piloten unaufhaltsam vorwärts, und nur ein beherztes Zugreifen am Lenker konnte der Maschine den eigenen Willen aufzwingen. Man bekam im Jahr 2005 eine K 1200 R für einen Grundpreis von 13.000 Euro. Im Science-Fiction-Thriller „Resident Evil: Extinction" aus dem Jahr 2007 fuhr die Hauptdarstellerin Milla Jovovich eine K 1200 R, und auch Nicolas Cage saß im Actionthriller „Bangkok Dangerous" im Jahr 2008 auf der BMW.

Honda CB 600 F Hornet

Bereits im Jahr 2003 wurde die Hornet behutsam optisch aufgehübscht und erhielt überdies diverse Verbesserungen im Leistungs- und Fahrwerksbereich. So stieg die Leistung um zwei auf nunmehr 97 PS. Zur Saison 2005 wurde nochmals Hand angelegt und der Hornisse eine neue Upside-Down-Frontgabel mit goldeloxierten 41-mm-Gleitrohren spendiert. Die neue Hornet sollte nun vor allem noch sportlicher wirken. Der Einführungspreis lag bei 6990 Euro. Außer einem neuen Instrumentencockpit mit einer schnittigen kleinen Verkleidung erhielt die „Neue" eine schlankere Sitzbank, die nun eine erholsamere Sitzposition auf längeren Strecken bietet. Das Drehmoment lag nun bei satten 63 Nm bei 9500 Umdrehungen in der Minute.

Für die Spritversorgung des wassergekühlten Vierzylinder-Reihenmotors sorgt eine breite Vergaserbatterie. Mit einem gerade einmal 200 Kilogramm leichten Gewicht ist das Wohlfühlterrain natürlich die Landstraße und am besten mit einer schönen Kurve an der anderen. Zu diesem tollen Fahrgefühl trägt auch das einstellbare Fahrwerk mit der Upside-Down-Gabel bei.

Baujahr	2005 bis 2007
Motorbauart	Vierzylinder
Hubraum (cm³)	599
Leistung (PS bei 1/min)	97 bei 12.000
Vmax in (km/h)	230
Rahmen	Aluminiumrahmen, Upside-Down-Gabel vorne, Zweiarm-Kastenschwinge, Monoshock-Federbein hinten
Gewicht (kg)	178

Baujahr	2005 bis 2010
Motorbauart	V-Zweizylinder
Hubraum (cm³)	1795
Leistung (PS bei 1/min)	97 bei 5000
Vmax in (km/h)	194
Rahmen	Doppelschleifenrahmen aus Stahl, Upside-Down-Gabel vorne, Zweiarm- schwinge aus Stahl, Federbeine hinten
Gewicht (kg)	320

Honda VTX 1800 C

Gleich vorneweg, die VTX 1800 war von Hondas Motor-radexperten nicht für Milchbubis gemacht. Ein schweres Motorrad mit Motorengeräuschen eines Lanz-Bulldogs waren nur von gestandenen Mannsbildern zu beherr-schen, denn dieser mächtige Cruiser wurde als Wolf im Schafspelz entwickelt. Auch ein Verschieben oder Ran-gieren der Maschine wird schnell zu einem schweißtrei-benden Kraftakt. Der Powercruiser mit dem selbst für Amerika großen 1,8-Liter-V-Twin katapultiert den Bike-Reiter ohne Pardon vorwärts, bis eine Spitzengeschwindigkeit von über 190 km/h erreicht wird. Da wird das gemütliche Sitzen auf der Sitzbank schnell zu einem Kampf gegen den Wind, der einen versucht vom Bike zu fegen. Das höchsten Drehmoment von 136 Nm erreicht der zweirädrige Koloss bereits bei 3300/min. Um die auftretenden Vibrationen in den Griff zu bekommen, haben die Honda-Techniker ganze Arbeit geleistet. Insgesamt fünf Ruckdämpfer und eine Ausgleichswelle sorgen für einen sanften Vortrieb im Motorenbereich. Auch das Single-CBS-Bremssystem setzt bei der Honda VTX 1800 C neue Maßstäbe, denn per Hand arbeitet zwar die vordere Bremse, doch per Fußbremse werden vordere und hintere Bremse aktiviert.

Jawa 650 Bison

Viele Geschichten ranken sich um die im Jahr 1929 vom tschechischen Waffenfabrikanten Janeček gegründete Motorradmarke Jawa. Die skurrilste dürfte die 1939 eingegangene Bestel-lung von zwei Motorrädern in Weiß mit 14 Karat Gold durch den Vatikan sein. Das Debüt der Firma stellte eine unter Lizenz hergestellte 500er Wanderer dar, eine Zusammenarbeit, der die Firma auch ihren Namen verdankt. Die beiden ersten Buchstaben der Unternehmen Janeček und Wanderer standen in Zukunft für innovative Technik. Dem damaligen Trend zu kleinvo-lumigen Maschinen entsprechend, legte im Jahr 1932 das 175er Modell den wirtschaftlichen Grundstein der Firma. Zehn Jahre nach der Jawa-Gründung stand die Produktion erst einmal

still. Die Besetzung Tschechiens durch die Deutschen hatte natürlich auch für die Ja-wa-Werke Folgen. Nach dem Zweiten Weltkrieg konnte eine Viertel-Liter-Maschine angeboten werden. Im selben Jahr gewann Jawa auf dem Pariser Motorsalon mit diesem Modell die Goldmedaille. Erfolge im Rennsport machten die Marke Jawa in der ganzen Welt bekannt. Die Jawa 650 Bison zeigte sich ab 2005 mit einem kon-ventionellen Stahlrahmen als Heimat des wassergekühlten Rotax-Viertakters. Die Radführung übernahm vorne eine Federgabel, das Hinterrad sitzt in einer Stahl-schwinge, die sich klassisch über zwei Federbeine abstützt. Das Design wirkte ge-wöhnungsbedürftig und hatte etwas zwischen Softchopper und Dragster.

Baujahr	2005 bis 2010
Motorbauart	Einzylinder
Hubraum (cm³)	652
Leistung (PS bei 1/min)	46 bei 6500
Vmax in (km/h)	155
Rahmen	Doppelschleifenrahmen aus Stahl, Teleskopgabel vorne, Schwinge aus Stahl, Federbeine hinten
Gewicht (kg)	180

Baujahr	2005 bis 2007
Motorbauart	V-Zweizylinder
Hubraum (cm³)	1256
Leistung (PS bei 1/min)	128 bei 8000
Vmax in (km/h)	251
Rahmen	Zentralrohrrahmen aus Stahl, Upside-Down-Gabel vorne, Zweiarmschwinge aus Aluminium, Zentralfederbein hinten
Leergewicht (kg)	192

Moto Guzzi MGS-01 Corsa

Mit der Moto Guzzi MGS-01 Corsa waren die Italiener wieder zurück in der Klasse der reinrassigen Rennmaschinen. Zunächst war der Renner für deutsche Straßen nicht zugelassen, doch der Moto-Guzzi-Händler Hökenschneider aus Bielefeld schaffte es, eine Zulassung für die Renn-Guzzi zu bekommen. So kam eines der stärksten Motorräder aller Zeiten auf die öffentlichen Straßen. Nur als Basis diente der aus der Daytona und der Centauro bekannte Vierventilmotor. Doch der Hubraum mit 1256 ccm zeigte bereits deutlich, dass am Aggregat ordentlich getüftelt wurde. 122 PS bei 8000 Umdrehungen in der Minute und ein Drehmoment von 117 Nm bei 6400/min ließen erahnen, was das sexy Monster zu bieten hatte. Auch die Kombination aus poliertem Aluminium, wegweisendem Karbon-Laminat und mattem Edelstahl ließ die Guzzi-Gemeinde in Verzückung geraten. Als Krönung des Supersportlers waren auch beim Fahrwerk keine Wünsche offengeblieben. Mit dem Öhlins-Fahrwerk, der Alukastenschwinge, den Brembo-Radialbremszangen und den OZ-Alurädern brachte es der Dampfhammer weit unter 200 Kilogramm. Wobei sich das Gewichtsverhältnis ideal zu jeweils 50 Prozent auf das Vorder- und Hinterrad verteilte.

Moto Morini Corsaro 1200

Im Jahr 2004 kaufte Maurizio Morini Anteile der Firma wieder zurück, und auf der Motor Show in Bologna am 2. Dezember 2004 erschienen die neuen Moto-Morini-Modelle, die 9 1/2 und die Corsaro 1200. Das Fahrwerk der größten Morini wich von der kleineren 9 1/2 ab. Während die Gitterrohrrahmen identisch waren, unterschieden sich die Schwingen und die Federbeine. Der größere Hubraum der Corsaro wurde durch einen längeren Hub erreicht, was dem Drehmoment der leichten Maschine zugutekam. Der schlichte Umgang mit Kunststoffteilen macht den Reiz der Moto Morini Corsaro 1200 aus. Die gekonnte Darstellung der Technik und Mechanik des Sportbikes verheißt ein besonderes Gefühl des Motorradfahrens. Die Angriffshaltung beim Platznehmen in leicht geduckter Position lässt die Kraft der Moto Morini durch die Adern des Fahrers fließen. Bereits mit niedriger Drehzahl beginnt der wassergekühlte V-Zweizylinder mit 75 Newtonmetern am Hinterrad zu zerren. Gierig beschleunigt die Corsaro mit einem ausgewogenen Drehzahlband bis zur abgeregelten Höchstdrehzahl von 8500/min und einem starken Drehmoment von 100 Nm. Hier ist der Hengst aus Italien in seinem Element.

Baujahr	2005 bis heute
Motorbauart	V-Zweizylinder
Hubraum (cm³)	1187
Leistung (PS bei 1/min)	140 bei 8500
Vmax in (km/h)	250
Rahmen	Doppelschleifenrahmen aus Stahlrohr, Upside-Down-Gabel vorne, Zweiarmschwinge aus Aluminium, Zentralfederbein hinten
Gewicht (kg)	213

Baujahr	2005 bis 2008
Motorbauart	Zweizylinder
Hubraum (cm³)	999
Leistung (PS bei 1/min)	115 bei 9000
Vmax in (km/h)	240
Rahmen	Chrom-Molybdän-Doppelrohr-Brückenrahmen (CMDT), Rahmenheck geschraubt, Upside-Down-Gabel vorne, Schwinge, Federbein hinten
Gewicht (kg)	229 (vollgetankt)

MZ 1000 SF

Futuristisch gestaltet, wurde die „Top-Emme" bereits auf der Münchener Intermot im Jahr 2000 vorgestellt. Doch ohne ursprünglich geplanten Einbaumotor dauerte die Entwicklung des Flaggschiffs mit Reihen-Zweizylindermotor bis 2003. Die Käuferresonanz war verhalten, daher präsentierte MZ 2005, noch mit dem malaysischen Geldgeber Hong Leong im Rücken, eine Streetfighter-Version der 1000 S. Im Vergleich mit der martialischer wirkenden Konkurrenz konnte die 1000 SF bei Vergleichstests der Fachpresse gar durch guten Windschutz punkten. Der raue Lauf bei geringer Drehzahl aber blieb, Modifikationen am Management und geänderte Nockenwellenprofile verhelfen dem wassergekühlten Aggregat zu mehr Drehmoment. Die knappe Lenkerverkleidung von Peter Neumann trägt das bekannte MZ-Gesicht mit weit auseinander liegenden Scheinwerfern, ihre hervorragende Fahrwerksabstimmung teilt sich die SF mit dem Schwestermodell: Transparente Dosierbarkeit zeichnen die Bremsen aus, dank sensiblen Federelementen verlieren in guter MZ-Tradition Schlaglöcher und Kopfsteinpflaster ihre Schrecken.

Suzuki GSF 650 Bandit

Suzukis zuverlässiges Erfolgsmodell Bandit war inzwischen zwar in die Jahre gekommen, aber dennoch durchaus auf der Höhe der Zeit. Um vorne dabeizubleiben, wurde zur Saison 2005 eine umfassende Überarbeitung vorgenommen. Dabei ist vor allem der Hubraumzuwachs auf 656 Kubikzentimeter zu erwähnen, der der Bandit zwar keine höhere Spitzenleistung bescherte, aber dafür das Drehmomentniveau anhob. Dies geschah durch eine einfache Erhöhung der Zylinderbohrung um drei Millimeter. Die optischen Modifikationen fielen eher gering aus, dafür war die Bandit nun optional mit ABS zu haben. Natürlich gab es auch wieder eine halbverkleidete S-Version. Die GSF 650 hat einen luft- ölgekühlten Vierzylinder-Reihenmotor mit 78 PS. Das Drehmoment betrug 59 Nm bei 7800/min, und die Höchstgeschwindigkeit war bei ca. 230 km/h erreicht. Der Motor hatte vier Vergaser und ein Sechsganggetriebe. Seit April 2005 ist sie serienmäßig mit ABS ausgestattet. Das leichte und neutrale Fahrverhalten hat die Bandit von ihrer Vorgängerin geerbt, und so liefert das Motorrad in jeder Situation eine unbekümmerte Beherrschbarkeit. Neue Instrumente wie der analoge Drehzahlmesser und die digitalen Anzeigen für Stundenkilometer, Uhrzeit und Tankinhalt vermitteln den Eindruck eines sehr modernen Bikes.

Baujahr	2005 bis 2007
Motorbauart	Vierzylinder
Hubraum (cm³)	656
Leistung (PS bei 1/min)	78 bei 10.100
Vmax in (km/h)	230
Rahmen	Doppelschleifen-Stahlrohrrahmen, Teleskopgabel vorne, Stahlschwinge, Zentralfederbein hinten
Gewicht (kg)	204

Baujahr	2005 bis 2006
Motorbauart	Vierzylinder
Hubraum (cm³)	998,6
Leistung (PS bei 1/min)	178 bei 11.000
Vmax in (km/h)	287
Rahmen	Brückenrahmen aus Aluminium, Upside-Down-Gabel vorne, Zweiarmschwinge aus Aluminium, Zentralfederbein hinten
Gewicht (kg)	166

Suzuki GSX-R 1000 (K5, K6)

Die spektakuläre Erfolgsgeschichte der Suzuki GSX-R 1000 begann im Jahr 2001, als das Superbike auf dem deutschen Markt eingeführt wurde. Mit damals 160 PS und einem Gewicht von nur 170 Kilogramm rangierte das Serienbike in Leistung und Geschwindigkeit ganz oben in der Hitliste der Motorradfans. Bereits 2002 wurde der 1000er ein ungeregelter Katalysator eingepflanzt. Zum Modelljahr 2003 kam die GSX-R 1000 mit einem völlig neu überarbeiteten Chassis auf den Markt. Der flüssigkeitsgekühlte Vierzylinder-Reihenmotor leistete nun zwar nur noch 168 PS, jedoch war auch das Gewicht auf 168 Kilo gesunken. Da Suzuki inzwischen alle zwei Jahre die Modellbaureihen überarbeitete, kam im Modelljahr 2005 auch die GSX-R 1000 an die Reihe. Durch eine Kombination von zwei Drosselklappen pro Zylinder in der elektronischen Multipoint-Benzineinspritzung hatte der Motor nun eine sehr sanfte Gasannahme und im Anschluss einen kräftigen Durchzug im mittleren Drehzahlbereich. Ein Lenkungsdämpfer verhindert dabei das Schlagen des Lenkers, und die bewährte Anti-Hopping-Kupplung verhindert ein hüpfendes Hinterrad. Eine leistungsfähige Bremsanlage mit radial verschraubten Vierkolbenbremsen lässt ein Abbremsen fein dosieren.

Triumph Daytona 650

Zur Saison 2005 wagt Triumph einen dritten Anlauf, um in der 650er-Supersportklasse den Japanern auf Augenhöhe zu begegnen, dabei trumpfen die Engländer mit dem neuen Werbeslogan „Go your own way" auf, was der Beobachter der neuen Daytona 650 auch sofort ansieht. Dass dieses neue Selbstbewusstsein bei Triumph in puncto Optik und Fahrwerk bereits bei der 600er-Daytona der Fall war, sah man an den guten Verkaufszahlen. Der Motor war das letzte optimierungsbedürftige Feld der Briten. Also unterzogen die Triumph-Ingenieure den flüssigkeitsgekühlten DOHC-Vierzylinder mit Vierventiltechnik und Kraftstoffeinspritzung einer gründlichen Überarbeitung. Sie verlängerten den Hub um 3,1 auf 44,5 Millimeter, wodurch der Hubraum um 47 auf 646 Kubikzentimeter anwuchs. So sollte sich nun ein deutlich satteres Drehmoment in der Drehzahlmitte einstellen. Im Praxistest sollte sich zeigen, dass die neue 650er sehr geschmeidig, aber dennoch kraftvoll zur Sache kommt. Mit steigender Drehzahl merkt man die Gier nach Leistung, und in engen Kurven sollte man das Gasaufreißen nicht überstrapazieren. Neben der Fahrfreude war die Triumph Daytona 650 wegen ihrer Wartungsintervalle von 10.000 Kilometern sogar als Alltagsmotorrad geeignet.

Baujahr	2005 bis 2006
Motorbauart	Vierzylinder
Hubraum (cm³)	646
Leistung (PS bei 1/min)	114 bei 12.500
Vmax in (km/h)	250
Rahmen	Brückenrahmen aus Aluminium, Upside-Down-Gabel vorne, Zweiarmschwinge aus Aluminium, Zentralfederbein hinten
Gewicht (kg)	193

Baujahr	2005 bis 2010
Motorbauart	Dreizylinder
Hubraum (cm³)	1050
Leistung (PS bei 1/min)	132 bei 9250
Vmax in (km/h)	240
Rahmen	Aluminium-Brückenrahmen, Upside-Down-Gabel vorne, Aluminium-Einarmschwinge, Zentralfederbein hinten
Gewicht (kg)	189

Triumph Speed Triple 1050

Vor mehr als zehn Jahren in den 1990er-Jahren schaffte die Speed Triple als erster Streetfighter genau das, was im Motorradbereich nicht leicht ist: Kultstatus! In der zweiten Generation mit Benzineinspritzung versehen, besaß sie bereits einen Brückenrahmen aus Aluminium und eine Einarmschwinge. Als nach 1997 die dritte Generation ab 2002 auf dem Markt erschien, verfügte sie bereits über 120 PS trotz eines geregelten Katalysators. Im Jahr 2005 wurde die Speed-Triple-Legende zu neuem Leben erweckt. Frisch vom Zeichenbrett kam nun ein 1050 Kubikzentimeter großer, von einer elektronischen Kraftstoffeinspritzung gefütterter Dreizylinder-Reihenmotor mit einem sattem Drehmoment von 105 Nm bei 7500/min mit einer beeindruckenden Leistungsfähigkeit zum Einsatz. Um den Motor wurde ein neuer Alubrückenrahmen konstruiert. Zwei hochgelegte Endschalldämpfer prägten die Heckansicht der Maschine. Zweischeibenbremsen mit Vier-Kolben-Radial-Festsätteln am Vorderrad und eine Bremsscheibe mit einem Zwei-Kolben-Schwimmsattel sorgten für eine einmalige Verzögerung.

Victory 8-Ball

1998 startete der amerikanische Weltmarktführer von Snowmobile Polaris Industries seine Motorradproduktion unter dem Markenlabel „Victory". Anders als viele US-Derivate, die sich sogenannter Harley-Klon-Motoren aus dem Aftermarket bedienten und bedienen, war Polaris Industries in der Lage, von Anfang an einen selbstentwickelten Motor in seine Victory-Modelle einzubauen. Dies ist, wie könnte es in den USA anders sein, ein großvolumiger V2 mit der Bezeichnung „Freedom 92". Doch im Gegensatz zu den altbackenen Stoßstangenmotoren von Harley war der Victory-V2 von vornherein mit obenliegenden Nockenwellen, Vierventiltechnik und Benzineinspritzung ausgestattet. Das Modell „8-Ball" ist im Grunde eine „Vegas", die überwiegend in Schwarz gehalten ist. Damit kopiert Victory die „Night Train" von Harley-Davidson, die schon seit Jahren auf dem Markt ist und ihre feste Fangemeinde hat.

Baujahr	2005 bis heute
Motorbauart	V-Zweizylinder
Hubraum (cm³)	1731
Leistung (PS bei 1/min)	80 bei 4900
Vmax in (km/h)	180
Rahmen	Zentralrohrrahmen, Teleskopgabel vorne, Schwinge, Federbein hinten
Gewicht (kg)	293

Baujahr	2005 bis 2007
Motorbauart	V-Zweizylinder
Hubraum (cm³)	1670
Leistung (PS bei 1/min)	90 bei 4750
Vmax in (km/h)	210
Rahmen	zweiteiliger Brückenrahmen aus Aluminium, Upside-Down-Gabel vorne, Schwinge, Zentralfederbein hinten
Gewicht (kg)	267 (vollgetankt)

Yamaha MT-01

Der unumstrittene Show-Winner auf der 2004er-Intermot war die MT-01: ein unverwechselbares Muscle-Bike mit dem aus der Road Star Warrior bekannten 1700er V2. Bei der MT-01 handelt es sich im Gegensatz zur Warrior allerdings nicht um einen Cruiser, sondern um ein bullig daherkommendes Sportmotorrad mit fettem Langhub-V2. Wie anregend die Verbindung aus gelassenem Antrieb und agilem Fahrwerk sein kann, hat Erik Buell mit seinen charismatischen Harley-Sportlern hinreichend bewiesen. Wobei sich die Gelassenheit des Yamaha-V2 aus seiner schieren Kraft ab Drehzahlkeller bezieht: Bereits bei weniger als 4000 Touren stehen urgewaltige 150 Nm ungefilterte Herrlichkeit parat. Ein Traum …

Yamaha Tricker Pro

Als Konzeptstudie war der „Tricker" von Yamaha immer wieder auf den Ständen der Messen zu sehen. Mit dem Tricker Pro hat Yamaha ein BMX-Rad mit Motor aus dem Ärmel gezaubert, mit dem freestyle-technisch so ziemlich alles gehen dürfte. Die Tricker ist mit einem Trockengewicht von 94 Kilogramm ultraleicht und extrem einfach zu bedienen. Die Kombination aus einem drehmomentstarken Einzylinder-Viertakt-Motor in einem federleichten Fahrwerk verspricht ungetrübte Freude an gewagten Fahrmanövern. Mit dem Preis von 4295 Euro ist das Spaßgerät vor allem für die Jungend bestimmt, die von Skateboard und BMX im Rahmen des Älterwerdens auf andere Fortbewegungsmittel mit Möglichkeiten zu Kunststücken umsteigt.

Baujahr	2005 bis 2010
Motorbauart	Einzylinder
Hubraum (cm³)	249
Leistung (PS bei 1/min)	19 bei 7500
Vmax in (km/h)	120
Rahmen	Doppelschleifenrahmen aus Stahlrohr, Teleskopgabel vorne, Schwinge, Federbein hinten
Gewicht (kg)	94

Baujahr	2004 bis 2012
Motorbauart	Einzylinder
Hubraum (cm³)	349
Leistung (PS bei 1/min)	27 bei 7000
Vmax in (km/h)	130
Rahmen	Einschleifenrahmen aus Stahlrohr, Teleskopgabel vorne, Schwinge, Zentralfederbein hinten
Gewicht (kg)	133

Beta Alp 4.0

Betamotor erweiterte ab dem Jahr 2004 das Programm durch die Beta Alp, ein Enduro-Motorrad, das nichts mit dem damals umgreifenden Leistungswahn zu tun haben wollte. Das hochbeinige Bike war robust und mit dem 350-Kubikzentimeter-Suzuki-Kraftwerk mit 27 PS etwas leistungsschwach. Doch gerade diese Tatsache mit dem starken Stahlrahmen machte das Alp-Modell zu einem zuverlässigen Partner im Alltag. Gegen Ende des Jahres 2004 zeigten sich bei Betamotor auch erstmals die Früchte aus der Zusammenarbeit zwischen den Italienern und der österreichischen Motorradmarke KTM. Damit startete eine neuerliche Teilnahme im Enduro-Motorradsport. Im Jahr 2012 wurde die Alp als Typ 4.0 durch ihr neues Design optisch aufgewertet, doch unter den Kunststoffteilen steckte immer noch die alte Idee des anspruchslosen Alltagsmotorrads, das sich im Stadtverkehr, bei Überlandfahrten, auf Autobahnetappen oder beim Fahren durchs Gelände immer wohl fühlte. Dieses Motorrad bringt seinen Fahrer überall hin ..., so der Slogan von Betamotors bei der Vorstellung der Enduro. Der Ruf der 4.0 beruht auch auf der Geschichte, wonach während einer Präsentation des Enduro-Programms in den Bergamasker Alpen die Anzahl der Vorführfahrzeuge nicht ausreichte und ein Beta-Vertreter auf eine Alp 4.0 ausweichen musste. Das nachfolgende Vorführen des Bikes war so eindrucksvoll, dass die eingeladenen Journalisten in einen plötzlichen Szenenapplaus ausbrachen.

Bimota SB8K Santamonica

Im Jahr 2000 hatte die Firma Bimota Insovenz anmelden müssen, und erst im Jahr 2003 erwarb eine Investorengruppe die Rechte des italienischen Motorradherstellers. Im Jahr 2005 war ein neues Motorrad-Verkaufsprogramm fertig, das auch die Bimota SB8K beinhaltete, die schon vor der Pleite im Jahr 2000 im Modellprogramm zu finden war. Angetrieben von Suzukis kraftvollem V2-Motor mit 996 ccm Hubraum, einer Leistung von 143 PS und einem Drehmoment von 106 Nm, war der Sportracer als „Gobert Replica" und „Santamonica" erhältlich. Die Einspritzdüsen des Motors waren bei der SB 8K radial angeordnet. Diese Anordnung hatte sich Bimota patentieren lassen. Die Gobert-Variante sollte an den australischen Motorradrennfahrer Anthony Gobert erinnern, der im Jahr 2000 die Superbike-Weltmeisterschaft bestritt und 25. wurde. Letztere Version Santamonica verfügte über leichtere Räder und radial verschraubte Bremszangen vorne. Der Rahmen bestand aus einem Verbund aus Aluminium und Kohlefaser. Die Werkstoffe waren verklebt und verschraubt und bildeten einen Brückenrahmen. Die gesamte Verkleidung der Santamonica bestand aus Kohlefaser mit einem selbsttragenden Heck ohne Zusatzrahmen.

Baujahr	2004 bis 2007
Motorbauart	V-Zweizylinder
Hubraum (cm³)	996
Leistung (PS bei 1/min)	143 bei 9750
Vmax in (km/h)	269
Rahmen	Brückenrahmen aus Aluminium und Kohlefaser, Öhlins-Racing-Gabel vorne, Öhlins-Racing-Federbein hinten
Gewicht (kg)	175

BMW K 1200 S

Was für ein BMW-Motorrad! Mit dem lang erwarteten Sporttourer K 1200 S mit völlig neuem Vierzylinder-Hochleistungstriebwerk und revolutionärer Fahrwerktechnik erlebte auf der Intermot 2004 die BMW-Gemeinde eine Weltpremiere. Die neue K 1200 S war das Sportmotorrad von BMW, löste jedoch die K-Baureihe mit den bekannten Vierzylinder-Modellen nicht ab, sondern ergänzt diese Baureihe. Mit einer Motorleistung von 167 PS und einem Gewicht von 248 Kilogramm fahrfertig drang die BMW K 1200 S in die Oberklasse sportlicher Hochleistungsmotorräder ein, die bis dahin von den japanischen Herstellern mit der Suzuki Hayabusa und der Kawasaki ZZR 1400 dominiert wurde. Der neu entwickelte, quer zur Fahrtrichtung eingebaute flüssigkeitsgekühlte Vierzylinder-Reihenmotor wurde mit zwei obenliegenden Nockenwellen und vier Ventilen pro Zylinder ausgestattet. Eine elektronische Einspritzung sorgte für die richtige Kraftstoffzufuhr. Eigentlich wollte BMW lediglich ein sehr sportliches Tourenbike bauen, doch heraus kam ein echtes PS-Monster mit einer Beschleunigung von 0 auf 100 in 2,9 Sekunden. Die Maschine erreichte die 200 km/h nach 8,5 Sekunden. Auch das Einstellen des Fahrgestells war für den normalen Motorrad-Freak kein Buch mit sieben Siegeln mehr, sondern durch das Electronic Suspension Adjustment (ESA) war ein neues Spielzeug erfunden. Mit einem kleinen Knopf konnte zwischen Solo- und Soziusbetrieb fröhlich hin- und hergeschaltet werden.

Baujahr	2005 bis 2010
Motorbauart	Vierzylinder
Hubraum (cm³)	1157
Leistung (PS bei 1/min)	167 bei 10.250
Vmax in (km/h)	280
Rahmen	Kastenprofilrahmen aus Aluminium, vorne Zentralfederbein mit Duolever-Hebelsystem, hinten Paralever-Einarmschwinge aus Aluminiumguss
Gewicht (kg)	254

BMW R 1200 GS

Mit der R 1200 GS gelang BMW im März 2004 der ganz große Wurf: Sie übertraf die sehr guten Eigenschaften ihrer Vorgängerin nochmals in allen wichtigen Kriterien: mehr Leistung und größere Agilität bei deutlich weniger Gewicht und geringerem Verbrauch. Das neu konstruierte luft-/ölgekühlte Boxer-Aggregat verfügte nun über eine Ausgleichswelle, die es deutlich vibrationsärmer zu Werke gehen ließ. Ein noch stabileres Fahrwerk, die Vorderradführung mit dem einzigartigen BMW Telelever und ein neu konstruierter gewichts- und geometrieoptimierter Paralever für die Hinterradführung sowie zwei kompakt gebaute Rahmenelemente, die als Leichtbaukonstruktionen in sogenannter Fachwerkbauweise ausgeführt waren, reduzierten das Gewicht im Vergleich zum Vorgängermodell um nahezu 30 Kilogramm. Im Jahr 2008 steigerte sich die Leistung der BMW R 1200 GS nochmals um 7 PS, was nun ein Drehmoment von 115 Nm ausmachte. Eine weitere Steigerung der Leistung von 105 auf 110 PS brachte das Modelljahr 2010 mit sich. Im Jahr 2013 war schließlich eine Leistung von 125 PS bei 7750/min erreicht und das Drehmoment bei satten 125 Nm angekommen.

Baujahr	ab 2004
Motorbauart	Boxer-Zweizylinder
Hubraum (cm³)	1170
Leistung (PS bei 1/min)	89 bei 7000
Vmax in (km/h)	215
Rahmen	zweiteiliges Rahmenkonzept aus Vorder- und Hinterrahmen mit mittragendem Motor, Telelever, Zentralfederbein vorne, Paralever, Zentralfederbein hinten
Gewicht (kg)	203

Buell Firebolt XB12R

Im Jahr 2004 schlug Buell endgültig zu und präsentierte das erste Bike mit über 100 PS Leistung. Die halb verkleidete Firebolt XB12R kam in den Genuss des mächtigen 1200er-Aggregats mit Einspritzanlage und mutierte damit zu einem einmaligen Kurvenräuber. Dieses Drehmoment-Monster von einem Motor schiebt die Firebolt mit 110 Nm so nachhaltig aus dem Drehzahlkeller, dass trotz aller Sportlichkeit nur selten geschaltet werden muss. Dazu kommt ein klangvoller Sound aus den Sebring-Tüten mit einem Klangbild, das die Frage aufwirft, wie die eigenwillige Firebolt in Deutschland überhaupt die ABE erhalten hat. Wie das Fahrwerk ist auch die Bremsanlage mit Sechskolben-Festsattel-Scheibenbremse vom Feinsten und lässt keine Wünsche offen. Für den Sekundärantrieb wurde bei allen XB-Modellen ein kevlarverstärkter Zahnriemen gewählt, da dieser so leise, sauber und wartungsarm war wie keine andere Kraftübertragung. Sein geringes Gewicht reduziert abermals die ungefederten Massen. Der Zahnriemen hat eine durchschnittliche Lebensdauer von ca. 30.000 Kilometern und kostet nicht mehr als eine hochwertige O-Ring-Kette.

Baujahr	2004 bis 2007
Motorbauart	V-Zweizylinder
Hubraum (cm³)	1203
Leistung (PS bei 1/min)	101 bei 6600
Vmax in (km/h)	217
Rahmen	Brückenrahmen aus Aluprofilen, Upside-Down-Gabel vorne, Zentralfederbein hinten
Gewicht (kg)	179

Baujahr	2004 bis 2006
Motorbauart	V-Zweizylinder
Hubraum (cm³)	998
Leistung (PS bei 1/min)	140 bei 9750
Vmax in (km/h)	269
Rahmen	Gitterrohrrahmen aus Stahl, Upside-Down-Gabel vorne, Zweiarmschwinge aus Aluminium, Zentralfederbein hinten
Gewicht (kg)	186

Ducati 999

Als Nachfolger der Legende 996 hatte es die neue Ducati nicht leicht. Das musste die von Pierre Terblanche entworfene Modellreihe 999 bei ihrem Debüt im Jahr 2002 erfahren. Seitdem muss sie damit leben, dass sie nicht als so außergewöhnlich großer Wurf wie ihre Vorgängerin 916 angesehen wird. Was allerdings nicht an ihren technischen Qualitäten liegt: Das Fahrwerk ist ein Muster an Präzision und Stabilität und leistete in der Topversion 999 R unglaubliche 150 PS. Nicht schlecht für ein V2-Aggregat! Damit war die 999 R das stärkste Zweizylinder-Serienbike in der Ein-Liter-Klasse. Lediglich das etwas hohe Gewicht von fast 190 Kilogramm schmälerte die Handlichkeit ein wenig. Die umstrittene Optik allerdings sorgte nicht nur unter Ducatisti für heiße Diskussionen. Durch ein sachtes Facelifting zur Saison 2005 versuchte Ducati, das Design in eine gefälligere Richtung zu glätten. Auch bei der FIM-Superbike-WM war die 999 sehr erfolgreich und erzielte drei Weltmeisterschaftstitel und weitere zahlreiche Einzelsiege.

Baujahr	2004 bis 2007
Motorbauart	V-Zweizylinder
Hubraum (cm³)	996
Leistung (PS bei 1/min)	117 bei 8750
Vmax in (km/h)	245
Rahmen	Gitterrohrrahmen aus Stahl, Upside-Down-Gabel vorne, Einarmschwinge aus Aluminium, Zentralfederbein hinten
Gewicht (kg)	177

Ducati Monster S4R

Bereits im Jahr 1992 läutete die Ducati Monster 900 das Comeback der Naked Bikes ein. Das Fahrwerk stammte von der Ducati 888, das zeitlose Design von Signore Galluzzi, einem Mitarbeiter des Design-Studios von Massimo Tamburini in San Marino. Im Laufe der Zeit bot Ducati zahlreiche Monster-Versionen an. Der Einstieg begann mit der 620er-Variante und 63 PS, während am oberen Ende der Modellreihe die Monster S4R mit dem 117 PS starken V2 der Ducati 996 für gehobenen Fahrspaß sorgte. Seit dem Jahr 2005 gibt es auch eine S2R, deren luftgekühlter 800er-V2 zwar „nur" 77 PS leistet, dafür aber mit der herrlichen Alu-Einarmschwinge und den hochgelegten Doppelrohren der S4R gesegnet ist. Mit dem stabilen Gitterrohrrahmen erreicht die S4R ein sehr ausgewogenes und spurstabiles Fahrverhalten, das beim zügigen Fahren zu einem puren Vergnügen ohne Vibrationen wird. Dazu trägt auch die satte Leistung des flüssigkeitsgekühlten V-Zweizylinder-Viertakters mit 998 Kubikzentimetern Hubraum und 117 PS bei. Ein enormes Drehmoment von 103 Nm, das bereits ab 7500 Touren zur Verfügung steht, unterstreicht die Stärke des Naked Bike. Neben dem Bewegen auf kurvigen Landstraßen kann die Ducati Monster S4R auch auf schnellen Straßen richtig flott unterwegs sein, denn mit einer Höchstgeschwindigkeit von 245 km/h bleiben auf der Autobahn nicht mehr viele Gegner übrig.

Honda CBR 1000 RR

Die Fireblade-Baureihe von Honda hielt im Jahr 1992 Einzug am Motorradmarkt. Im Jahr 2004 kam bereits mit dem internen Werkscode SC 57 die fünfte Generation der verkleideten Fireblade auf den Markt. Der 172 PS starke Supersportler war wie bei den vorangegangenen Baureihen-Varianten nur auf Gewichtsreduzierung ausgelegt. So bestimmen viele Teile aus der aktuellen Weltmeisterschafts-Renn-Honda von Meister Rossi den Body des Edelstraßenrenners. Der Rahmen der beiden Ausführungen ist fast identisch. Lediglich die Profile des Rahmens bei der Renn-Honda sind aus gezogenen Profilen geschweißt und beim Serienbike gegossen. Dasselbe Prinzip gilt für die Schwinge. Natürlich kommt auch bei der neuen Fireblade ein Element zum Einsatz, bei dem das Federbein komplett in die Schwinge eingefügt ist und von zwei im Rahmen angelenkten Zugstreben bewegt wird. Zum ersten Mal hat sich Honda auch Gedanken über die Lenkungsdämpfung bei leichten und leistungsorientierten Bikes gemacht. In der Fireblade ist das nun ein HESD-Drehflügeldämpfer auf dem kastenförmigen Bauteil zentral über dem Steuerkopfrohr angebracht.

Baujahr	2004 bis 2008
Motorbauart	Vierzylinder
Hubraum (cm³)	998
Leistung (PS bei 1/min)	172 bei 11.250
Vmax in (km/h)	über 300
Rahmen	Brückenrahmen aus Aluprofilen, Motor mittragend, Upside-Down-Gabel vorne, Zweiarmschwinge aus Aluminium, Zentralfederbein hinten
Gewicht (kg)	210

Baujahr	2004 bis 2007
Motorbauart	V-Zweizylinder
Hubraum (cm³)	1064
Leistung (PS bei 1/min)	86 bei 7500
Vmax in (km/h)	ca. 210
Rahmen	Doppelschleifenrahmen aus Stahl, Teleskopgabel vorne, Eingelenk-Einarmschwinge, Zentralfederbein hinten
Leergewicht (kg)	233

Moto Guzzi Breva V 1100

Im Dezember des Jahres 2004 wurde Moto Guzzi nach immer wieder auftretenden wirtschaftlichen Schwierig-keiten von der Piaggio-Gruppe mit Sitz in Pontedera übernommen. Damit gehörte Moto Guzzi nun zu einer der größten Herstellergruppen für Motorräder weltweit. Um schnell wieder an vergangene Erfolge anzuknüpfen, entschied sich die Geschäftsleitung in Mandello, auf der Basis der im Jahr 2003 erschienenen geschickt design-ten Breva 750 eine konkurrenzfähige Maschine im Be-reich über 1000 Kubikzentimeter mit einem 90-Grad-V-Twin zu bauen. Dafür hatte die neue Breva 1100 alle technischen Merkmale wie eine Einspritzung, zwei Zündkerzen pro Zylinder, einen G-Kat, ein neues Sechsganggetriebe und eine Kardan-Einarmschwinge, die eine hubraumstarke Tourenmaschine ausmachte. Ab dem Jahr 2006 war für das charismatische Motorrad sogar ein ABS zu haben. Kraftvoll ließen die Vierkol-bensättel und die 320-mm-Bremsscheiben das handliche Motorrad in jeder Situation unter Kontrolle halten. Da auch die Gestaltung des Naked Bikes sehr erfrischend und modern daher-kam, konnten die Italiener endlich wieder an alte Erfolge am Motorradmarkt anknüpfen.

MV Agusta F4 1000 Tamburini

Massimo Tamburini ist so etwas wie der Gottvater des italienischen Motorrad-Designs. Er schuf unter anderem Ducatis legendäre 916, und auch für die atemberaubende F4 zeichnet er verantwortlich. Ihm zu Ehren präsentierte MV Augusta eine auf 300 Exemplare limitierte Edition der 1000er F4, die ihr Debüt im Jahr 2004 gab. Mit 173 PS war die F4 1000 Tamburini nochmals 7 PS stärker als die gewiss nicht schwächliche Standard-F4 1000. Das ca. 1000/min früher anliegende beste Drehmoment des Superbikes stieg durch schärfe-re Nockenwellen auf 113 Nm. Außerdem sank das Ge-wicht durch Einsatz leichtgewichtiger Komponenten wie einer Karbonverkleidung, geschmiedeter Marchesini-Magnesiumräder und einer Magnesiumschwinge um neun auf 198 Kilogramm. Die einmalige Farbgebung in Rot und Schwarz mit goldenen Felgen und die Alcantara-Ledersitzbank sind nur für diese Sonderserie erhältlich, die zusätzlich eine 18-Karat-Goldplakette mit Seriennum-mer erhielt. Für eine einsitzige Rennvariante war auch eine Auspuffanlage aus Titan erhältlich.

Baujahr	2004
Motorbauart	Vierzylinder
Hubraum (cm³)	998
Leistung (PS bei 1/min)	173 bei 11.750
Vmax in (km/h)	307
Rahmen	Gitterrohrrahmen aus Stahl, Marzocchi-Upside-Down-Gabel vorne, Einarmschwinge aus Magnesium, Zentralfederbein hinten
Gewicht (kg)	198

Kawasaki
Ninja ZX-10R

Durch Reglementänderungen in
der Suberbike-Meisterschaft für
die Saison 2004 waren die Kawasaki-
Ingenieure in Zugzwang gekommen
und mussten so ein neues regelkon-
formes Superbike auf die Räder stellen.
Im Gegensatz zu den meisten anderen
Kawasaki-Modellen begann die Entwicklung der Ninja ZX-10R mit Fahrwerksimula-
tionen. Die Ingenieure strebten ein extrem
leichtes und kompaktes Chassis an. Dies erlaubte
die Kombination aus kurzem Radstand und langer
Schwinge, die der ZX-10R ein unglaublich agiles Handling
verleiht. Damit hatte Kawasaki wieder einmal gezeigt, was
in der Hexenküche der Japaner entstehen konnte. So wurde
die ZX-10R schnell der legitime Nachfolger der inzwischen in die
Jahre gekommenen ZX-9R. Die konkave Tankoberfläche und das wohlaustarierte Ergonomie-Dreieck aus Fußrasten, Lenker und Sitzbank sind verantwortlich für die kompakte Sitzposition.
Radialbremszangen vorn, Wave-Bremsscheiben und voll einstellbare Federelemente deuten ebenfalls auf das erklärte Entwicklungsziel „Racing-Performance" hin. Zusammen mit dem ul-
trapotenten Reihenvierzylinder ergab sich ein Paket, welches auf der Rennstrecke nicht zu schlagen war. Bis heute wird die ZX-10R alle zwei Jahre im Zuge der Modellpflege auf den neuesten Stand gebracht.

Baujahr	2004
Motorbauart	Vierzylinder
Hubraum (cm³)	998
Leistung (PS bei 1/min)	175 bei 11.700
Vmax in (km/h)	295
Rahmen	Brückenrahmen aus Aluminium, Upside-Down-Gabel vorne, Back-Link-Gasdruck-Zentralfederbein hinten
Gewicht (kg)	196

Baujahr	2004 bis 2005
Motorbauart	Vierzylinder
Hubraum (cm³)	599
Leistung (PS bei 1/min)	120 bei 13.000
Vmax in (km/h)	260
Rahmen	Brückenrahmen aus Aluminium, Upside-Down-Gabel vorne, Zweiarmschwinge aus Aluminium, Zentralfederbein hinten
Gewicht (kg)	161

Suzuki GSX-R 600

Die erste Suzuki GSX-R 600 fand als Supersportler bereits im Jahr 1997 den Weg zum Kunden. Doch das Wettrüsten der Motorradfirmen vor allem in der 600er-Klasse steigerten die Leistungsdaten der GSX-R 600 bis zum Jahr 2004 von 106 auf 120 PS. Das 2004er-Modell war eine völlig überarbeitete GSX-R, die mit einem starken kurzhubig ausgelegten Hightech-Aggregat bestückt war. Hohlgebohrte Nockenwellen, Titanventile und Motordeckel aus Magnesium zeugen von den Bemühungen um jede einzelne Pferdestärke und jedes Gramm Gewichtsersparnis. Knapp 260 km/h Höchstgeschwindigkeit sind für eine 600er wahrlich ein Wort! Mit der Überarbeitung des Fahrwerks und einer Gewichtseinsparung von zehn Kilogramm gegenüber dem Vorgängermodell kam ein Chassis mit unglaublichem Handling, feinster Rückmeldung und schnörkelloser Transparenz heraus. Obendrein war der Rahmen so neutral und stabil, dass es eine wahre Freude ist, sportlich durch die Gegend zu flitzen. Vor allem Fans von filigranen Supersportlern finden in dieser Baureihe ihr richtiges Bike.

Triumph Rocket III

„Die Rocket III ist eine Macht in sich selbst, ein mechanischer Orkan unbeugsamen Metalls." So preist Triumph seinen Monster-Cruiser an. In puncto Technik und Größe übertraf die Triumph Rocket III die Kawasaki VN 2000 um Längen. Ihr einzigartiger, längs eingebauter flüssigkeitsgekühlter Reihen-Dreizylinder mit zwölf Ventilen verfügt über den weltweit größten Hubraum und erinnert an die Zeit der amerikanischen Muscle-Cars der 1970er-Jahre. Die Rocket III mit der gewaltigen Power produziert ein höheres Drehmoment als die meisten Serienmotorräder, volle 200 Nm bei 2500/min stehen dem Rocket-Rider zur Verfügung. Da müssen es am Hinterrad schon 240er-Schlappen sein, die die übergroße Kraft auch auf den Asphalt bringen sollen. Um das Überbike zu beherrschen, sollte man nicht zu klein gewachsen sein. Ideal ist eine Körpergröße von 1,90 Metern und mehr, denn der Tank ragt dominierend vor dem Fahrer in die Höhe, und nur durch das geschickte Anbringen der Instrumente ist es möglich, sich vom Betriebszustand des Hubraumgiganten zu informieren. Beim Anfahren mit dem massigen Bike ist ebenfalls Vorsicht geboten, über 2000 Umdrehungen sollten es nicht sein, denn sonst sollte sich der Fahrer gut festhalten, bis ein unfreiwilliger Powerwheelie beendet ist. Ganz anders gibt sich die Rocket beim Cruisen. Schnell sind hier die vielen Kilo Lebendgewicht vergessen, und man gleitet entspannt über die Straßen.

Baujahr	2004 bis heute
Motorbauart	Dreizylinder
Hubraum (cm³)	2294
Leistung (PS bei 1/min)	142 bei 6000
Vmax in (km/h)	216
Rahmen	Brückenrahmen aus Stahl, Upside-Down-Gabel vorne, Zweiarmschwinge aus Stahl, Federbeine hinten
Gewicht (kg)	320

Baujahr	2004 bis 2008
Motorbauart	Zweizylinder
Hubraum (cm³)	865
Leistung (PS bei 1/min)	70 bei 13.000
Vmax in (km/h)	200
Rahmen	Zweischleifen-Rohrrahmen aus Stahl, Teleskopgabel vorne, Schwinge aus Stahl, Federbeine hinten
Gewicht (kg)	205

Triumph Thruxton 900

Beim legendären Motorradrennen Thruxton 500 im Jahr 1969, einem Langstreckenrennen über 500 Meilen, schaffte die Triumph T120R Bonneville das Kunststück, die Plätze eins bis drei zu erobern. Die T120R-Bonneville-Modelle von damals mit ihren getunten Motoren waren reinrassige Rennmotorräder. Heute wird die Thruxton-Rennstrecke noch für die British Superbike Championship genutzt. Doch im Jahr 2004 gab dieser, für seine schnelle Streckenführung bekannte englische Rennkurs, einem Motorrad von Triumph seinen ganz besonderen Namen, der Triumph Thruxton 900. Für den Einsatz in der neuen Thruxton 900 wurde der luftgekühlte 790-ccm-Paralleltwin des Baujahrs 2003 auf 865 Kubikzentimeter aufgebohrt, schärfere Nockenwellen, neue Vergaser und Megafon-Schalldämpfer bescherten dem Bike zusätzlich mehr Leistung. In dieser Form zeigte Triumph im Jahr 2004 erstmals die klassische Silhouette der Thruxton im typischen Cafe-Racer-Stil. Beim Anblick des Bikes ist man wieder an die Zeit erinnert, in der der Benzinhahn geöffnet werden musste, mittels Choke noch der Vergaser geflutet oder der Schlüssel für das Lenkradschloss gesucht werden musste. So macht gerade diese doch recht spartanische Eleganz den Reiz dieses dynamischen Bikes aus.

Triumph Tiger 955i

Die ersten Tiger-Modelle mit dem Modellcode T400 wurden ab dem Jahr 1993 zum ersten Mal angeboten und bis 1998 verkauft. Zur Saison 2001 bekam auch die beliebte Großenduro Tiger den starken 955er-Dreizylinder mit Benzineinspritzung von der hauseigenen Daytona. Bei der Präsentation in Château de Lignan in Südfrankreich im Jahr 2004 erfreute eine eigensinnige und angriffslustige Großkatze die Fangemeinde. Die neue Triumph Tiger 955i war kräftig überarbeitet worden. Das Fahrwerk war komplett neu konstruiert, und die Tiger hatte ein Facelifting bekommen: Kürzere Federwege, ein verkürzter Nachlauf und Gussfelgen sollten das Handling der 245 Kilogramm schweren Maschine optimieren. Auch bei der Leistung legten die Briten erneut nach. Die weiteren Stärken blieben erhalten: Die effektive Cockpitverkleidung sorgt für hervorragenden Wetterschutz ohne Turbulenzen. Der große Tank benötigt mit seinen 24 Litern Fassungsvermögen selbst bei langen Touren nur selten Tankpausen. Selbst auf schlechten Landstraßen muss die Triumph keine Unebenheiten fürchten, denn die Federelemente vermitteln stets sicheren Kontakt mit dem Boden.

Baujahr	2004 bis 2005
Motorbauart	Dreizylinder
Hubraum (cm³)	995
Leistung (PS bei 1/min)	106 bei 9500
Vmax in (km/h)	205
Rahmen	Brückenrahmen aus Stahlprofilen, Teleskopgabel vorne, Zweiarmschwinge aus Aluprofilen, Zentralfederbein hinten
Gewicht (kg)	245 (vollgetankt)

Baujahr	2004 bis 2008
Motorbauart	V-Zweizylinder
Hubraum (cm³)	996
Leistung (PS bei 1/min)	98 bei 9000
Vmax in (km/h)	215
Rahmen	Rückgrat-Rahmen aus Stahl, Paioli-Upside-Down Gabel vorne, Schwinge, Zentralfederbein hinten
Gewicht (kg)	190

Voxan Street Scrambler

Nach nur drei Jahren hatte der französische Motorradhersteller seine Produktion im Jahr 2002 einstellen müssen. Mitte 2003 wurde die Produktion in kleinem Stil wieder aufgenommen. Etwa 190 Lieferanten steuerten die etwa 2000 Teile bei, die in den Bau einer Voxan einflossen. Dass die Marke seit dem zwischenzeitlichen Aus nicht mehr so recht auf die Beine kam, lag sicherlich nicht an den Produkten, denn die Qualität war stets untadelig, man bescheinigte ihr in der Fachpresse sogar „Honda-Niveau". Auch der selbstentwickelte V2-Motor und das ungewöhnliche Design der Maschinen begeisterten Freunde charakterstarker Zweiräder. Der Street Scrambler war sozusagen die Supermoto-Ausgabe des Schwestermodells. Mit bissigerer Bremsanlage, kürzeren Federwegen und kleinerem Vorderrad ausgestattet, dürfte die flotte Schönheit in kurvigem Terrain richtig Freude machen. Was sie allerdings schon im Stand bereitet, da der Straßenlook dem Street Scrambler ausgezeichnet steht. Gut, dass für den Einsatz auf der Piste die leistungsstärkere Ausgabe des V2-Aggregats zum Einsatz kommt. Mit 98 PS war Leistungsmangel sicher kein Thema.

Yamaha MT-03

Die Konzeptstudie der Yamaha MT-03 stammt aus dem Jahr 2003. Um das Marktsegment „Funbike" stärker in das Modellprogramm aufzunehmen, begann man im Jahr 2004 mit der Vorbereitung zur Serienfertigung in Italien. Dass diese Studie gar nicht so weit entfernt von der Realität ist, zeigen die Zutaten: Das Einzylinder-Triebwerk mit Einspritzung verrichtet bereits in der neuen XT 660 seinen Dienst. Die Dioden-Lichttechnik von Scheinwerfer und Rücklicht gibt es im Automobilbau. Auch Riemenantrieb, unters Heck gezogene Auspufftöpfe und Wave-Bremsscheiben sind keine wirklich sensationellen Technik-Highlights. Schon eher das an ungewöhnlicher Stelle arbeitende Federbein, welches außen liegend auf Höhe der rechten Fahrerwade seinen Dienst verrichtet. Das Federbein selbst wird von Sachs geliefert. Der Preis für die Yamaha MT-03 betrug zu ihrer Einführung im Jahr 2006 6695 Euro.

Baujahr	2004 bis heute
Motorbauart	Einzylinder
Hubraum (cm³)	660
Leistung (PS bei 1/min)	48 bei 6250
Vmax in (km/h)	160
Rahmen	Rohrrahmen aus Stahl, Teleskopgabel vorne, Zweiarmschwinge aus Aluminium, seitliches Federbein hinten
Gewicht (kg)	174

Baujahr	2004
Motorbauart	V-Zweizylinder
Hubraum (cm³)	1602
Leistung (PS bei 1/min)	63 bei 4000
Vmax in (km/h)	170
Rahmen	Doppelschleifenrahmen, Teleskopgabel vorne, Schwinge, Zentralfederbein hinten
Gewicht (kg)	307

Yamaha XV 1600 A Wild Star

Das Jahr 2004 war das vorerst letzte Jahr, in dem Yamaha sein Cruiser-Flaggschiff XV 1600 A Wild Star nach Deutschland importierte. Trotz aller Qualitäten fanden sich zuletzt immer weniger Käufer für den mächtigen V2-Cruiser, der wie fast alle Chopper und Cruiser unter dem, zumindest hierzulande, sinkenden Interesse an dieser Gattung Motorrad leiden musste. Zum Schluss stellte Yamaha noch zwei limitierte Sondermodelle unter den Namen „Yamaha XV 1600ALE Road Star Limited Edition" und „Yamaha XV 1600 ATLE Road Star Silverado Limited Edition" vor. Bei den Fahrern von Cruiserbikes ist die Yamaha XV 1600 eines der wenigen Cruiser-Modelle aus Japan, die mit den Milwaukee-Bikes aus den USA mithalten können. In Bezug auf ihre Zuverlässigkeit sind die Motorräder der Baureihe XV 1600 den US-Vorbildern überlegen.

Yamaha YZF-R1 (RN 12)

Fiel der Leistungssprung beim letzten Generationswechsel der R1 mit gerade mal 2 PS recht gering aus, so legten sich die Yamaha-Techniker für die Generation ab dem Jahr 2004 richtig ins Zeug. Volle 20 PS Leistungszuwachs bei unverändertem Hubraum und nochmals 8 PS mehr bei vollem Staudruck des Ram-Air-Systems ergeben unglaubliche 180 PS. Und das bei einem Trockengewicht von 172 Kilogramm, das die 2004er-R1 unter anderem dem superschlanken Deltabox-V-Rahmen verdankt. Mit einem Leistungsgewicht von 1 PS pro Kilogramm (selbst ohne Ram-Air-Effekt) erreicht Yamahas sportliches Flaggschiff eine Dynamik, die neue Maßstäbe im Motorradbau setzt.

Baujahr	2004 bis 2005
Motorbauart	Vierzylinder
Hubraum (cm³)	998
Leistung (PS bei 1/min)	180 bei 12.500
Vmax in (km/h)	300
Rahmen	Deltabox-V-Aluminium-Brückenrahmen, Upside-Down-Gabel vorne, Aluminium-Zweiarmschwinge, Zentralfederbein hinten
Gewicht (kg)	172

Baujahr	2003 bis 2005
Motorbauart	Boxer-Zweizylinder
Hubraum (cm³)	1130
Leistung (PS bei 1/min)	86 bei 6750
Vmax in (km/h)	197
Rahmen	tragende Motor-Getriebe-Einheit
	Hilfsrahmen, längslenkergeführte
	Telegabel, Zentralfederbein hinten
Gewicht (kg)	218

BMW R 1150 R Rockster

Als drittes Modell der neuen Boxergeneration führte BMW im Herbst 1994 die R 1100 R ein. Das Bike war das Motorrad pur, so wie es bei BMW in allen Baureihen immer zu finden war. Technisch und optisch mit der R 1100 R identisch, kam zugleich die R 850 R auf den Markt, das erste Modell der neuen Boxergeneration mit einem kleineren Hubraum. Nach sechsjähriger Bauzeit wurde die R 1100 R im Frühjahr 2001 von der neuen R 1150 R abgelöst. So wie die ein Jahr zuvor eingeführte Enduro R 1150 GS, besaß auch die R 1150 R einen größeren und stärkeren luft-ölgekühlten Motor mit geregeltem Drei-Wege-Katalysator und ein klauengeschaltetes Sechsganggetriebe. Die Kraftstoffaufbereitung leistete eine elektronische Saugrohreinspritzung mit digitalem Bosch-Motronic-MA-2.4-Motormanagement mit Doppelzündung und Schubabschaltung. Die Leistung betrug 85 PS bei 6750/min, und das größte Drehmoment erzeugte bei 5250/min 98 Newtonmeter. Im Vorderrad taten zwei schwimmend gelagerte Scheibenbremsen und ein Vier-Kolben-Festsattel ihren Dienst. Das Hinterrad wurde durch eine Einscheibenbremse mit Doppelkolben-Schwimmsattel abgebremst. Als Sonderausstattung gab es das BMW Motorrad Integral ABS.

Honda CB 1300

Ein überaus potentes Muscle-Bike stellte Honda zur Saison 2003 auf die Räder. Sein Debüt hatte das unverkleidete Bike CB 1300 (SC 40) bereits im Jahr 1998 in Japan. Das Design des Motorrads lehnte sich an den Look von Motorrädern aus den 1980er-Jahren an. Die klassisch gezeichnete CB wird von einem mächtigen 1300er-Reihenviertakter angetrieben, der die CB1300 auf 230 km/h stürmen lässt. Im Gegensatz zu Yamahas XJR 1300 oder Suzukis 1400er-GSX wird das Honda-Triebwerk wassergekühlt. Mit dem großvolumigen Vierzylinder-Reihenmotor und einer Leistung von 116 PS (85 kW) war das schwere Motorrad mehr auf Drehmoment als auf Drehfreude ausgelegt. Ab dem Jahr 2003 war die CB 1300 (SC 54) auch in Europa mit einer computergesteuerten Einspritzanlage und einem ungeregelten Katalysator zu haben. Ab dem Jahr 2005 gab es auf Wunsch ein ABS für die Maschine. Im Modelljahr 2008 wurde die Leistung dann auf 84 kW reduziert. Trotz des hohen Gewichts hat sich die CB 1300 als sehr handlich erwiesen, wobei der große Lenkeinschlag vor allem auf Gebirgsstraßen von Vorteil ist. Ab dem Modelljahr 2010 wurde die Honda CB 1300 neu aufgelegt.

Baujahr	2003 bis heute
Motorbauart	Vierzylinder
Hubraum (cm³)	1284
Leistung (PS bei 1/min)	116 bei 7000
Vmax in (km/h)	230
Rahmen	Doppelschleifenrahmen aus
	Stahl, Upside-Down-Gabel vorne,
	Zweiarmschwinge aus Aluminium,
	Federbeine hinten
Gewicht (kg)	236

Baujahr	2003
Motorbauart	Vierzylinder
Hubraum (cm³)	953
Leistung (PS bei 1/min)	127 bei 10.000
Vmax in (km/h)	250
Rahmen	Rückgrat-Rahmen aus Stahl, Motor mittragend, Upside-Down-Gabel vorne, Zweiarmschwinge aus Aluminium, Zentralfederbein hinten
Gewicht (kg)	217

Kawasaki Z1000

Ungefähr 30 Jahre waren vergangen, als Kawasaki sein stärkstes Bike der Welt-öffentlichkeit vorstellte. Heute sind diese beiden Motorräder mit der Bezeichnung Z900 und 1000 Kult. An diesen beiden Bikes, die Motorradgeschichte schrieben, knüpft die Kawasaki Z1000 an. Ein Einspritztriebwerk auf Basis der Ninja ZX-9R in ein leichtgewichtiges Fahrwerk zu setzen, es mit Ninja-Komponenten auszustatten und diese Technik in eine verführerische Naked-Bike-Hülle zu stecken war eine gute Idee: Die atemberaubende Form der mit einem geregelten Katalysator ausgestatteten Z1000 erreicht ihren Höhepunkt in vier polierten Edelstahlschalldämpfern, einem Heck mit LED-Rücklicht und einer betörenden Linienführung. Grimmig dreinblickende Doppelscheinwerfer in einer kleinen Cockpitverkleidung verheißen unbegrenztes Fahrvergnügen. Den Fahrer stört dabei höchstens das eher enttäuschende Drehmoment unterhalb 6000 Umdrehungen. Doch bei 8000/min und 95,6 Nm ist dann das Vergnügen an Leistung wieder da. Das überarbeitete Folgemodell in zweiter Generation kam ab 2007, ab dem Jahr 2010 war die dritte Generation der Z1000 am Start.

Laverda SFC 1000

Im Jahr 2002 gab es von Laverda, nun Teil der Aprilia-Gruppe, wieder ein Lebenszeichen. In Mailand präsentierten das Unternehmen und dessen Boss Ivano Beggio den Prototyp einer neuen SFC 1000, mit der man nicht nur eingefleischte Laverda-Fans begeistern konnte. Bereits ein Jahr später setzten die Italiener auf der Mailänder EICMA dann die Serienversion ins Rampenlicht, die von dem aus der Aprilia RSV Mille bekannten Rotax-V2-Motor angetrieben wurde und über besonders hochwertige Komponenten verfügte. Der Rahmen des Traumbikes wurde aus sehr festen Stahlrohren gebaut, die Schwinge mit ihrer Lagerung war gefräst. Das hintere Federbein und die Teleskopgabel stammten von Öhlins. Die Schalldämpfer und die geschmiedeten Felgen waren aus Titan, radial verschraubte Brembo-Vierkolben-Bremszangen unterstützten die Einzigartigkeit des Motorrades zusätzlich. Damit wollte Laverda einen weiteren Meilenstein in der Geschichte des Unternehmens und unter allen Zweizylinder-Motorrädern setzen. Im Laufe der nächsten Jahre sollten 549 Motorräder in einer Limited Edition produziert werden. Allerdings ging die Maschine nicht in Serienproduktion, und im Jahr 2004 wurde eine etwas preisgünstigere Serienversion angekündigt.

Baujahr	2003
Motorbauart	V-Zweizylinder
Hubraum (cm³)	998
Leistung (PS bei 1/min)	141 bei 10.000
Vmax in (km/h)	über 280
Rahmen	Stahlgitterrohrrahmen, Upside-Down-Gabel vorne, Monofederbein hinten
Gewicht (kg)	knapp 200

MV Agusta F4 Ago

14 seiner 15 Weltmeistertitel gewann der italienische Motorradrennfahrer Giacomo Agostini auf MV Agusta, so war es nur logisch, dass man ihm ein Motorrad widmete, und auch die Wiederauferstehung MV Agustas hätte aufsehenerregender nicht sein können: Im Jahr 1998 wurde die 750er F4 erstmals der Öffentlichkeit präsentiert, die in schiere Begeisterung ausbrach.

Ein Kunstwerk auf zwei Rädern hatte MV Agusta da auf die Räder gestellt, aber es dauerte noch bis ins neue Jahrtausend, bis die ersten Exemplare der sündhaft teuren Serie „Oro" ausgeliefert wurden. Die finanziellen Schwierigkeiten der MV-Gruppe verhinderten auch in den darauffolgenden Jahren eine konstante Serienproduktion.

Dennoch präsentierte man im Jahr 2003 eine weitere limitierte F4, die F4 Ago, benannt nach MV-Rennfahrerlegende Giacomo Agostini. Weitestgehend baugleich mit der „normalen" 750er F4, besaß die Ago neben hochwertigeren Fahrwerkskomponenten auch kleinere Optik-Gimmicks wie einen rotlackierten Rahmen oder goldeloxierte Bremssättel sowie Agostinis Startnummer auf der Seitenverkleidung. Durch Feintuning stieg außerdem die Leistung des Fünfventil-Reihenvierzylinder-Motors von 137 auf 143 PS.

Baujahr	2003
Motorbauart	Vierzylinder
Hubraum (cm³)	749
Leistung (PS bei 1/min)	143 bei 12.900
Vmax in (km/h)	288
Rahmen	Gitterrohrrahmen aus Stahl, Upside-Down-Gabel vorne, Zentralfederbein hinten
Gewicht (kg)	203

Baujahr	2003 bis 2005
Motorbauart	Vierzylinder
Hubraum (cm³)	749
Leistung (PS bei 1/min)	127 bei 12.000
Vmax in (km/h)	251
Rahmen	Gitterrohrrahmen aus Stahl, Motor mittragend, Upside-Down-Gabel vorne, Einarmschwinge aus Aluminium, Zentralfederbein hinten
Gewicht (kg)	212 (vollgetankt)

MV Agusta Brutale S

Im Jahr 1992 war der Name MV Agusta von der Cagiva-Gruppe gekauft worden, nachdem im Jahr 1980 finanzielle Probleme das Ende der Produktion gebracht hatten. Dann kündigte das wieder erstarkte Unternehmen neue Modelle an. Doch lange mussten die Fans von MV-Agusta-Motorrädern auf die Brutale S warten. Immer wieder waren beinahe fertige Studien gezeigt worden, im Jahr 2000 waren erste Bilder zu sehen, und im Frühjahr 2001 machte ein Versprechen über die Präsentation die Runde, doch nichts geschah. Mit der Zeit wurde das so hochgelobte Motorrad zu einer Legende und niemand kümmerte sich mehr darum. Doch dann stand die Brutale S plötzlich da und raubte dem Betrachter den Atem, die Naked-Bike-Version der MV Agusta F4, kompromisslos und eiskalt umgesetzt. Bereits im Stand erweckte das Motorrad die Begierde. Das Interesse an der neuen MV Agusta war riesig, doch selbst im ersten Modelljahr 2003 kamen nur wenige Exemplare der Brutale auf den Markt. Ab dem Jahr 2005 kam die zweite Generation als Brutale 910 auf den Markt. Das MV-Agusta-Naked-Bike wird bis heute gebaut.

Sachs b-805

Anfang 2001 konnten die Nürnberger Geschäftsführung der Sachs AG und einige Mitarbeiter die Firma durch einen Management-Buy-out vor der Pleite retten. Die seither wieder unabhängige GmbH war mit jährlich über 25.000 verkauften Einheiten, vom Elektrofahrrad über Mofa und Motorroller bis zum hubraumstarken Motorrad, einer der größten Anbieter von motorisierten Zweirädern in Deutschland. In Anlehnung an die vielbewunderte „Beast" aus dem Jahr 2000 und für Sachs-Fans, die nicht warten wollten bis diese eines Tages in Serie gehen würde, veredelten die Nürnberger ihre 800er-Roadster mit Designelementen der Konzeptstudie. Daraus entstand im Jahr 2003 die b-805. Der Auftritt war allerdings nicht ganz so knackig wie der der Beast. Dennoch kann sich die b-805 sehen lassen – mit übereinanderliegenden Doppelscheinwerfern, dem kleinen extravaganten Windschild, einer optischen Kotflügelstütze am Vorderrad und dem aggressiven Tankentwurf kommt das Modell richtig schön schnell daher. Dafür sorgt auch der durchzugsstarke V-Twin mit den modifizierten Abgas- und Ansaugwegen, die zusätzlich noch für einen besonderen Sound sorgen. Die hydraulische Kupplung und der wartungsarme Kardanantrieb sorgen für wenig Wartungsaufwand.

Baujahr	2003 bis 2004
Motorbauart	V-Zweizylinder
Hubraum (cm³)	805
Leistung (PS bei 1/min)	58 bei 6000
Vmax in (km/h)	175
Rahmen	Doppelschleifen-Stahlrohrrahmen, Upside-Down-Gabel vorne, Zweiarmschwinge, Federbeine hinten
Gewicht (kg)	209

Baujahr	2003 bis 2010
Motorbauart	Zweizylinder
Hubraum (cm³)	790
Leistung (PS bei 1/min)	61 bei 9800
Vmax in (km/h)	172
Rahmen	Doppelschleifenrahmen aus Stahl, Teleskopgabel vorne, Zweiarmschwinge aus Stahl, Federbein hinten
Gewicht (kg)	226

Triumph Bonneville America

Die Bonneville America war ein typischer Cruiser mit langgestreckter Gabel, niedriger Sitzhöhe und weit nach hinten reichendem Lenker, der primär für den US-Markt konzipiert wurde. Als Antrieb diente der zuverlässige, mit viel Schwungmasse ausgestattete Paralleltwin der „normalen" Bonneville. Der Zündabstand von 270 Grad (statt 360 Grad) lässt einen satt klingenden Auspuffsound durch die beiden stilecht geformten Schalldämpfer entweichen und schiebt das Cruiser-Mittelgewicht mit 226 Kilogramm Gewicht angenehm vibrierend voran. Überhaupt wirkt der ganze Auftritt der America gelungen. Dafür sorgen nicht nur das langgestreckte Erscheinungsbild, sondern auch das auf dem Tank montierte Cockpit mit dem großen Tacho und die luxuriöse Zweifarblackierung – Reminiszenzen an die Thunderbird-Modelle der 50er-Jahre. Vorverlegte und verchromte Fußrasten gehören (bei US-Modellen) ebenso zum Pflichtprogramm wie der weit zurückreichende Lenker, der in einer hochverlegten Aufnahme auf der Gabelbrücke sitzt. Wenn man auf der breiten gepolsterten Sitzbank Platz genommen hat, lassen sich gar stundenlange Touren durch die Landschaft ohne Unbequemlichkeiten absolvieren.

Yamaha Road Star Warrior 1700

Um im Nischensegment der „Power-Cruiser" ein angemessenes Modell anbieten zu können, pflanzte Yamaha im Jahr 2002 dem kräftig aufgebohrten V-Twin der „normalen" 1600er Wild Star in einen flach aufbauenden in dieser Klasse nicht üblichen Doppelschleifenrahmen aus Leichtmetall ein. Eine Upside-Down-Vordergabel, eine Aluminiumschwinge und ein zentrales Federbein runden das perfekte Chassis ab. Mit nunmehr 1670 Kubikzentimetern Hubraum, geht der V2-Dampfhammer mit satten 86 PS und Benzineinspritzung ohne Umschweife zur Sache. Die Einspritzung des Vierventilers arbeitet tadellos und treibt den „Krieger" in unter fünf Sekunden von 0 auf 100 km/h, kein Wunder bei einem Drehmoment von 135 Nm.

Die Kraftübertragung erfolgt jedoch nicht wie bei den anderen Road-Star-Modellen durch eine Kardanwelle, sondern wie bei Harley-Davidsons Big Twins über einen Zahnriemen. In puncto Aussehen dominiert das gewaltige Auspuffrohr, das krass im Gegensatz zu der sonst sportlichen Gesamtlinie steht.

Baujahr	2003 bis 2008
Motorbauart	V-Zweizylinder
Hubraum (cm³)	1670
Leistung (PS bei 1/min)	86 bei 4400
Vmax in (km/h)	185
Rahmen	Doppelschleifenrahmen aus Aluminium, Upside-Down-Gabel vorn, Profilschwinge aus Aluminium, Zentralfederbein hinten
Gewicht (kg)	275

Baujahr	2002
Motorbauart	Einzylinder
Hubraum (cm³)	349
Leistung (PS bei 1/min)	27 bei 9000
Vmax in (km/h)	130
Rahmen	Doppelschleifen-Stahlrohrrahmen, Teleskopgabel vorne, Schwinge, Zentralfederbein hinten
Gewicht (kg)	160

Beta 350 Jonathan

In den 1980er- und 1990er-Jahren hatte Betamotor weiterhin große Erfolge im Motorradsport. 1987, 1989, 1990 und 1991 wurde Jordi Tarres auf Betamotor Weltmeister im Trail und nahm 1987 und 1988 an der Peru-Rally teil. Dougie Lampkin holte dann zwischen 1997 und 1999 drei weitere Male die Trail-Weltmeisterschaft für die Italie-ner. Mit den Zwillingsmodellen Euro und Jonathan hat Beta S.p.A. ab 2002 zwei hübsche Einsteiger-Cruiser mit E-Startern im Programm. Angetrieben wurden die beiden luftgekühlten Viertakter von einem 350er-Einzylinder-Aggregat mit Sechsganggetriebe aus dem Hause Suzuki. Gebremst wurde mit Einscheibenbremsen jeweils am Vorder- und am Hinterrad. Die schönen Schwestern unterschieden sich in ers-ter Linie durch ihre Optik und die Ausstattung. So war die Jonathan in puristischem Schwarz gehalten, während die Euro mit schicker Zwei-farben-Lackierung daherkam. Dank des geringen Gewichts und der niedrigen Sitzhöhe von nur 730 Millimetern waren die Beta-Cruiser besonders für Einsteiger interessant, die Wert auf spielerisches Handling und stilechtes Design legen.

Buell Lightning XB9S

Die Lightning XB9S und ihr Schwestermodell Firebolt XB9R gehörten zu den ganz großen Überraschungen der Motorradsaison 2002. Die drei grundlegenden Konstruktionsprinzipien des Firmengründers Erik Buell wurden bei diesen Maschinen perfekt umgesetzt: Zentralisierung der Masse, Stabilisierung des Fahrwerks und Minimierung der ungefederten Massen. Um dies zu erreichen, ging man sehr ungewöhnliche Wege. So ist der Kraftstoff im Rahmen untergebracht. Dort, wo sich normalerweise der Kraftstofftank befindet, ist der Luftfilter platziert. Beide Modelle sind mit einer an der vorderen Felge montierten 375 Millimeter großen Bremsscheibe mit Sechskolbensattel ausgestattet. Diese ZTL-Konstruktion (Zero Torsional Load) überträgt die Bremskräfte direkt auf die Felge und nicht wie eine herkömmliche Bremse zu-nächst auf die Radspeichen, ein weiterer Beitrag zur Minimierung der ungefederten Masse. In Kombination mit dem grundlegend überarbeiteten, enorm druckvollen Harley-V2 ist so für Fahrspaß der Extraklasse gesorgt. Die letzten Exemplare der Lightning XB9S wurden Mitte des Jahres 2004 verkauft, als Nachfolger kam zum Modelljahr 2005 die Lightning CityX XB9SX auf den Markt.

Baujahr	2002 bis 2003
Motorbauart	V-Zweizylinder
Hubraum (cm³)	984
Leistung (PS bei 1/min)	84 bei 7400
Vmax in (km/h)	211
Rahmen	Leichtmetallrahmen mit schwingungsentkoppelnder Uniplanar-Motoraufhängung, Showa-Upside-Down-Telegabel vorne, Schwinge, Showa-Federbein hinten
Gewicht (kg)	175

Baujahr	2002 bis 2005
Motorbauart	V-Zweizylinder
Hubraum (cm³)	998
Leistung (PS bei 1/min)	112 bei 8500
Vmax in (km/h)	232
Rahmen	Gitterrohrrahmen aus Stahl, Upside-Down-Gabel vorne, Zweiarm-schwinge, Zentralfederbein hinten
Gewicht (kg)	197

Cagiva V-Raptor 1000

Zur Saison 2001 brachte Cagiva eine eigene Interpretation von Suzukis Bestseller SV 650 an den Start, die Raptor 650. Angetrieben von deren famosem V-Twin, aber mit einem völlig eigenständigen Fahrwerk und einer sehr ansprechenden Optik ausgestattet, verhinderte wohl nur die mangelhafte Lieferfähigkeit einen größeren Erfolg dieses Modells. Mit dem Modelljahr 2002 gesellte sich zur 650er-Raptor auch ein Racebike mit einem Liter Hubraum, die Cagiva Raptor 1000. Wie schon in der Navigator, so sorgte auch in den großen Raptor-Modellen Suzukis V2 für vehementen Vortrieb. Neben dem Antrieb und Design der Maschine begeisterten der stabile und hübsch anzuschauende Gitterrohrrahmen der Raptor, der im Zusammenspiel mit den hochwertigen Federelementen und den hervorragenden Bremsen für einen herzhaften Fahrspaß sorgte. Parallel zur nackten Raptor-Reihe brachte Cagiva auch zwei sehr markante V-Varianten mit 650 und 1000 ccm auf den Markt. Neben den straffer abgestimmten und voll einstellbaren Federelementen der 1000er fällt vor allem die sehr ungewöhnlich designte Lenkerverkleidung auf, die den V-Raptoren einen ganz eigenen Stil verleiht. Zunächst nur als Sondermodell geplant, ersetzte ab Modelljahr 2004 die hier abgebildete Xtra-Raptor die 1000er V-Version. Vor allem der erhöhte Karbon-Anteil unterscheidet die V- von der Xtra-Raptor. Zur Saison 2005 wurden die beiden Modelle mit einer neuen Lampenverkleidung und Detailverbesserungen aufgefrischt.

Harley-Davidson VRSC V-Rod

Die V-Rod, 2002 als erstes Modell der neuesten Harley-Reihe eingeführt, wollte nie eine normale Fahrmaschine sein. Was sie mit dem schräglagenfeindlichen 240er-Hinterreifen nochmals nachhaltig dokumentiert. Dieser Pneu harmoniert einerseits mit den Positionen von Fußrasten sowie Kühler und unterstreicht andererseits auch für Außenstehende, dass die V-Rod ein mächtiger Anreißer ist. Der wassergekühlte 60-Grad-V2 geht schon aus untersten Drehzahlen tierisch, seine Einspritzanlage ist prächtig abgestimmt, bei allem Dampf überzeugt die kultivierte Leistungsentfaltung. Mit der seit 2002 gebauten Harley-Davidson VRSC begann eine neue Epoche in der Geschichte des amerikanischen Traditionsherstellers. Doppelte, obenliegende Nockenwellen, vier Ventile pro Zylinder und Wasserkühlung machen den neuen, in enger Zusammenarbeit mit Porsche entstandenen V2-Motor der Harley-Davidson V-Rod zu einem wahren Kraftpaket, das auch im unteren Drehzahlbereich Bärenkräf-

Baujahr	2002 bis 2005
Motorbauart	V-Zweizylinder
Hubraum (cm³)	998
Leistung (PS bei 1/min)	112 bei 8500
Vmax in (km/h)	232
Rahmen	Gitterrohrrahmen aus Stahl, Upside-Down-Gabel vorne, Zweiarm-schwinge, Zentralfederbein hinten
Gewicht (kg)	197

te entwickelt. Während die Harley-Davidson V-Rod 2003 noch etwas skeptisch beäugt wurde, hat sie sich 2008 eine feste Käuferschaft erobert. Schenkt man den zahlreichen Aussagen im Harley-Davidson-Forum Glauben, würden die vielen neuen V-Rod-Driver nie wieder auf ihr 117 PS starkes Muscle-Bike verzichten. Mittlerweile konnte die Harley-Davidson V-Rod bereits zahlreiche Design-Preise für ihre Gesamtoptik sowie renommierte Auszeichnungen für den wassergekühlten 60-Grad-V2-Revolution-Motor einheimsen.

Baujahr	2002 bis heute
Motorbauart	V-Vierzylinder
Hubraum (cm³)	1261
Leistung (PS bei 1/min)	126 bei 8000
Vmax in (km/h)	225
Rahmen	Brückenrahmen aus Aluminium,
	Teleskopgabel vorne, Kastenschwinge
	aus Aluminium, Zentralfederbein hinten
Gewicht (kg)	326 (vollgetankt)

Honda ST 1300 Pan European (ABS)

Die Pan European von Honda wurde als waschechter Langstrecken-Tourer konzipiert. Herausstechend sind die große Vollverkleidung und die elektrisch in der Höhe verstellbare Scheibe, die beide besten Windschutz bieten. Im einfach gehaltenen Cockpit dominiert der einfach gehaltene Tachometer. Die digitalen Kleinanzeigen sind unauffällig mit integriert. Zum schmerzfreien Reisen zu weit entfernten Zielen tragen der hohe Lenker und die auch für den Sozius bequeme Sitzbank bei. Das Heck schließen seitlich zwei in der Fahrzeugfarbe lackierte Koffer ab. Beim komfortablen Fahrwerk der ST 1300 Pan European gibt es nur wenige Einstellungsmöglichkeiten wie Federvorspannung und Zugstufen-Einstellung am Federbein. Der flüssigkeitsgekühlte V-Vierzylinder-Motor der ST 1300 hat einen Hubraum von 1261 Kubikzentimetern mit einer Leistung von 126 PS, der bereits aus dem Drehzahlkeller einen kraftvollen Schub liefert, dabei drückt ein maximales Drehmoment von 125 Newtonmetern auf die Kurbelwelle. Die Kraftübertragung an die Hinterachse findet per wartungsfreundlicher Kardanwelle statt. Als besonderes Bonbon gibt es bei der 17.450 Euro teuren Maschine serienmäßig ein ABS.

Honda VTR 1000 Firestorm

Nach ihrem Debüt im Jahr 1997 hat sich Honda mit der VTR 1000 Firestorm schnell einen Spitzenplatz in der großen V-Twin-Liga erobern können, doch konnte sich Hondas Firestorm danach nie so richtig in Szene setzen. Möglicherweise war die Optik des stillen japanischen Stars im Vergleich zur italienischen V2-Liga einfach zu bieder, denn die Qualitäten des V-Zweizylinder-Sportlers waren Spitzenklasse. Allen voran der druckvolle wassergekühlte 90-Grad-V2-Klassiker, der hierzulande jedoch von 110 auf 98 PS gedrosselt wurde. Der Motor ist selbsttragend im leichten Aluminium-Brückenrahmen integriert und bietet mit den einstellbaren Federelementen einen guten Bodenkontakt auch bei kompromisslosen Fahrmanövern. Mit einer Spitzengeschwindigkeit von über 240 km/h heißt es, sich nur flach hinter die knappe Halbverkleidung zu kauern und den Geschwindigkeitsrausch zu genießen. Geschmackssache ist lediglich das Design des Cockpits, das komplett über Displays Informationen an den Fahrer weitergibt. Höchstens ihr verhältnismäßig sorgloser Umgang mit Benzin könnte noch Anlass für mangelndes Interesse gewesen sein.

Baujahr	2002 bis 2006
Motorbauart	V-Zweizylinder
Hubraum (cm³)	996
Leistung (PS bei 1/min)	98 bei 8500
Vmax in (km/h)	241
Rahmen	Brückenrahmen aus Aluminium,
	Upside-Down-Gabel vorne, Zweiarmschwinge
	aus Aluminium mit Pro-Link, Monofederbein
Gewicht (kg)	194

Baujahr	2002 bis 2005
Motorbauart	Vierzylinder
Hubraum (cm³)	1165
Leistung (PS bei 1/min)	152 bei 9800
Vmax in (km/h)	275
Rahmen	Brückenrahmen aus Aluminium, Teleskopgabel vorne, Zweiarmschwinge aus Aluminium, Zentralfederbein hinten
Gewicht (kg)	271

Kawasaki ZZ-R 1200

Bereits die Vorgängerin ZZ-R 1100 war in den 1990er-Jahren ein Geheimtipp unter den Tourenbikern. So sollte auch Kawasakis ZZ-R-Kraftkeil mit dem 1,2-Liter-Vierzylinder-Reihenmotor laut „hier" schreien, wenn es um dynamische Fortbewegung zu entfernten Reisezielen ging. Als hurtiges Tourenbike hatte sie einen kultivierten Lauf und war mit viel Kraft in allen Lebenslagen gesegnet. Erst bei 275 km/h hört der Schub der 152 PS auf. Dazwischen lag die pure Potenz. Mit so einem Kraftmeier zwischen den Beinen ist es gut zu wissen, dass auch das Fahrwerk richtig was kann. Man mag es kaum glauben, aber bis hinunter zur Haarnadelkurve macht die ZZ-R alle Radien klaglos mit. Immer artig und dabei meistens ziemlich hurtig. Selbst mit Gepäck und Beifahrer. Doch Kawasaki sollte es nicht noch einmal gelingen, die Erfolge der ZZ-R 1100 zu wiederholen. Die ZZ-R 1200 wurde zu einem Mauerblümchen und führte während ihres gesamten Produktionslebens ein Schattendasein. Zu dieser Zeit waren einfach nur unendlicher Dampf und adrenalintreibende Endgeschwindigkeit gefragt. Den Highspeed-Junkies war der Sporttourer zu langsam, und den Tourenfahrern fehlten die mittlerweile standardmäßigen elektronischen Utensilien wie ABS, G-Kat und Benzineinspritzung.

Moto Guzzi V11 Le Mans

Ab dem Jahr 2002 war Moto Guzzi mit dem Modell V11 Le Mans wieder zurück auf der Erfolgsspur und ließ die klangvolle Le-Mans-Tradition wieder aufleben. Inzwischen war es genau 25 Jahre her, als die erste Le Mans, damals noch mit 850 Kubikzentimetern, auf dem Mailänder Motorradsalon präsentiert wurde. Das neue sportliche Motorrad war, wie bei Moto Guzzi üblich, kein Leichtgewicht mit empfindlicher Karosserie, sondern ein kräftig gebautes, 250 Kilogramm schweres Sportgerät mit einer formschön gestalteten Verkleidung, die den Fahrer gut vor dem Fahrtwind und anderen Wetterunbilden schützte und mit dem großvolumigen, kernigen V-Twin-Motor komfortables Fahren auch auf langen Strecken erlaubte. Lediglich der 1064 Kubikzentimeter große Motor war überarbeitet worden und mit Interferenzrohr und geregeltem Dreiwegekatalysator ausgestattet. Die Fahrwerktechnik war weitgehend von der unverkleideten Moto Guzzi V11 übernommen worden. Das Sechsganggetriebe mit der patentierten Vierwellentechnik schaltete sehr leise und fein über eine Zweischeibentrockenkupplung, und auch bei Topgeschwindigkeiten von 235 km/h fuhr der Sportler dank der White Power- und Marzocchi-Federelemente sicher geradeaus.

Baujahr	2002 bis 2005
Motorbauart	V-Zweizylinder
Hubraum (cm³)	1064
Leistung (PS bei 1/min)	91 bei 7800
Vmax in (km/h)	235
Rahmen	Zentralrohrrahmen aus Stahl, Upside-Down-Gabel vorne, Zentralfederbein hinten
Gewicht (kg)	247 (vollgetankt)

Baujahr	2002 bis 2007
Motorbauart	V-Zweizylinder
Hubraum (cm³)	1462
Leistung (PS bei 1/min)	67 bei 4800
Vmax in (km/h)	170
Rahmen	Stahlrahmen, Teleskopgabel vorne, Schwinge, Zentralfederbein hinten
Gewicht (kg)	313

Suzuki VL 1500 LC Intruder

Ende der 1990er-Jahre stieg auch Suzuki mit der VL-Intruder in den Cruiser-Markt ein. Die schnörkellos gezeichneten Maschinen lehnten sich optisch deutlich an Harleys Fat Boy, die Mutter aller Cruiser, an. Mit mehr als 2,5 Metern Länge, einen Radstand von 1700 Millimetern und einem Trockengewicht von reichlich 300 Kilogramm, gehört die dicke und kraftvolle Intruder zu den imposantesten Krafträdern überhaupt. Der aus der 1400er Ur-Intruder stammende V2 bekam für seinen Einsatz in der „Legendary Classic" gut 100 ccm mehr Hubraum, einen Tick mehr Drehmoment und ein paar PS zusätzliche Leistung spendiert. Das drückt sich besonders beim Beschleunigen aus, denn bereits ab der Leerlaufdrehzahl stürmt das Kraftpaket nach vorne. Auch das Fahrwerk zeigte sich trotz der wuchtigen Maschine als durchaus behende und wird auch mit engen Biegungen spielend fertig. Lediglich die Trittbretter stellen sich bei allzu starker Kurvenfahrt als Spielverderber dar, wenn sie bereits bei mäßiger Kurvenlage am Asphalt kratzen. Im Gegensatz zu Harley-Davidson setzt Suzuki bei seinem Schwergewichts-Cruiser auf einen wartungsarmen Kardanantrieb.

Victory „Nessbike"

Der Kalifornier Arlen Ness gehörte zu den ersten professionellen „Customizern", die ab Anfang der 1970er-Jahre Motorrad-Umbauten nach Kundenwunsch fertigten. Der Trend zur Individualisierung ist bis heute ungebrochen. Von dem Zeitpunkt an, als Victory als neuer Motorradhersteller auftrat, kooperierte die Firma mit dem „Godfather of Customzing" Arlen Ness. Er ist für die Custombike-Welt das, was Muhammad Ali für den Boxsport bedeutet: die Galionsfigur. Schon früh beriet Arlen Ness die Designer von Victory und gestaltete im Auftrag des Herstellers verschiedene Custombikes, wie hier abgebildet einen

Baujahr	2002
Motorbauart	V-Zweizylinder
Hubraum (cm³)	1507
Leistung (PS bei 1/min)	73 bei 5250
Vmax in (km/h)	169
Rahmen	Doppelschleifenrahmen, Marzocchi-Gabel vorne, Dreiecksschwinge, zentrales Fox-Federbein hinten
Gewicht (kg)	288

Tourer mit fester Lenkerverkleidung und Hartschalenkoffern. Der durchzugsstarke V2-Motor mit einem Zylinderwinkel von 50 Grad bietet viele moderne technische Höhepunkte wie eine Luft-Ölkühlung, je eine obenliegende Nockenwelle pro Zylinder, Vierventil-Technik und elektronische MBE-Benzineinspritzung. Als Leistung wurden für den 1500er-V-Twin 73 PS bei 5250/min angegeben. Damit schiebt der 303 Kilogramm schwere Cruiser kräftig an.

Baujahr	2001 bis 2007
Motorbauart	V-Zweizylinder
Hubraum (cm³)	998
Leistung (PS bei 1/min)	98 bei 8300
Vmax in (km/h)	220
Rahmen	Brückenrahmen aus Aluminiumprofilen, geschraubtes Rahmenheck
Trockengewicht (kg)	248

Aprilia ETV 1000 Capo Nord

Mit der ETV 1000 Capo Nord brachte Aprilia im Jahr 2001 die erste geländetaugliche Serienmaschine mit Aluminium-Profilrahmen auf den Markt. Wobei man den Begriff „Offroad" nicht zu eng fassen sollte, da das Motorrad mit einem Startgewicht von über 250 Kilogramm trotz Alurahmen nicht gerade ein Leichtgewicht war. Doch Wald- und Feldwege konnte das hochgewachsene Motorrad locker unter seine Räder nehmen, zum Springen fehlte ihr allerdings die Tauglichkeit. Für den Vortrieb wurde der bestens bewährte kräftige V2-Motor aus der Aprilia RSV Mille verbaut, der speziell für das neue Motorrad abgestimmt war und geschmeidige 98 PS erzeugte. Das Schaltgefühl des Sechsganggetriebes war während der Fahrt erfreulich direkt, und die Wege waren kurz. Durch die hohe Windschutzscheibe konnten auch Geschwindigkeiten um die 200 km/h in aufrechter Pilotenhaltung gefahren werden. Sie schützte den Fahrer auch bei widrigen Wetterverhältnissen vor dem Durchnässen der Motorradkleidung. Ob auf der Autobahn, der Landstraße oder auf kurvenreichen Bergstrecken, das Fahrwerk der Capo Nord bot immer den nötigen Komfort ohne den Ehrgeiz auf Bestzeiten.

Benelli Tornado 900

Aufgrund einer mangelnden Nachfrage an Benelli-Motorrädern beendete der Motorradhersteller Mitte der 1980er-Jahre die Produktion. Erst als Andrea Merloni den Markennamen der Firma im Jahr 1992 aufkaufte, begann eine neue Ära bei Benelli. Doch statt Motorräder wurden zunächst die in Italien beliebten Motorroller gebaut. Erst im Jahr 2000 erfolgte mit einer auf 150 Exemplare limitierten Tornado 900 L.E. die Motorradproduktion. Mit diesem Comeback hatte niemand gerechnet und die Motorradwelt stand Kopf. Allerdings sollten nochmals zwei Jahre vergehen, bis aus der ersten Messepräsentation eine Serienfertigung des ungewöhnlichen Dreizylinders wurde. Die Tornado L.E. war zwar mit 17.000 Euro sündhaft teuer, verfügte allerdings auch über edelste Komponenten von Öhlins, Brembo und anderen exklusiven Herstellern. Zwei Jahre später wurde das Programm durch eine weitere Variante der Tornado 900 ergänzt, die 900 Tre für einen Preis von 19.000 Euro. Die Technikfreaks knieten ergeben nieder vor der neuen Zweirad-Skulptur aus Italien. Die neue Tornado war ebenfalls nicht arm an technischen Highlights: Von der organisch geformten Bananenschwinge über die sehr steife Rahmenkonstruktion bis hin zum herzhaften Dreizylinder-Aggregat und zur Anti-Hopping-Kupplung wurde alles geboten, was das Herz von Racingfreaks höherschlagen ließ.

Baujahr	2001 bis 2007
Motorbauart	Dreizylinder
Hubraum (cm³)	898
Leistung (PS bei 1/min)	143 bei 11.500
Vmax in (km/h)	über 270
Rahmen	Gitterrohrrahmen aus Stahl, Upside-Down-Gabel vorne, Zweiarmschwinge aus Aluprofilen, Zentralfederbein hinten
Gewicht (kg)	207

Baujahr	2001 bis 2003
Motorbauart	Vierzylinder
Hubraum (cm³)	1171
Leistung (PS bei 1/min)	130 bei 8750
Vmax in (km/h)	245
Rahmen	Kokillengussrahmen aus Aluminium, Telelever vorn, Doppelgelenkschwinge, Paralever hinten
Gewicht (kg)	285

BMW K 1200 RS

Im Jahr 1996 stellte BMW mit der K 1200 RS ein neues Vierzylindermodell als Sporttourer vor. Im Jahr 2001 wurde das Bike gründlich überarbeitet. Um die Tourentauglichkeit des Motorrads zu unterstreichen, wurde die Vollverkleidung geändert und die Sitzposition weniger sportlich ausgelegt. Die Fußrasten wanderten nun etwas nach unten, und der Lenker wurde ein wenig nach oben verlegt. Der auf 1171 Kubikzentimeter Hubraum vergrößerte Motor leistete nun 130 PS und wartete mit einem Drehmoment von 117 Nm bei 6750 Umdrehungen in der Minute auf. Doch nicht nur die Leistung des stärksten BMW-Motorrads im Programm der Münchener überzeugte, sondern auch das Fahrwerkskonzept, das mit dem neuen Sporttourer entsprechende Fahrleistungen ermöglichte. Der Antriebsblock hing schwingungsentkoppelt in einem Brückenrahmen aus Leichtmetallguss, für die Vorderradführung bekam nun auch das erste K-Modell den einzigartigen BMW-Telelever. Mit dem sequenziellen Sechsganggetriebe war eine Beschleunigung von 0 auf 100 km/h in 3, 5 Sekunden möglich.

BMW R 900 RR Paris-Dakar

Nach den Siegen der Paris-Dakar-Rallye durch den Franzosen Richard Sainct auf BMW in den Jahren 1999 und 2000 setzten die Münchner Motorradkünstler beim 2001er Wüstenmarathon voll auf den Zweizylinder-Boxer R 900 RR, um die österreichische Marke KTM am Siegen zu hindern. In umfangreicher aerodynamischer Feinarbeit im BMW-Windkanal konnte der Luftwiderstand um etwa 30 Prozent verringert werden. Gewichtssparmaßnahmen wie etwa durch eine Titanfeder im Federbein und ein Hinterachsgehäuse aus Magnesium machten es möglich, dass der BMW-Boxer exakt das vom Reglement vorgeschriebene Mindestgewicht von 190 Kilogramm auf die Waage brachte. Ein sattes Drehmoment fast über den gesamten Drehzahlbereich war das Kennzeichen des bulligen Triebwerks der R 900 RR, das von dem Motorentuner Helmut Mader aus Erding bei München optimiert wurde. Vier Maschinen wurden speziell für das Rallye-Event in Handarbeit von der Edelschmiede HPN in Seibersdorf in der Nähe von Passau aufgebaut, dennoch reichte es nicht zum Sieg: Die beste 900 RR lag in der Endwertung nur auf Platz sechs, und KTM holte sich das erste Mal den Sieg bei der brutalen Wüstenhatz.

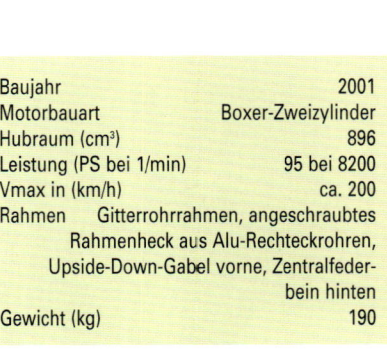

Baujahr	2001
Motorbauart	Boxer-Zweizylinder
Hubraum (cm³)	896
Leistung (PS bei 1/min)	95 bei 8200
Vmax in (km/h)	ca. 200
Rahmen	Gitterrohrrahmen, angeschraubtes Rahmenheck aus Alu-Rechteckrohren, Upside-Down-Gabel vorne, Zentralfederbein hinten
Gewicht (kg)	190

Baujahr	2001 bis 2004
Motorbauart	V-Zweizylinder
Hubraum (cm³)	748
Leistung (PS bei 1/min)	97 bei 11.000
Vmax in (km/h)	ca. 250
Rahmen	Gitterrohrrahmen aus Stahl Motor mittragend, Upside-Down-Gabel vorne, Einarmschwinge aus Leichtmetall, Zentralfederbein hinten
Gewicht (kg)	196

Ducati 748

Als preiswertere und etwas leistungsschwächere Version der 916/996-Modellreihe bot Ducati bereits ab dem Modelljahr 1995 die 748 an. In der R-Version diente sie als Basis für den Einsatz in den Supersport-Meisterschaften, wo Zweizylindermodelle bis maximal 750 Kubikzentimeter Hubraum zugelassen waren, während Vierzylindermodelle lediglich bis zu 600 Kubik haben durften. Die Ducati 748 zeigt bereits bei den drei Komponenten der Sitzposition „Hintern hoch, Kopf runter und das ganze Gewicht auf die Handgelenke", was sie ist: ein echter Vollblut-Racer. Durch dieses sportlich kompromisslose Feeling eignet sich die 748 ausgezeichnet für die Rennstrecke, denn ausgezeichnete Kurvenlage, außerordentliche Schräglage, aufregende Beschleunigungswerte und ein hochklassiges Fahrwerk überzeugen von den Rennqualitäten der Ducati. Erhältlich ist die Ducati 748 in drei Varianten als S (Strada), 748 R (Racing) und 748 SPS (Sport Production Special). Die Standard-748 erreicht mit ihrem 97 PS starken Zweizylinder-Viertakt-V-Motor eine Höchstgeschwindigkeit von rund 250 km/h, für die Beschleunigung von 0 auf 100 km/h benötigt das Racebike nur 3,3 Sekunden.

Gilera Super Sport 600

Mit der Super Sport 600 meldete sich Gilera, nach Benelli und MV-Agusta, im Jahr 2001 nachhaltig als dritter italienischer Hersteller auf dem Motorradmarkt zurück. Davor hatte die Firma acht Jahre lang nur den Motorrollermarkt bedient. Um im stärksten Marktsegment mitspielen zu können, entschied sich der Mutterkonzern Piaggio zum Einstieg in die 600er-Klasse und setzte auf den wassergekühlten Reihen-Vierzylinder und das Sechsganggetriebe aus der Suzuki GSX-R 600. Als weitere Highlights kamen ein Brückenrahmen aus Leichtmetall mit einigen Titanteilen und eine Upside-Down-Gabel zum Einbau. Mit der schmalen roten Verkleidung gaben die Italiener ihrer neuen Schöpfung ein typisch sportliches Aussehen. Der Produktionsbeginn war für das Jahr 2003 geplant. Für weitere Versionen der Super Sport war auch der Einbau von V-Zweizylindern in zwei Varianten als 800er und als 1000er geplant. Doch blieb es bis heute bei dem einen Prototyp eines fantastischen Motorrads, das zuletzt im Jahr 2008 nochmals auf einer Ausstellung zu bewundern war.

Baujahr	2001 (ein Prototyp)
Motorbauart	Reihen-Vierzylinder
Hubraum (cm³)	599
Leistung (PS bei 1/min)	116 bei 13.000
Vmax in (km/h)	265
Rahmen	Brückenrahmen, hydraulische Teleskopgabel vorne, Hinterradschwinge, Zentralfederbein hinten
Gewicht (kg)	162

Baujahr	2001
Motorbauart	V-Zweizylinder
Hubraum (cm³)	1471
Leistung (PS bei 1/min)	64 bei 4700
Vmax in (km/h)	182
Rahmen	Stahlrohrrahmen, Telegabel vorne, Schwinge, Federbeine hinten
Gewicht (kg)	321

Kawasaki VN 1500 Drifter

Mit der VN 1500 Drifter wagte Kawasaki im Jahr 1999 den Versuch, eine längst vergangene Epoche wieder aufleben zu lassen. Designelemente populärer Harley- und Indian-Modelle sollten der Drifter zum Erfolg verhelfen, doch das exzessive Retro-Styling kam nicht an. Bereits im Jahr 2001 wurde der Cruiser umfassend überarbeitet. Die beiden auffälligsten Veränderungen bestanden in einem neuen Solositz und dem verstärkten Einsatz verchromter Komponenten. Doch die Modellwelle der chromstrotzenden dicken Chopper flaute weiter ab und konnte nicht die Verkaufszahlen bringen, die sich Kawasaki vorgestellt hatte. So verschwand die Drifter nach nur drei Jahren Bauzeit wieder klammheimlich von der Bildfläche. Das war eigentlich schade, denn die große Drifter bot einen wahrhaft imposanten optischen Auftritt. Noch dazu mit dem tadellosen 1,5 Liter großen V2, dessen 64 PS für lockeres Gleiten alle Tage ausreichen. Außerdem war ein Drehmoment von 114 Nm bei 2800/min auch nicht von schlechten Eltern. Das Handling war angesichts der bewegten Masse erstaunlich gut, die Bremsanlage, typisch für Kawasaki, sehr standfest.

Kawasaki Ninja ZX-12 R

Die Kawasaki ZX-12 R war bei ihrem Debüt im Jahr 2000 das leistungsstärkste Serienmotorrad der Welt. Der 1200er-Vierzylinder-Motor mit Flüssigkeitskühlung, zwei obenliegenden Nockenwellen und Kraftstoffeinspritzung leistete 178 PS und beschleunigte die Maschine bei Bedarf auf echte 303 km/h. Da es sich um einen japanischen Hersteller handelt, war sie jedoch offiziell auf 299 km/h begrenzt. In Wirklichkeit lag die Spitzengeschwindigkeit bei mindestens 308 km/h, für den, der sich traute. Somit galt die ZX-12 R mit einem satten Drehmoment von 134 Nm bei 7500/min lange Zeit als schnellstes Straßen-Sportbike der Welt. Abgesehen von diesen Rekordwerten war es Kawasaki mit der ZX-12 R gelungen, einen erstaunlich agilen Hochleistungssportler mit unbeirrbarer Höchstgeschwindigkeitsstabilität zu entwickeln. Dies konnte unter anderem durch das erstmals bei einer Serienmaschine verwendete Monocoque-Fahrwerk erreicht werden. 2002 wurde das Superbike das erste Mal komplett überarbeitet. Dabei wurde weder bei der Karosserie noch beim Fahrwerk eine Ausnahme gemacht. Ab dem Modelljahr 2005 bekam die Ninja statt den Sechs-Kolben-Bremszangen radial verschraubte Vier-Kolben-Sättel. Als die Produktion der Kawasaki ZX-12 R im Jahr 2006 eingestellt wurde, war die Sporttourergemeinde um eine Legende ärmer, denn die nachfolgende ZZ-R 1400 konnte der Super-Ninja nicht das Wasser reichen.

Baujahr	2001 bis 2006
Motorbauart	Vierzylinder
Hubraum (cm³)	1199
Leistung (PS bei 1/min)	178 bei 10.500
Vmax in (km/h)	299
Rahmen	Monocoque-Rahmen aus Aluminium, Upside-Down-Teleskopgabel vorne, Uni-Trak-Federungssystem hinten
Gewicht (kg)	243

Suzuki B-King

Baujahr	2007 bis heute
Motorbauart	Vierzylinder
Hubraum (cm³)	1340
Leistung (PS bei 1/min)	184 bei 9500
Vmax in (km/h)	247
Rahmen	Brückenrahmen aus Aluminium, Upside-Down-Gabel vorne, Aluminiumschwinge, Zentralfederbein hinten
Gewicht (kg)	235

Dieses puristische Muscle-Bike in ultraradikaler Optik präsentierte Suzuki im Jahr 2001 als Studie und sie schlug ein wie der legendäre Hammer des Thor. Offensichtlich wollten die Japaner hier einen weiteren Meilenstein in ihrer Firmengeschichte setzen. Und richtig, gegen dieses spektakuläre Überbike war kein Kraut gewachsen. Es ließ die Konkurrenz blass aussehen. Der mit Kompressor aufgemöbelte wassergekühlte Vierzylinder der Hayabusa soll es auf stramme 250 PS bringen. Edle Materialien dominieren die Optik: Karbon, Edelstahl, poliertes Aluminium, Leder. Schon allein die plasmageschweißte Aluschwinge oder Brembos Perimeter-Vierkolben-Bremszangen setzen Technikfreaks in Entzücken. Dazu gesellen sich moderne Gimmicks wie eine Fahrererkennung per Fingerabdruck oder das interaktive Telematic-System. Selbst einen Internetzugang hatte die B-King-Studie an Bord. Erst sechs Jahre später, im Jahr 2007, wurde dann der Terminator-Traum zur Wahrheit und Suzuki stellte das brachiale Naked Bike als Serienmodell der Öffentlichkeit vor. Dabei blieb der neue Überflieger sehr nahe an der Studie. Lediglich der Kompressor war nun kein Thema mehr. Ein Jahr später gab es die B-King auch mit ABS.

Suzuki GS 500 E

Ab Ende der 1980er-Jahre führte Suzuki die zierliche GS 500 als robustes Brot-und-Butter-Motorrad ins Programm ein. Generationen von Fahrschülern haben auf diesem Modell mit gedrosselten 34 PS ihre ersten Meter zurückgelegt. Geringes Gewicht, niedrige Sitzhöhe, spielerisches Handling, wartungsfreundliche Technik und günstiger Preis machen die GS 500 E zu einem beliebten Einsteiger-Krad. Das Naked Bike GS 500 E wurde ab 2001 mit einem kräftigen Facelifting angeboten und hatte als Basis den luftgekühlten Zweizylinder-Reihenmotor aller GS-500-Baureihen. Die Fahrleistungen der handlichen Suzuki zeigten sich auf Landstraßen mehr als ausreichend. Sauber und gleichmäßig konnte man kurvige Straßen unter die Reifen nehmen. Herausstechend bei diesem Motorrad war der in Silber gehaltene und nach Aluminium-Brückenrahmen aussehende Stahlrohr-Doppelschleifenrahmen. Lediglich die etwas zu weich gehaltenen Federelemente störten den guten Gesamteindruck durch ein zu schnelles Durchfedern der Vordergabel bei Bodenwellen und beim Bremsen. Doch auch in der Stadt spielte die leichte und wendige GS 500 E ihre Vorteile voll aus und entpuppte sich als idealer Stadtflitzer.

Baujahr	2001 bis 2007
Motorbauart	Zweizylinder
Hubraum (cm³)	487
Leistung (PS bei 1/min)	45 bei 7900
Vmax in (km/h)	162
Rahmen	Stahl-Doppelrohrrahmen, Teleskopgabel vorne, Zweiarmschwinge aus Stahlprofilen, Zentralfederbein hinten
Gewicht (kg)	174

Baujahr	2001 bis 2007
Motorbauart	Vierzylinder
Hubraum (cm³)	1298
Leistung (PS bei 1/min)	175 bei 9800
Vmax in (km/h)	298
Rahmen	Brückenrahmen aus Aluminium
	Upside-Down-Gabel vorne,
	Zweiarmschwinge aus Aluminium,
	Zentralfederbein hinten
Gewicht (kg)	251 (vollgetankt)

Suzuki GSX 1300 Hayabusa

Die Suzuki GSX 1300 Hayabusa war im Jahr 1998 das erste Serienmotorrad, das die 300-km/h-Marke knackte. Der mächtige flüssigkeitsgekühlte 1300er-Reihen-Vierzylinder katapultierte den Sporttourer mit der Urgewalt von 175 PS in 2,7 Sekunden auf 100 km/h nach vorne. Angetrieben wird das Hinterrad über ein Sechsganggetriebe und eine O-Ring-Kette. Nach Diskussionen über Sinn oder Unsinn von Geschwindigkeiten über 300 km/h verständigten sich die Motorradhersteller in Europa über eine Selbstbeschränkung der Spitzengeschwindigkeit von 298 km/h durch eine elektronische Steuerung. Ab dem Baujahr 2001 verhinderte auch bei der Hayabusa ein Steuergerät Geschwindigkeiten über 300 km/h. Dennoch hält eine Hayabusa mit Turboaufladung den FIM-Weltrekord mit einer Höchstgeschwindigkeit von 406,894 km/h in ihrer Klasse. Seit dem Jahr 2002 wurden die Abgase mit geregeltem Katalysator mit Lambdasonde entgiftet. In Anbetracht der enormen Leistung ist es schon verwunderlich, wie geschmeidig und stressfrei sich die Hayabusa bewegen lässt. Das straff, aber nicht supersportlich abgestimmte Fahrwerk stellt einen gelungenen Kompromiss zwischen Komfort und Agilität dar und lässt die GSX auf Landstraßen und Autobahnen gleichermaßen gut aussehen.

Suzuki SV 650 S

Um das Jahr 1999 wurde von Suzuki eine erste Version der SV 650 S der Öffentlichkeit vorgestellt. Ein Jahr später begann dann die Produktion des Sporttourers. Bald wurde die SV 650 ein wichtiger Bestandteil der Motorradszene. Doch es waren nicht nur der günstige Preis und der quirlige flüssigkeitsgekühlte Zweizylinder-Motor mit einer Leistung von 72 PS, der die kleine SV 650 zum großem Erfolg für Suzuki werden ließ. Denn auch optisch wusste der modern geschnittene Alltagssportler zu gefallen, gerade mit der schicken Halbschalenverkleidung, zu der die meisten Käufer griffen. Die SV 650 sorgte mit ihrem Cockpit für passablen Windschutz und ließ dem formschönen Brückenrahmen noch genügend Freiraum, um sich in Szene zu setzen. Auf längeren Reisen zeigte sich der gutmütige V-Twin als treuer Begleiter ohne Macken. Um die Fahrsicherheit weiter zu vergrößern, führte Suzuki im Jahr 2007 ein serienmäßiges ABS-Bremssystem für den Tourer ein, welches das Fahrverhalten nochmals verbesserte.

Baujahr	2001 bis 2008
Motorbauart	V-Zweizylinder
Hubraum (cm³)	645
Leistung (PS bei 1/min)	72 bei 9000
Vmax in (km/h)	ca. 200
Rahmen	Brückenrahmen aus Aluminium,
	Teleskopgabel vorne, Alu-Kastenschwinge,
	Zentralfederbein hinten
Gewicht (kg)	165

Baujahr	2001 bis 2004
Motorbauart	Dreizylinder
Hubraum (cm³)	955
Leistung (PS bei 1/min)	105 bei 9100
Vmax in (km/h)	244
Rahmen	Brückenrahmen aus Aluminium, Teleskopgabel vorne, Zweiarmschwinge, Zentralfederbein hinten
Gewicht (kg)	199

Triumph Sprint RS

Im Jahr 1993 versuchte sich Triumph mit der Sprint auch im Sporttourer-Bereich zu etablieren. Um den bekannten Triple-Motor mit einem Liter Hubraum sollte eine kleine Modellreihe für sportliche Biker geschaffen werden. Diese Reihe wurde immer weiter entwickelt, und rechtzeitig zum Jahrtausendwechsel 2000/2001 präsentierte Triumph mit der Sprint RS ein sportliches Schwestermodell der Sprint ST. Doch während die japanische Konkurrenz nach immer mehr Leistung bei immer weniger Masse bei ihren neuen Kreationen suchte, setzte Triumph auf Außergewöhnlichkeit. So entstand ein beeindruckendes sportliches Motorrad im bewährten Baukastenprinzip Made in Hinckley. Das mit elektronischer Benzineinspritzung und geregeltem Katalysator ausgestattete Dreizylinder-Triebwerk entwickelt satte 105 PS, die jedoch durch die selbst auferlegte Beschränkung kein Thema für Bikerstammtische war. Die schlanke Halbverkleidung mit den für Triumph typischen Ovalscheinwerfern ließ den Blick frei auf den in Schwarz und Graphitgrau beschichteten Motor. Das Kraftwerk war aus der Daytona entliehen, wurde komplett überarbeitet und wog schließlich zwei Kilogramm weniger. Die Motorkompression wurde von 11,2 : 1 auf 12,0 : 1 angehoben.

Yamaha FJR 1300

Auf der Intermot 2000 präsentierte Yamaha einen neuen Sporttourer, der die Konkurrenz das Fürchten lehrte. Die FJR 1300 (FJR = Fast Journey and Ride) besaß als Nachfolger der FJ-Baureihe alle Voraussetzungen, um Klassenprimus bei den sportlichen Tourenmotorrädern zu werden: einen kompakten Alubrückenrahmen, einen potenten Reihen-Vierzylinder, Einspritzung und zwei geregelte Katalysatoren sowie einen wartungsarmen Kardanantrieb. Da sie mit einem Trockengewicht von knapp 240 Kilogramm verhältnismäßig leicht geraten war, spielte die FJR auch fahrdynamisch in einer anderen Liga. Vor allem während einer längeren Ferienreise kann die FJR mit ihrem ausgewogenen Handling zeigen, was sie kann. Dabei punktet sie vor allem beim Fahrkomfort durch beheizbare Griffe und eine elektrische, in der Höhe verstellbare Frontscheibe. Doch auch die großen Seitenkoffer bieten reichlichen Stauraum. Um zügig voranzukommen lässt der flüssigkeitsgekühlte 1,3-Liter-Vierzylinder-Reihenmotor mit 143 PS kaum Wünsche offen. Zur Serienausstattung des Supertourers gehören auch ein Tempomat, ein Integral-Bremssystem mit ABS und eine einstellbare Traktionskontrolle. Seit ihrer Präsentation erreichte die FJR 1300 sieben Mal in Folge bei der Zeitschrift „Motorrad" den Titel „Motorrad des Jahres".

Baujahr	2001 bis 2012
Motorbauart	Vierzylinder
Hubraum (cm³)	1298
Leistung (PS bei 1/min)	143,5 bei 8000
Vmax in (km/h)	254
Rahmen	Brückenrahmen aus Aluminium, Teleskopgabel vorn, Zweiarmschwinge aus Aluminium, Zentralfederbein hinten
Gewicht (kg)	264 (vollgetankt)

Baujahr	2000 bis 2003
Motorbauart	Einzylinder
Hubraum (cm³)	125
Leistung (PS bei 1/min)	15 bei 6500
Vmax in (km/h)	110
Rahmen	Zentralrohrrahmen aus Aluminium, Dachrahmen und Schulterbügel geschraubt, Telelever vorn, Schraubenfeder mit Einrohrgasdruckdämpfer hinten
Gewicht (kg)	185

BMW C1 125

Im Jahr 2000 übertraf sich BMW in puncto Innovation wieder einmal selbst. Das neue Konzept betraf ein überdachtes Zweirad, bei dem vor allem dem Bereich des Unfallschutzes durch Sicherheitsgurte ein besonders hohes Augenmerk geschenkt wurde. Weitere Vorzüge des motorisierten Zweirads sollten Wendigkeit und geringer Platzbedarf im Verkehr und beim Parken sein. Die mit Elementen eines Automobils berechnete Sicherheitszelle war das Ziel eines weiteren Konzepts. Gefertigt wurde das Zweirad im Karosserieunternehmen Betone in Turin, die Motoren steuerte Rotax aus Gunskirchen in Österreich bei. Doch trotz des modernen 125-ccm-Viertaktmotors mit Vierventiltechnik, elektronischem Motormanagement mit Benzineinspritzung nebst geregeltem Drei-Wege-Katalysator konnte sich das „Motorzweirad mit Dach" auf dem stark umkämpften Markt nicht durchsetzen. Daran änderte sich auch nichts, als BMW im Jahr 2001 eine leistungsstärkere Version mit 200 ccm Hubraum und einer Leistung von 17,5 PS herausbrachte. Nach nur vier Jahren stellte BMW die Produktion wieder ein. Mögliche Gründe könnten die nur bedingte Soziustauglichkeit und eine nur mäßige Straßenlage gewesen sein. Auch die Windempfindlichkeit des 185 Kilogramm schweren Fahrzeugs war nicht zu unterschätzen.

Buell Blast

Die Buell Blast, übersetzt „Windstoß", wurde speziell für den heimischen US-Markt gebaut und sollte vor allem bei Neueinsteigern den Start in das Motorradhobby und später dann den Umstieg auf ein Zweizylinder-Harley-Davidson-Modell erleichtern. Dafür hatte sich das Marketing-Management eine gute Strategie einfallen lassen, denn jeder Blastkunde, der innerhalb eines Jahres auf eine Harley oder eine Buell umstieg, sollte seine Blast zum Neupreis von 4395 US-Dollar in Zahlung geben dürfen. Die Buell Blast war eine komplette Neukonstruktion und geriet äußerst kompakt. Mehr als 10.000 gebaute Einheiten in drei Jahren waren zwar für Buell-Verhältnisse ganz ordentlich, jedoch zu wenig für ein preiswertes Einzylinder-Motorrad. Nach Deutschland wurde die Blast erst gar nicht importiert, wohl auch, weil aufgrund der hierzulande strengeren Geräusch- und Emissionsvorschriften gerade noch 30 Pferdestärken übrig geblieben wären. Das Motorrad baute auf einem Stahlrückgrat mit angeschraubten Aluminiumteilen auf. Trotz ihrer durchaus vorhandenen guten Eigenschaften wurde die Blast unter den Buell- oder Harley-Fahrern nie richtig akzeptiert und gerne als schwächliches Fahrschulmotorrad verspottet.

Baujahr	2000 bis 2009
Motorbauart	Einzylinder
Hubraum (cm³)	492
Leistung (PS bei 1/min)	34 bei 6500
Vmax in (km/h)	150
Rahmen	Stahl-Backbone-Rahmen, Showa-Upside-Down-Gabel vorne, Schwinge, Zentralfederbein hinten
Gewicht (kg)	163

Baujahr	2000 bis 2002
Motorbauart	V-Zweizylinder
Hubraum (cm³)	1199
Leistung (PS bei 1/min)	88 bei 6300
Vmax in (km/h)	214
Rahmen	Gitterrohrrahmen aus Stahl, Upside-Down-Gabel vorne, Zweiarm- schwinge, liegendes Zentralfederbein hinten
Gewicht (kg)	224 (vollgetankt)

Buell X1 RS 2000

Im Jahr 1998 kam die X1 als Nachfolgerin der Buell S1 auf den Markt. Das neue Rahmenlayout ermöglichte eine geänderte Verlegung des hinteren Auspuffkrümmers, dessen Abwärme so manchem S1-Piloten zu schaffen gemacht hatte. Die X1 wartete beim Riemenwechsel mit einem verschraubten Rahmen-Seitenteil auf, das den Zugang zum Antrieb erheblich erleichterte. Ein weiteres praktisches Detail des neuen Rahmens waren die geschraubte Beifahrer-Fußrastenhalterungen, die nicht starr mit dem Rahmen verschweißt waren. Gefedert und gedämpft wurde fortan mit Komponenten von Showa. Von außen kaum erkennbar waren die vielen kleinen und größeren Änderungen, die der US-Hersteller dem luftgekühlten Twin angedeihen ließ. Sie dienen in erster Linie der Standfestigkeit der V-Zweizylinder-Triebwerke. Die Eingriffe am Motorinneren betrafen unter anderem die Kurbelwelle, die Nockenwellenzahnräder, Hydrostößel, Ölpumpe und -kreislauf, Zylinderlaufbuchsen und die Auspuffanlage. Ebenfalls neu war die Treibstoffversorgung des Motors mit einer elektronischen Einspritzung. Im Stil der amerikanischen Muscle-Cars präsentierte sich im Jahr 2000 das X1-Sondermodell RS 2000. Ein weißer Doppelstreifen auf rotem Grund, der sich vom Vorderradschutzblech über Windschild und Tank fortsetzt, verlieh der X1 RS 2000 ihren sportlichen Look.

Cagiva Navigator 1000

Die Nachfolgerin der Cagiva Elefant wurde im Jahr 1997 vorgestellt und zunächst noch von Ducatis 900er Desmo-V2-Motor angetrieben. Mit den vergleichsweise mageren 68 PS musste die damals noch unter dem Namen „Gran Canyon" laufende Maschine aber nicht lange leben, denn ab dem Modelljahr 2000 wurde ihr der kräftigere flüssigkeitsgekühlte 1000er V-Motor von Suzuki eingepflanzt. Die elegante Reise-Enduro Cagiva Navigator 1000 war eine 90°-V2-Zylindermaschine mit einem sehr eigenen Design. Mit einem Hubraum von 996 Kubikzentimetern brachte es das schwere Motorrad auf eine Leistung von 98 PS bei 8500/min. Das maximale Drehmoment der Maschine lag bei 88 Nm bei 7000/min. Den Sprint von 0 auf 100 km/h absolvierte das 242 Kilogramm schwere Motorrad in 3,7 Sekunden. Die Tachonadel kletterte danach bis auf eine Höchstgeschwindigkeit von 214 km/h. Geschaltet wird die Navigator über ein Sechsganggetriebe, die Übertragung auf die Hinterachse erfolgte mit einer Kette. Mit einem Verbrauch von 6,5 Litern auf 100 Kilometer und einem Fassungsvermögen des Tanks von 20 Litern war mit der Cagiva-Enduro eine Urlaubsreise ohne all zu viele lästige Tankstopps möglich.

Baujahr	2000 bis 2005
Motorbauart	V-Zweizylinder
Hubraum (cm³)	998
Leistung (PS bei 1/min)	98 bei 8500
Vmax in (km/h)	214
Rahmen	Brückenrahmen aus Stahl, Teleskopgabel vorne, Zweiarmschwinge, Zentralfederbein hinten
Gewicht (kg)	242 (vollgetankt)

Ducati 996

Im Jahr 1994 kam die inzwischen zur Legende gewordene Ducati 916 in den Ausführungen Strada und SP auf den Markt. Das fantastische Design, der druckvolle und charakterstarke Desmo-V2 und zahlreiche Details wie der patentierte Lenkungsdämpfer, die prächtige Einarmschwinge oder das unsanft unters Heck gehämmerte Doppelrohr machen dieses Motorrad zu einem Meilenstein im Motorradbau. Zumal die Qualität des ultrastabilen Fahrwerks bis heute Standards setzt. So gewann Carl Fogarty gleich im ersten Jahr mit der 916 Racing die Superbike-WM, zahlreiche weitere sollten folgen. Im Jahr 1999 erhielt die 916 eine umfassende technische Überarbeitung, mit der eine Aufstockung auf 996 Kubikzentimeter Hubraum einherging. Das brachte ihr auch eine neue, ihrem Hubraum entsprechende Namensgebung ein: Ducati 996. Zwei Jahre später bekam die 996 ein weiteres Modell an ihre Seite, die 996 R. Diese hatte nun eine komplette CfK-Verkleidung und leistete 136 PS. Der Motor der R bekam neu entwickelte Zylinder mit in Bronze gelagerten Nockenwellen. Die Einspritzdüsen spritzten den Kraftstoff nicht wie üblich in den Ansaugkanal hinter den Drosselklappen, sondern im Bereich der Airbox von oben in den Ansaugtrichter ein.

Baujahr	2000 bis 2002
Motorbauart	V-Zweizylinder
Hubraum (cm³)	1199
Leistung (PS bei 1/min)	88 bei 6300
Vmax in (km/h)	214
Rahmen	Gitterrohrrahmen aus Stahl, Upside-Down-Gabel vorne, Zweiarmschwinge, liegendes Zentralfederbein hinten
Gewicht (kg)	224 (vollgetankt)

Baujahr	2000 bis 2001
Motorbauart	Vierzylinder
Hubraum (cm³)	929
Leistung (PS bei 1/min)	147 bei 11.000
Vmax in (km/h)	270
Rahmen	Leichtmetall-Brückenrahmen, Upside-Down-Gabel vorne, Schwinge mit Pro-Link-System, H.M.A.S.-Gasdruck-federbein
Gewicht (kg)	170

Honda CBR 900 RR Fireblade

Honda stellte im Jahr 1992 die erste Fireblade unter der Werksbezeichnung SC28 vor. Ab dem Jahr wurde die Fireblade das erste Mal überarbeitet. Im Modelljahr 1996 löste die SC 33 die SC 28 ab. Das Sportmodell hatte nun 919 Kubikzentimeter Hubraum und leistete 100 PS. Nachdem Yamaha mit der R1 ein neues Kapitel in der Geschichte supersportlicher Motorräder aufgeschlagen hatte, kam Honda mit der Fireblade unter Zugzwang. Zur Saison 2000 präsentierte man eine komplett neue „Feuerklinge" unter der Werksbezeichnung SC 44, bei der der Weltmarktführer keinen Stein auf dem anderen ließ. Der Reihenviertakter wurde deutlich kurzhubiger, leistungsstärker und mittels Saugrohreinspritzung und G-Kat umweltfreundlicher. Das Fahrwerk, jetzt mit Upside-Down-Gabel und 17-Zoll-Vorderrad, wurde nochmals eine Spur verbindlicher und präziser, ohne dass die CBR an Alltagstauglichkeit eingebüßt hätte. Zur regelmäßigen Inspektion fahren, tanken, waschen, das sind einige der Highlights des Supersportlers. Sonst verrichtet der reinrassige Gipfelstürmer ohne Probleme seinen Dienst, auch im regelmäßigen Verkehr zu und von der Arbeit.

Laverda 750 Super Sport

Die Laverda „Super Sport" war im Prinzip eine Kreuzung aus „750 Formula" und „750 Sport". So verfügte sie über einen Platz für den Sozius und das weniger hochwertige Fahrwerk der „Sport", wurde jedoch vom leistungsstärkeren Triebwerk der „Formula" angetrieben. Der wassergekühlte Zweizylinder-Viertakt-Twin mit 92 PS erreichte ein Drehmoment von 82 Nm bei 6500/min. Die Zylinderbohrung des 750-Kubikzentimeter-Motors betrug 83 Millimeter und der Kolbenhub 69 Millimeter. Die Gemischaufbereitung geschah über eine elektronische Weber-Marelli-Saugrohreinspritzung, gezündet wurde mit einer elektronischen Kennfeldzündung. Die Brembo-Bremsanlage bestand am Vorderrad aus zwei Bremsscheiben und Vierkolbenzangen und hinten aus einer Scheibenbremse mit Zweikolben-Bremszange. Eine Zwei-in-Eins-Auspuffanlage beförderte das verbrannte Luft-Treibstoff-Gemisch nach draußen. Das gut übersetzte Sechsganggetriebe wurde über eine hydraulische Mehrscheiben-Ölbadkupplung geschaltet, die das Sportmotorrad auf eine Geschwindigkeit von über 200 Stundenkilometer katapultieren konnte. Ingesamt wurden ca. 1300 Motorräder im Zeitraum von 2000 bis 2002 hergestellt.

Baujahr	2000 bis 2002
Motorbauart	Zweizylinder
Hubraum (cm³)	748
Leistung (PS bei 1/min)	92 bei 9200
Vmax in (km/h)	220
Rahmen	Aluminium-Brückenrahmen, Upside-Down-Gabel vorne, Paioli-Monofederbein hinten
Gewicht (kg)	185

Baujahr	2000 bis 2002
Motorbauart	Vierzylinder
Hubraum (cm³)	1998
Leistung (PS bei 1/min)	260 bei 5650
Vmax in (km/h)	250
Rahmen	Doppelschleifenrahmen aus Stahl, Upside-Down-Gabel vorne, Zweiarmschwinge aus Aluminium, liegende Federbeine
Gewicht (kg)	354

Münch Mammut 2000

Gut zweieinhalb Jahre Entwicklungszeit stecken in diesem ganz besonderen Bike. Bis auf den Vierventil-Cosworth-Zylinderkopf sind alle weiteren Komponenten des Vierzylinder-Reihenmotors Spezialanfertigungen. Ein computergesteuertes Motormanagement ist für Zündung, Einspritzanlage und Turbolader zuständig. Der G-Kat erfüllt die strenge Abgasnorm D4, womit die Münch-Mammut-2000 im Jahr 2000 weltweit das erste Motorrad war, das auf den Abgaswerten aktueller Automotoren liegt. Das Doppelrohr-Chassis für das 354 Kilogramm schwere Big-Bike besteht aus Stahlrohr, die Gabel liefert Öhlins, die beiden liegend eingebauten Federbeine sind von White Power, die Bremsanlage stammt von Spiegler. Für das aggressive Outfit zeichnet das Team von m-design verantwortlich. In der Diskussion um das schwerste, stärkste und schnellste Motorrad auf dem Markt machte sich Münch-Hersteller Petsch keine Gedanken und ließ selbstbewusst verlauten: „Bei den Prüfstandsläufen hat das Triebwerk locker 300 PS abgegeben. Wir sind allerdings der Meinung, 260 PS genügen vollauf. Zur Höchstgeschwindigkeit wollten wir vorerst keine Angaben machen, haben uns dann aber auf eine automatische Abriegelung bei 250 Sachen festgelegt." Bei aller Euphorie und Begeisterung blieb letztendlich die Frage der Wirtschaftlichkeit. Auch auf diese Frage hat Thomas Petsch eine Antwort: „Man kann es mir glauben, die Münch Mammut 2000 bauen wir aus Spaß an der Freude, Geld wollen und werden wir nicht damit verdienen." Es wurden 15 Maschinen gebaut.

Royal Enfield-Sommer 325

Eigentlich stellt der Einbau eines Dieselmotors in ein Motorrad einen Widerspruch an sich dar. Dennoch hatte Royal Enfield Erfolg mit dierer Verbindung. Bis auf den Motor entspricht die sparsame Enfield der Normalversion. Das gebläsegekühlte Dieselaggregat ist eigentlich als Stationärmotor konzipiert und hat seine Nenndrehzahl bei 3000/min. Das 180 Kilogramm schwere Motorrad kann sich damit auf rund 85 km/h hochrappeln, läuft aber bei einem Verbrauch von unter zwei Litern auf 100 Kilometer mit einer Tankfüllung über 1000 Kilometer weit.

Baujahr	2000 bis 2008
Motorbauart	Einzylinder, Diesel
Hubraum (cm³)	325
Leistung (PS bei 1/min)	6,5 bei 3000
Vmax in (km/h)	85
Rahmen	Einschleifen-Stahlrohrrahmen, Teleskopgabel vorne, Schwinge, zwei Federbeine hinten
Gewicht (kg)	180

Baujahr	2000
Motorbauart	V-Zweizylinder
Hubraum (cm³)	998
Leistung (PS bei 1/min)	100
Vmax in (km/h)	300
Rahmen	Rahmenmonocoque, Upside-Down-Gabel vorne, Schwinge, Zerntralfederbein hinten
Gewicht (kg)	150

Sachs Beast

Sachs gelang mit der Studie „Beast" eines der absoluten Messe-Highlights auf der Intermot des Jahres 2000. „Wir wollten aufzeigen, wie wir uns eine ultimative Fahrmaschine vorstellen, wenngleich das Beast in dieser Form natürlich keine Chance auf eine Zulassung hätte", dämpfte Cheftechniker Hartmut Huhn allerdings die Erwartungen auf eine rasche Umsetzung des Konzepts schon damals. Zunächst wollte man die Reaktion des Publikums testen und dann über eine Weiterentwicklung entscheiden. Der höchst positiven Resonanz in München nach zu urteilen, rauchen in Nürnberg seitdem die Köpfe, um diese Askese auf zwei Rädern auf die Straße zu bringen. Ein fetter V2 mit dem Nötigsten drumherum genial arrangiert. Wird in dieser Form aber eben leider nicht in Serie gehen können – wir haben schließlich Gesetze gegen diese Form der Freizügigkeit. Und Sachs noch keinen passenden Motor. Das in den Prototyp implantierte Folan-V2-Aggregat, das im schwedischen Hardcore-Offroader Highland seinen Dienst verrichtet, hat zwar auf diversen Rallyes seine Standfestigkeit bewiesen und mit mittlerweile knapp 100 PS auch an Leistung deutlich zugelegt. Aber auch die neuen, leistungsstarken V2-Generationen von Rotax, KTM oder Aprilia wären in der Beast denkbar. Es bleibt spannend ...

Suzuki GSF 600 Bandit

1994 kam die erste Generation der GSF 600 auf den Markt und avancierte für viele Jahre zum Bestseller im Suzuki-Programm. Was das flotte Äußere der Bandit verspricht, hält auch ihr quirliger Vierzylinder, der das Naked Bike dank 78 munteren Pferdchen auf knapp 200 km/h beschleunigt. Das Modell der zweiten Generation kam im Jahr 2000 auf den Markt und wartete mit einem völlig neuen Rahmen auf. Neben den Neuerungen am Rahmen, Fahrwerk und der Beleuchtung wurde jedoch weiterhin der gleiche Motor in der Suzuki GSF 600 Bandit verbaut. Hierbei handelte es sich um einen Vierzylinder-Reihenmotor mit 599 Kubikzentimetern Hubraum und insgesamt 16 Ventilen. Bei 10.500/min erreicht die Suzuki GSF 600 Bandit eine Leistung von 78 PS und eine Höchstgeschwindigkeit von 210 km/h. Da die Bandit über einen 20 Liter großen Tank verfügte, ist sie bei Tourenbikern sehr beliebt, denn damit erreicht sie eine Reichweite von ca. 400 Kilometern. Mit dem Modelljahr 2005 wurde die GSF 600 Bandit dann von der hubraumgrößeren Bandit 650 abgelöst, die auch über ein ABS-Bremssystem als Option verfügte.

Baujahr	2000 bis 2004
Motorbauart	Vierzylinder
Hubraum (cm³)	600
Leistung (PS bei 1/min)	78 bei 10.500
Vmax in (km/h)	210
Rahmen	Doppelschleifen-Stahlrohrrahmen, Teleskopgabel vorne, Zweiarmschwinge aus Stahlprofilen, Zentralfederbein hinten
Gewicht (kg)	204

Baujahr	2000 bis 2003
Motorbauart	Dreizylinder
Hubraum (cm³)	955
Leistung (PS bei 1/min)	130 bei 9900
Vmax in (km/h)	260
Rahmen	Rahmen aus Aluminium, Teleskopgabel vorne, Schwinge, Zentralfederbein hinten
Gewicht (kg)	198

Triumph Daytona 955i

Eigentlich kam die Daytona bereits im Jahr 1997 als T595 auf den Sportbike-Markt. Erst im Jahr 2000 wurde die Daytona in „955" umbenannt. Die Daytona 955i war das erste Modell aus der zweiten Generation der Hinckley-Triumphs, die das bis dahin so erfolgreiche Baukastenprinzip verließ, das Triumph wieder zu einem ernst zu nehmenden Mitstreiter auf dem Motorradmarkt etabliert hatte. Sie hatte alle Eigenschaften, um sich eine Nische im heiß umkämpften Markt der hubraumstarken Supersportler zu verschaffen: einen kraftvollen Motor mit einem breit nutzbaren Drehzahlband, ein tadelloses Fahrwerk, das selbst bei härtestem Einsatz auf der Rennstrecke überzeugte und eine unglaublich effiziente Bremsanlage. Bemerkenswert war, dass Triumph hier eine schnelle Maschine für den Straßeneinsatz und keine reine Rennmaschine konzipierte. Die neue Daytona 955i verkörperte die Eigenschaften wie individueller Charakter und hochentwickelte Technik mit einem modernen Fahrwerk und einem fleißigen Einspritzmotor perfekt. Ob gemächliche Landstraßenfahrten oder zielgenaue Liniensuche, die 2000er Daytona befriedigt in allen Bereichen.

Yamaha YZF-R1

Als Nachfolgerin der 1000er-Thunderace präsentierte Yamaha auf der Mailänder EICMA am 15. September 1997 das erste Modell der YZF-R1. Das Superbike war ein völlig neu konstruiertes Motorrad mit 150 PS bei einem Trockengewicht von 177 Kilogramm, verpackt in einem superscharf geschnittenen Design. Mit der R1 legte Yamaha die Messlatte für die Konkurrenz gleich um zwei Stufen höher und schuf eine Ikone unter den modernen Supersportlern. Die erste Generation der R1 hatte jedoch einen wichtigen Nachteil. Aufgrund der Motorencharakteristik stieg das Drehmoment ab 3000 Umdrehungen in der Minute stark nach oben an. Dieser plötzliche Leistungsüberschuss konnte bei nicht so geübten Fahrern beim starken Herausbeschleunigen aus der Kurve durch das Wegrutschen des Hinterrads und ein nachfolgendes Wiedererlangen von Grip zu Stürzen führen. Diese sogenannten „Highsider" konnten zu schweren Verletzungen führen. Sie bekamen bei Bikern den Beinamen „Witwenmacher". Im Modelljahr 2002 reagierte Yamaha mit einem Motor mit einer gleichmäßigeren Leistungscharakteristik, auch wurden zahlreiche weitere Punkte an dem Motorrad überarbeitet. Die Lautstärke des Motors wurde gemindert, das Gewicht wurde um zwei Kilogramm gesenkt und die Aerodynamik verbessert.

Baujahr	2000 bis 2001
Motorbauart	Vierzylinder
Hubraum (cm³)	998
Leistung (PS bei 1/min)	150 bei 10.000
Vmax in (km/h)	284
Rahmen	Deltabox-II-Aluminium-Brückenrahmen, Upside-Down-Gabel vorn, Zweiarmschwinge aus Aluminium, Zentralfederbein hinten
Gewicht (kg)	175

Harley-Davidson VRSCA V-Rod

Baujahr	1995 bis 2000
Motorbauart	Einzylinder
Hubraum (cm³)	650
Leistung (PS bei 1/min)	42 bei 6250
Vmax in (km/h)	160
Rahmen	Einträgerrahmen mit doppelten Stahlrohren
Trockengewicht (kg)	183

Aprilia Moto 6.5

Die Moto 6.5 war ein Motorrad, bei dem sich die Geister der Motorradfahrer schieden. Als das Motorrad im Jahr 1995 auf den Markt kam, wusste keiner so recht, in welche Gruppe es einzuordnen war, denn für eine Enduro war es nicht geländetauglich genug, für ein Allzweckmotorrad zu unhandlich, für sportliche Aktivitäten zu träge und für das Cruisen zu unbequem. Lediglich das Design des weltbekannten Franzosen Philippe Starck bestach durch gelungene Ästhetik. Sogar im Museum of Modern Art in New York wurde ein Exemplar ausgestellt. Doch die Kunst und ein Motorrad gehören nicht unbedingt zusammen, und so entwarf Starck zwar ein Kunstobjekt, aber kein richtiges Motorrad. Der Motor war noch das Beste an der Moto 6.5 und stammte von Rotax, ein echter Dampfhammer mit fünf Ventilen mit starken 43 PS. Schnell verlor die Motorradgemeinde das Interesse an der Italienerin. Die leider fehlende Benzinpumpe und die miserable Fahrwerksabstimmung taten ein Übriges. Durch den schleppenden Verkauf gab es vonseiten Aprilias auch keine Modellpflege, und so waren die wenigen Käufer auf sich selbst gestellt. Im letzten Baujahr wurde die Moto 6.5 für lediglich 7000 D-Mark verramscht.

Cagiva River 500

Die Cagiva River 500 war ein anspruchsloses Alltags- und unkompliziertes Einsteigermotorrad, das von einem luft-/ölgekühlten Vierventil-Einzylinder mit 500 Kubikzentimetern angetrieben wurde. Mit einem Gewicht von 160 Kilogramm erreichte das Bike mit einer Leistung von 34 PS eine Spitzengeschwindigkeit von 167 km/h. Der Motor kam unter anderem auch in der „Funduro" Canyon 500 zum Einsatz. Vor allem an der Tankstelle zeigte sich der Endurotourer von der besten Seite. Die Kombination des Fahrwerks aus Aluminium-Brückenrahmen, 40 Millimeter Upside-Down-Gabel, Zweiarmschwinge und zentralem Federbein machte ein bequemes Fahren auch auf längeren Strecken möglich. Die Bremsanlage mit einer vorderen Vierkolben-Bremszange genügte in jeder Situation. Der Preis der Reise-Enduro Cagiva River 500 betrug im Jahr 2001 rund 3900 Euro. Mit dem Erscheinen der 650er Raptor wurde der Bau der River eingestellt.

Baujahr	1999 bis 2002
Motorbauart	Einzylinder
Hubraum (cm³)	498
Leistung (PS bei 1/min)	34 bei 6500
Vmax in (km/h)	167
Rahmen	Brückenrahmen aus Aluminium, Upside-Down-Gabel vorne, Zweiarmschwinge aus Aluminium, Zentralfederbein hinten
Gewicht (kg)	160

Baujahr	1999 bis 2001
Motorbauart	Vierzylinder
Hubraum (cm³)	599
Leistung (PS bei 1/min)	94 bei 12.000
Vmax in (km/h)	227
Rahmen	Aluminiumrahmen, Upside-Down-Gabel vorne, Schwinge, Monoshockdämpfer hinten
Gewicht (kg)	176

Honda CB 600 Hornet

Seit dem Jahr 1999 auf dem Markt, entwickelte sich die Hornet binnen kürzester Zeit zum absoluten Bestseller im Honda-Programm. Als interne Bezeichnung PC 34 entwickelt, lehrte sie die Motorradkonkurrenz das Fürchten. Der flott gezeichnete Allrounder bestach vor allem durch seinen 94 PS starken 600er-Reihen-Vierzylinder, der auch im Supersportler CBR 600 F seinen Dienst verrichtete. Das Naked Bike mit den italienischen Stilelementen hatte es der Motorradszene sofort angetan und verkaufte sich blendend. Ab dem Jahr 2002 wurde die Fertigung der Hornet von Japan nach Italien verlegt. Sie bekam die Werksbezeichnung PC 36. Im Modelljahr 2007 hatte die 600er-Hornet bereits eine Leistung von 102 PS bei einem Drehmoment von 63,5 Newtonmetern. Auch heute beherrscht die Hornet mit ihren Zutaten aus sportlichen Fahrleistungen und bestens abgestimmtem Handling den Markt in der 600er-Klasse. So ist die kleine „Hornisse" seit vielen Jahren das meistverkaufte Motorrad in Europa. Die Honda Hornet ist so das ideale Einsteigermodell und ein zuverlässiges Kultobjekt auf zwei Rädern.

Honda X Eleven

Ab Herbst des Jahres 1999 ließ Honda für Naked-Bike-Fahrer einen neuen Stern namens X 11 am Bikerhimmel aufleuchten. Die Zutaten waren von der damals aktuellen Modellpalette bereits vorhanden. Vor allem der aus der Doppel-X bewährte Vierzylinder wurde für einen optimierten Drehmomentverlauf in der Spitzenleistung auf 140 PS reduziert. Power pur ab 2500/min war garantiert. Bis zur maximalen Drehzahl kurz vor der 10.000er-Marke zeigte das neue Bike keine Anzeichen von Schwächen. Als Fahrer hat man sich nicht nur mit dem atemberaubenden Abzug des Motorrads auseinanderzusetzen, spätestens ab 160 km/h kommt ein immenser Sturm von vorne dazu. Weit nach vorne gebeugt nimmt man auf der bequem anmutenden Sitzbank Platz. Die Polsterung passt vorne wie hinten. Vorne fehlt bei den Gashandattacken jedoch der Widerhalt für den Po des Fahrers. Große Freude macht das Fahrwerk. Den X-Konstrukteuren gelang die Synthese aus Stabilität, Sportlichkeit und leichtem Handling. Der Brückenrahmen, der kurze Radstand, der knappe Nachlauf und das Fahrwerk selbst ließen keinen Zweifel aufkommen, dass die Maschine klar und zielsicher alle Straßenarten und Fahrsituationen meistern würde. Das Gefühl für das Geschehen hinter der X 11 geht dem Fahrer fast völlig abhanden. In den Spiegeln der Honda sind meist nur die eigenen Schultern zu sehen. Man könnte meinen, die Honda-Entwickler hätten hier gespart mit dem Hintergedanken, dass das rückwärtige Geschehen für den Einzel-X-Fahrer sowieso nicht von Bedeutung sein kann.

Baujahr	1999 bis 2003
Motorbauart	Vierzylinder
Hubraum (cm³)	1137
Leistung (PS bei 1/min)	140 bei 9000
Vmax in (km/h)	263
Rahmen	Aluminiumbrückenrahmen aus Profilen, Teleskopgabel vorne, Schwinge, Zentralfederbein hinten
Gewicht (kg)	257 (vollgetankt)

Baujahr	1999 bis 2002
Motorbauart	V-Zweizylinder
Hubraum (cm³)	1064
Leistung (PS bei 1/min)	69 bei 6400
Vmax in (km/h)	188
Rahmen	Zentralrohrrahmen aus Vierkant-stahlprofilen, Teleskopgabel vorne Zweiarmschwinge, Zentralfederbein mit Hebelsystem hinten
Gewicht (kg)	245 (vollgetankt)

Moto Guzzi Quota 1100 ES

Als Moto Guzzi im Jahr 1999 die Quota 1100 ES vorstellte, ging ein Aufschrei durch die Moto-Guzzi-Gemeinde. Die eingefleischten Italo-Fans waren bis dahin nur Grand-Tourismo-, Califorina- und vor allem Sportmaschinen gewohnt – aber eine Reise-Enduro mit 90°-V-Twin und Benzineinspritzung grenzte doch bereits an Frevel. Im Stillen waren „Geländemaschinen" schon seit den frühen 1970er-Jahren ein Thema, denn mit den kleinen Einzylindern „Lodola" und „Stornello" nahm Moto Guzzi bereits damals an den internationalen Sechs-Tage-Rennen teil. Da sich die reinen Enduro-Maschinen seit der ersten Rallye Paris–Dakar im Jahr 1979 immer mehr in schnelle Touren-Modelle verwandelt hatten, entschied sich die Unternehmensspitze ebenfalls in der Gruppe der aktuellen Reise-Enduros mitzuspielen und wies die Ingenieure an, die Quota zu entwickeln. Das Beste an dem Tourenmodell war das Fahrwerk mit Zentralrohrrahmen, Teleskopgabel und zentralem Federbein, das keine Wünsche offenließ. Doch erwies sich die Quota 1100 ES gegenüber der Konkurrenz mit ihren mageren 68 PS als untermotorisiert, und so wurde das Reisemotorrad nach drei Jahren wieder eingestellt.

Moto Guzzi V11 Sport

Die Moto Guzzi V11 Sport in ihrem zeitlosen Outfit war als Naked Bike konzipiert und ein würdiger Nachfolger der berühmten V7 Sport aus den 1970er-Jahren, woran die klassische Form des V11-Modells immer noch erinnert. Um dieses Motorrad auf die Räder zu stellen und den inzwischen etwas angekratzten Ruf der Moto-Guzzi-Motorräder in Sachen Zuverlässigkeit wieder ins richtige Licht zu rücken, hatten sich die Ingenieure mächtig ins Zeug gelegt. Das große luftgekühlte Einliter-Zweiventil-Aggregat bekam nun ein präzises und kompakteres Sechsganggetriebe mit einer guten Abstimmung trotz langer Schaltwege. Die Bremsanlage mit zwei schwimmend gelagerten Scheibenbremsen mit einem Durchmesser von 320 Millimetern und Vierkolbensätteln vorne und einer ebenfalls schwimmend gelagerten hinteren Bremsscheibe mit 282 Millimetern und einem Zweikolbensattel trug zu einer soliden Verzögerung des Bikes bei. Die unterschiedlichsten Einsatzbedingungen konnten mit der 40er-Marzocchi- Upside-down-Gabel und deren Druck- und Zugstufen optimal abgestimmt werden. Die hintere White-Power-Federung ist als Cantilever-Federbein ausgelegt und ebenfalls in der Druck- und Zugstufe mehrfach einstellbar. Der Listenpreis lag im März 2000 bei 21.300 D-Mark.

Baujahr	seit 1999
Motorbauart	V-Zweizylinder
Hubraum (cm³)	1064
Leistung (PS bei 1/min)	91 bei 7800
Vmax in (km/h)	210
Rahmen	Zentralrohrrahmen aus Vierkantstahlprofilen, Upside-Down-Teleskopgabel vorne, Zentralfederbein hinten
Leergewicht (kg)	219

Baujahr	1999
Motorbauart	V-Zweizylinder
Hubraum (cm³)	996
Leistung (PS bei 1/min)	125 bei 9000
Vmax in (km/h)	250
Rahmen	Doppelrahmen, Teleskopgabel vorne, Aluminiumschwinge, Zentralfederbein hinten
Gewicht (kg)	190

Voxan VB 1 Evo

Selten wurde ein Newcomer in Sachen Motorradbau mit derart viel Lob für seine Produkte überschüttet wie die französische Exklusiv-Schmiede Voxan, die sich Ende der 1990er-Jahre anschickte, die Herzen der Motorradfahrer im Sturm zu erobern. Das hätte sie auch fast geschafft. Leider endete der fulminante Start der Exklusiv-Schmiede bereits nach knapp drei Jahren. Doch davor wurde noch der in der Designwerkstatt entwickelte Voxan VB 1 Evo auf dem Pariser Salon im Jahr 1999 erstmals der Öffentlichkeit vorgestellt. Die VB1 stieß bei den Voxan-Verantwortlichen auf so große Begeisterung, dass man in Issoire plante, den Sportler als eigenständiges Modell aufzulegen. Allerdings verhinderte die finanzielle Situation von Voxan eine tatsächliche Serienproduktion. Bedauerlich, denn der leistungsgesteigerte Voxan-V2 hätte im Sportdress sehr gute Aussichten auf Erfolg gehabt. So aber blieb das Modell mehr oder weniger nur eine attraktive Designstudie.

Yamaha XVS 1100 Drag Star

Bikern, denen die hubraumstarken Motorräder aus Milwaukee nicht so ganz gefielen, oder preisbewussten Cruiserfahrern bot Yamaha im Jahr 1999 den potenziellen Heizer „Drag Star" mit 1100 Kubikzentimetern an. Gut, die Leistung mit 62 PS war nicht gerade berauschend, doch bei Käufern dieser Art von Motorrädern spielt Höchstleistung sowieso nur eine Nebenrolle, denn hier ist der Weg das Ziel. Ganz im Stil der Retrowelle mit gedrungener Frontpartie und breiter Vordergabel, ausladendem Tank und im Starrrahmenlook kam die XVS 1100 Drag Star in bester Chopper-Manier daher. Das direkt angelenkte hintere Federbein der Dreieckschwinge versteckte sich unter der Sitzbank. Das kleine Sitzkissen für den Beifahrer eignet sich jedoch eher für eine festgezurrte Gepäckrolle als für den Sozius. Beim gemächlichen Cruisen ist die Drag Star in ihrem Element. Selbst bei niedrigster Drehzahl nimmt sie das Gas ohne lästige Vibrationen willig an und zeigt sich überraschend kurventauglich. Somit fügte sich die XVS 1100 perfekt zwischen die kleine 650er Drag Star und die großen V4-Boliden in das Werksprogramm ein.

Baujahr	1999 bis 2007
Motorbauart	V-Zweizylinder
Hubraum (cm³)	1063
Leistung (PS bei 1/min)	62 bei 5750
Vmax in (km/h)	168
Rahmen	Doppelschleifenrahmen aus Stahl, Teleskopgabel vorn, Dreieckschwinge, Zentralfederbein hinten
Gewicht (kg)	275

Baujahr	1998 bis 2000
Motorbauart	V-Zweizylinder
Hubraum (cm³)	904
Leistung (PS bei 1/min)	86 bei 7000
Vmax in (km/h)	über 210
Rahmen	Gitterrohrrahmen aus Alu,
	Telegabel vorne, Zweiarmschwinge,
	Zentralfederbein hinten
Gewicht (kg)	198 (vollgetankt)

Bimota Mantra

Valerio Bianchi, Giuseppe Morri und Massimo Tamburini funktionierten ihren Handwerksbetrieb für Heizungsanlagen aufgrund ihrer Leidenschaft für Zweiräder im Jahr 1973 zu einem Unternehmen für den Bau von Motorrädern um. Ursprünglich war der Betrieb im Jahr 1965 gegründet worden. Zuerst nahm Tamburini MV-Agusta- und Honda-CB-750-Motorräder und veredelte diese nach seinen Vorstellungen exklusiv. Als der venezolanische Motorradrennfahrer Johnny Cecotto im Jahr 1975 auf Bimota die Weltmeisterschaft in der 350-Kubikzentimeter-Klasse gewann, war dies eine hervorragende Werbung für das Unternehmen aus Rimini. Die erste Straßenmaschine, die einen kommerziellen Erfolg für sich verbuchen konnte, war die im Jahr 1978 vorgestellte Bimota KB 1. Bimotas Mantra aus dem Jahr 1998 dürfte eines der ungewöhnlich gestylten Motorräder der damaligen Zeit gewesen sein. In den Gitterrohrrahmen aus Leichtmetall bauten die Bimota-Ingenieure einen leistungsgesteigerten 900er-Ducati-Motor ein. Das Modell sollte der ständig wachsenden Streetfighter-Gemeinde gegen Ende der 1990er-Jahre ein neues Spielzeug bieten. Doch war das revolutionäre Design des Motorrads wohl eine Spur zu gewagt, denn die Mantra wurde kein Verkaufserfolg, obwohl sie sehr preiswert war.

Kawasaki ZX-6R

Sie kam, sah und siegte! Der Erfolg der 900er-Ninja aus dem Jahr 1990 gab Kawasaki recht, solche Supersportler anzubieten. So folgte im Jahr 1995 ein erstes Sportmotorrad in der 600er-Klasse mit Aluminiumrahmen, die ZX-6R Ninja. Mit ihren gerade einmal 182 Kilogramm und um die 100 PS benötigte das Bike lediglich 3,6 Sekunden auf 100 km/h. Doch die japanische Motorrad-Konkurrenz schlief nicht und konterte schnell, sodass sich Kawasaki wieder in Zugzwang befand. Die Reaktion auf die Konkurrenzprodukte wurde im Jahr 1998 vorgestellt. Die Kawa-Ingenieure hatten die 600er-Ninja mit nur noch 176 Kilogramm Trockengewicht leichter und mit nun 107 PS stärker gemacht, und das Drehmoment lieferte satte 65 Newtonmeter bei 10.000/min. Das Sechsganggetriebe lieferte über eine X-Ring-Kette die Kraft ans 170er-Hinterrad. Zudem war nun das Design gegenüber der Vorgängermaschine leicht verändert. Das Bremssystem bestand nun aus einer Sechs-Kolben-Bremse statt des Vier-Kolben-Systems. Im Modelljahr 2000 wurde die Ninja nochmals um drei Kilogramm leichter.

Baujahr	1998 bis 2000
Motorbauart	Vierzylinder
Hubraum (cm³)	599
Leistung (PS bei 1/min)	107 bei 12.000
Vmax in (km/h)	262
Rahmen	Rahmen aus Aluminiumprofilen,
	Upside-Down-Gabel vorne,
	Zweiarmschwinge, Zentralfederbein hinten
Gewicht (kg)	176

Baujahr	1998 bis 2002
Motorbauart	Zweizylinder
Hubraum (cm³)	748
Leistung (PS bei 1/min)	82 bei 9000
Vmax in (km/h)	216
Rahmen	Aluminium-Brückenrahmen, Upside-Down-Gabel vorne, Paioli-Monofederbein hinten
Gewicht (kg)	198

Laverda 750 Sport

Die 750er-Sportversion von Laverda, die im Jahr 1998, nun unter neuer Regie in der Unternehmensführung, auf den Markt kam, hatte genau 10 PS weniger als ihr Schwestermodell 750 Formula. Das machten bei der 750 Sport genau 82 PS bei 9000/min und ein Drehmoment von 75 Nm bei 7000/min. Außerdem verfügte sie über einen Platz für den Sozius und begnügte sich mit einfachen Stahlbremsscheiben und Dreispeichenrädern aus Aluminium. Nachdem das sportliche Motorrad bei Käufern gut angekommen war und sich die Maschinen ordentlich verkauften, bot die Firma Laverda zwischen 1998 und 2000 weitere 750er-Modelle mit einer Leistung von 85 PS bei 9200/min an. Ab dem Jahr 2000 gab es dann weitere Modellvarianten als 750 S Formula mit 95 PS, 750 Super Sport, 750 Strike, 750 Black Strike, mit jeweils 92 PS. Im Jahr 2002 wurde die Produktion der 750er-Modelle nach weiteren Modellversuchen eingestellt, denn die Sportmotorräder waren wenig ausgereift und haben bis heute den negativen Ruf, sehr unzuverlässig und störanfällig zu sein.

Suzuki VS 1400 Intruder

Die ersten Versuche eines Choppers mit 1,4 Litern Hubraum gehen bei Suzuki bereits auf das Jahr 1986 zurück. Damals stieg der japanische Hersteller das erste Mal ins Chopper-Geschäft ein. Seit dieser Zeit wurde die dicke „Trude", wie die 1400er Intruder von ihren Fans gerne genannt wird, in nahezu unveränderter Form gebaut. In der Folgezeit ließ das Motorrad vier kosmetische Überarbeitungen über sich ergehen, um sich dem Look amerikanischer Cruiser immer mehr anzunähern. Doch die Zeit für japanische Chopper war in den 1980er-Jahren noch nicht gekommen. Viel belächelt galten die technisch auf hohem Niveau konstruierten Maschinen lediglich als miserable Kopien der Originale aus Milwaukee. Dieses Schattendasein änderte sich erst mit der Einführung der vierten Generation der 1400er Intruder Ende der 1990er-Jahre. Angetrieben wurde der schnörkellose Chopper von einem luft-/ölgekühlten 45-Grad-V2-Viertaktmotor, der aus den 1,4 Litern Hubraum ganze 61 Pferdestärken herauskitzelt, die Kraftübertragung erfolgt durch eine Kardanwelle. Auch wenn die Intruder bei der Motorentechnik den US-Choppern überlegen war, war das Fahrverhalten der japanischen Kopien nicht zeitgemäß.

Baujahr	1998 bis 2003
Motorbauart	V-Zweizylinder
Hubraum (cm³)	1360
Leistung (PS bei 1/min)	61 bei 5000
Vmax in (km/h)	170
Rahmen	Stahlrahmen, Teleskopgabel vorne, Schwinge, Federbeine hinten
Gewicht (kg)	243

Baujahr	1998 bis 2003
Motorbauart	Vierzylinder
Hubraum (cm³)	599
Leistung (PS bei 1/min)	95 bei 11.500
Vmax in (km/h)	223
Rahmen	Doppelschleifenrahmen aus Stahl- rohr, Teleskopgabel vorn, Zweiarmschwinge aus Aluminium, Zentralfederbein hinten
Gewicht (kg)	189

Yamaha FZS 600 Fazer

Im Jahr 1998 debütierte ein völlig neuer Mittelklasse-All-rounder bei Yamaha, die FZS 600 Fazer, und löste die Yamaha XJ als Modell für den Einstieg ab. In einen ein-fachen Stahlrohrrahmen steckten die Japaner den quir-ligen, für seinen neuen Einsatzzweck drehmomentopti-mierten 600er-Reihen-Vierzylinder der Thundercat. Mit hervorragenden Bremsen, einem spielerischen Hand-ling ausgestattet und der perfekten Alltagstauglichkeit konnte die Fazer auf Anhieb überzeugen und platzierte sich schließlich unter den zehn meistverkauften Modellen in Deutschland. Das englische Wort „frazer" kann als „ärgern", „stören" oder „belästigen" übersetzt werden und sollte auf die 600er-Konkurrenten, die sich in großer Zahl auf dem Motorradweltmarkt tummelten, abzielen. Durch ihre eigenwillige Frontpartie hatte sie bald den Spitznamen „Stupsnase" weg. Dies än-derte sich, als im Jahr 2002 eine neue Halbschale zum Einsatz kam. „Draufsetzen und sich wohl fühlen", das war die Devise für diesen schönen Sporttourer.

Yamaha XVZ 1300 TF Royal Star Venture

Yamaha konzipierte die XVZ 12 T 1983 als luxuriösen, kardangetriebenen Reisedampfer für die USA als Konkurrenz zu den amerikanischen Harley-Davidson-Tourern sowie der Honda Gold Wing und der Kawasaki Voyager. Hergestellt wurden die Maschinen ausschließlich in Japan. Ein Markt in Europa wurde ursprünglich gar nicht gesehen, aber im Laufe der Zeit wurden nach Aussage von Yamaha immerhin rund 6000 Maschinen nach Europa geliefert, davon ein Großteil nach Frankreich sowie nach Holland und in die Schweiz. Während die für den amerikani-schen Markt vorgesehenen Modelle mit allem ausgestattet waren, was das Reisen mit dem Motorrad luxuriös macht (eine US-Vollausstattung umfasste unter anderem: Tempomat, Radio/ Kassettendeck, Gegensprechanlage, CB-Funk, Topcase, kompressorbetriebene Luftunterstützung der Federung vorne und hinten), verkaufte Yamaha die Venture außerhalb den USA aus-stattungsbereinigt wie zum Beispiel in der Schweiz ohne CB-Funk und Tempomat, bis hin nach Deutschland – nur mit Kompressor. Von 1986 an wurde die XVZ 13 T Venture Royal ange-boten. Ab 1998 gab es dann eine komplett neue Version des Luxus-Liners, die Yamaha XVZ 13 TF Royal Star Venture. Von ihrem Vorgänger unterscheidet sie sich vor allem durch den grö-

ßeren Motor und durch das unter dem Tank verlaufende dicke Hauptrahmenrohr, das dem Dampfer mehr Stabili-tät verleihen soll. Ab April 1999 war die Royal Star dann auch in Deutschland für 31.500 D-Mark zu haben.

Baujahr	1998 bis 2002
Motorbauart	V-Vierzylinder
Hubraum (cm³)	1294
Leistung (PS bei 1/min)	98 bei 6000
Vmax in (km/h)	190
Rahmen	Doppelschleifenrahmen aus Stahl, Teleskopgabel vorn, Schwinge, Zentralfederbein hinten
Gewicht (kg)	400 (vollgetankt)

Baujahr	1997 bis 2004
Motorbauart	Boxer-Zweizylinder
Hubraum (cm³)	1170
Leistung (PS bei 1/min)	61 bei 5000
Vmax in (km/h)	168
Rahmen	Verbundrahmen, Vorderteil Aluguss, Triebwerk mittragend, Telelever vorn, Monolever hinten
Gewicht (kg)	256

BMW R 1200 C

BMW brachte einen Chopper, der Schock fuhr tief in die Körper der traditionellen BMW-Fans, als im Modelljahr 1997 die BMW 1200 C präsentiert wurde. Doch das Aussehen der neuen BMW war ganz klar an ein bestimmtes Unternehmen in Milwaukee adressiert. Denn lange hatte die Firmenleitung bei BMW beobachtet, wie sich Harley-Davidson mit einer ganz speziellen Produktlinie immer mehr Marktanteile sicherte. Doch die R 1200 C war kein amerikanischer Abklatsch, sondern ein Motorrad mit völlig eigenständigem Erscheinungsbild und den klassischen Tugenden der Marke BMW. Dazu gehörten der typische Zweizylinder-Boxermotor, die Einarmschwinge, das Telelever-Vorderrad-Federungssystem, ABS und Kardanantrieb. Besonders das auf 1200 Kubikzentimeter vergrößerte Triebwerk überzeugte durch befriedigende Chopper-Eigenschaften und satten Durchzug aus dem Drehzahlkeller. Durch ein wohlüberlegtes Product-Placement von BMW, die das Motorrad mit einem Auftritt in dem James-Bond-Film „Der Morgen stirbt nie" einem großen Publikum präsentierten, erreichte die BMW einen sehr hohen Bekanntheitsgrad. Dennoch stellte BMW bereits im Jahr 2004 die Produktion des Choppers wieder ein.

Honda CBR 1100 XX

Die Doppel-X war als handlicher und alltagstauglicher Sporttourer konzipiert worden. Das intern auch SC 35 oder „Super Blackbird" genannte Motorrad war das zweite mit einer Höchstgeschwindigkeit von annähernd 300 km/h in der Serienversion. Es galt somit einmal mehr als schnellstes Serienmotorrad der Welt. Im Jahr 1996 wurde das Modell vorgestellt, und 1997 kam die erste Maschine in der Vergaserversion mit 164 PS auf den Markt. Mit der CBR 1100 XX zielte Honda 1997 ernsthaft ins Supersport-Milieu. Schnellstes Serienbike der Welt war sie aber nur zwei Jahre, denn dann kam die Hayabusa, und die Doppel-X verschwand aus den Schlagzeilen. 1999 erfolgte die Überarbeitung der Modellreihe, und die Maschine erhielt eine Benzineinspritzung sowie einen Drei-Wege-Katalysator und eine deutlich sensiblere Dämpfung. Letztere führte neben der gewünschten Umweltfreundlichkeit zu einer Leistungsreduzierung auf 110 kW. Das Dual-Honda-CBS-Bremssystem beschert der Maschine gute Verzögerungswerte; ein ABS wird nicht angeboten. Allenfalls große Fahrer über 1,80 Meter sind mit dem Windschutz hinter der flachen Scheibe nicht zufrieden – und genau diesen Punkt merzte dann die letzte, bis Ende 2007 angebotene CBR von 2001 mit einer 30 Millimeter höheren Kuppel aus.

Baujahr	1997 bis 2007
Motorbauart	Vierzylinder
Hubraum (cm³)	1137
Leistung (PS bei 1/min)	164 bei 10.000
Vmax in (km/h)	284
Rahmen	Brückenrahmen aus Aluminium, Teleskopgabel vorne, Zweiarmschwinge aus Aluminium, Pro-Link-Federbein hinten
Gewicht (kg)	223

Baujahr	1997 bis 2004
Motorbauart	Boxer-Sechszylinder
Hubraum (cm³)	1520
Leistung (PS bei 1/min)	98 bei 6000
Vmax in (km/h)	200
Rahmen	Stahlrahmen, Upside-Down-Teleskopgabel vorne, Schwinge, Federbeine hinten
Gewicht (kg)	309

Honda F6C (Valkyrie)

Hondas bis dahin leistungsstärkster Beitrag zum Cruiser-/Chopper-Segment sprengte im Jahr 1997 die gewöhnlichen Maßstäbe dieser Klasse und wurde zu Hondas Topmodell. Auch wenn der große, schwere Chopper den mächtigen Motor der Gold Wing GL 1500 eingebaut hatte, war er doch eine völlig eigenständige Neukonstruktion. Den Ausschlag zur Verwirklichung dieses Motorrads gaben die klassischen amerikanischen Hot Rods mit den geschichtsträchtigen Big-Block-Triebwerken. Alle Teile der F6C wurden um den Motor herum maßgeschneidert und angepasst. Wie bei den Hot Rods sollte der großkalibrige flüssigkeitsgekühlte Sechszylinder-Boxer der optische Mittelpunkt des Custom Bikes sein. Was jedoch die F6C von anderen Mega-Cruisern unterschied, waren die sensationelle Beschleunigung, die leistungsstarken Bremsen und das angesichts der Masse von über 300 Kilogramm erstaunlich präzise Handling. Besonders in den USA erfreute sich der schwergewichtige Cruiser als „Valkyrie" großer Beliebtheit. Die F6C gab es in drei Modellvarianten, für den deutschen Markt als F6C in der Grundversion und in Übersee als F6 Valkyrie Tourer und als F6 Valkyrie Interstate. Den Tourer gab es lediglich mit lackierten Seitenkoffern und hoher Windschutzscheibe. Die Interstate erhielt zusätzlich Doppelscheinwerfer und eine breite Frontverkleidung. Die vier Rücklichter waren im Design an die Corvette der 1960er-Jahre angelehnt.

Honda SLR 650

Enduros in der Motorradmittelklasse waren seit den frühen 1980er-Jahren sehr angesagt. Doch immer mehr Auflagen gegen das Umhertollen in unwegsamem Gelände ließen den Absatzmarkt immer mehr schrumpfen. Eine neue Idee musste her, und diese bestand aus einem Motorrad mit drehmomentstarkem Einzylinder für den Spaß in der Stadt. So entstand eine handliche und robuste Maschine mit guter Sitzposition und für umgerechnet rund 4500 Euro. Der Motor war der Dominator entliehen und durch geänderte Steuerzeiten der Nockenwelle gezähmt. Für das Gelände war das Motorrad eher nicht gemacht, doch zum bequemen Fahren in der Stadt oder auf Landstraßen schien das Motorrad im Offroad-Look wie geschaffen. Dennoch konnte sich der problemlose Scrambler für kleines Geld hierzulande nie richtig durchsetzen. Dabei konnte der Viertakt-Eintopf dank leichtfüßigen Handlings und gefälligen Outfits durchaus überzeugen. Doch auch die Modellüberarbeitung zur Motorradsaison 2000, ihr wurden unter anderem eine dezente Lampenverkleidung und ein neuer Name (Vigor) spendiert, konnte die Verkaufszahlen nicht in die gewünschte Höhe treiben.

Baujahr	1997 bis 2000
Motorbauart	Einzylinder
Hubraum (cm³)	644
Leistung (PS bei 1/min)	39,4 bei 5750
Vmax in (km/h)	140
Rahmen	Monoback-Rahmen, Teleskopgabel vorne, Schwinge, Zentralfederbein hinten
Gewicht (kg)	176

Baujahr	1997 bis 2001
Motorbauart	V-Zweizylinder
Hubraum (cm³)	996
Leistung (PS bei 1/min)	125 bei 9200
Vmax in (km/h)	252
Rahmen	Gitterrohrrahmen aus Aluminium, Upside-Down-Gabel vorne, Zweiarmschwinge aus Aluminium, Zentralfederbein hinten
Gewicht (kg)	216 (vollgetankt)

Suzuki TL 1000 S

Im Jahr 1997 stellte Suzuki den neuen Supersportler TL 1000 mit wassergekühltem V2-Zylindermotor in 90-Grad-Anordnung vor. Einzigartig war die elektronische Benzineinspritzung, die bei japanischen Motorrädern das erste Mal verwendet wurde. Der starke Ein-Liter-Motor brachte kraftvolle 125 PS bei 9200/min auf die Straße, die für eine Hatz über den Asphalt mehr als ausreichend waren. Optional konnte die TL 1000 S auch mit 34 PS für Neueinsteiger und Fahranfänger geordert werden. Ohne Drosselung leistete die TL 1000 ca. 107 Nm bei 7100/min und beschleunigte auf 100 km/h in 2,9 Sekunden. Die Suzuki TL 1000 hatte ein nur kurzes Leben. Nach ihrem Debüt im Jahr 1997 plagten den Zweizylindersportler Motorschäden und Lenkerflattern, was von Suzuki aber mittels diverser Modellpflegemaßnahmen abgestellt werden konnte. Dennoch war ihr Ruf nachhaltig geschädigt, sodass die TL in Deutschland ab der Saison 2001 nicht mehr angeboten wurde. Mit einer Spitzengeschwindigkeit von 252 km/h lag die Suzuki TL 1000 S im oberen Drittel der Supersportler, die sich zu dieser Zeit auf dem Motorradmarkt tummelten. Besitzer der Suzuki TL 1000 S schätzen das Motorrad bis heute vor allem wegen der hohen Zuverlässigkeit und ihrer Alltagstauglichkeit.

Triumph Trophy 1200

Mit der Trophy präsentierte Triumph im Jahre 1991 als erste Maschine der neuen Zeitrechnung ein zuverlässiges Langstrecken-Tourenmotorrad, mit dem sich selbst weiteste Entfernungen flott und entspannt zurücklegen ließen. Verantwortlich dafür war der hervorragende Wetterschutz, die ergonomische Sitzposition und der kräftige 1200er-Vierzylinder, der der gut 250 Kilogramm schweren Trophy sogar durchaus sportliche Qualitäten verleiht. Dank des großen Tank mit 25 Liter Fassungsvermögen ließen sich mit der britischen Tourenmaschine, je nach Fahrweise, zwischen 300 und 400 Kilometer ohne Tankstopp zurücklegen. Im Jahr 1997 wurde das große Tourenmotorrad komplett überarbeitet und heraus kam eine Reisemaschine, die dem Kenner den Atem raubte. Wuchtig und groß stand sie da, mit einem Gewicht für richtige Männer. Auch die Vollverkleidung hat gegenüber dem Vorgänger kräftig zugelegt und daher ist es nicht verwunderlich, dass das zulässige Gesamtgewicht sich auf 500 Kilogramm erhöht hatte. In der Frontpartie schauten einem leicht schräg gestellte Doppelscheinwerfer an, als wollten sie sagen: „Los geht's!" Die Triumpg Trophy eignete sich sowohl für ein gemütliches Cruisen über Landstraßen als auch für eine Hatz über Autobahnen. Doch waren ihre Stärken ganz klar für das Bummeln von Dorf zu Dorf ausgelegt.

Baujahr	1997 bis 2001
Motorbauart	Vierzylinder
Hubraum (cm³)	1180
Leistung (PS bei 1/min)	98 bei 8000
Vmax in (km/h)	214
Rahmen	Zentralrahmen aus Stahl, Teleskopgabel vorne, Vierkantschwinge aus Aluminiumprofilen, Zentralfederbein hinten
Gewicht (kg)	282

Baujahr	1996 bis 1998
Motorbauart	Vierzylinder
Hubraum (cm³)	998
Leistung (PS bei 1/min)	98 bei 8500
Vmax in (km/h)	ca. 200
Rahmen	Stahlrahmen, Upside-Down-Teleskopgabel vorne, Schwinge, Duo-Federbeine hinten
Gewicht (kg)	235

Honda CB 1000

Bereits Anfang der 1990er-Jahre begann bei Honda ein kleines Entwicklungsteam mit den Arbeiten an einem unverkleideten Motorrad mit großem Hubraum. Dabei waren für das Big Bike keine Einschränkungen seitens der Geschäftsleitung vorgesehen, sodass die Ingenieure mit genügend Geldmitteln ausgestattet waren. Das Ergebnis der Entwicklung war ein im Herbst 1992 vorgestelltes Naked Bike mit einer konkurrenzlosen Qualität, die bis heute der Grundstein der japanischen Bikes ist. Ähnlich puristisch ausgelegt wie die CB „Sevenfifty" bot Honda ab dem Jahr 1996 die 1000er-Version der CB-Modellreihe an. Nochmals deutlich druckvoller agierend als das 750er-Triebwerk war die große CB mit dem unverwüstlichen Reihen-Vierzylinder-Motor, der in einem konventionellen Fahrwerk mit Duo-Federbeinen werkelte, ein absolut zeitloses, klassisches Straßenmotorrad. Dennoch war der Honda in Deutschland kein großer Erfolg beschieden, denn mit knapp 1100 Zulassungen war der Absatz hierzulande zu gering. Dies mag wohl auch an dem hohen Preis von 17.880 D-Mark gelegen haben, der mit 3000 D-Mark, über dem Preis des direkten Konkurrenten Kawasaki Zephyr 1100 lag. Dennoch konnten sich die Besitzer einer CB 1000 glücklich schätzen, diesen Allrounder mit seinem sparsamen Triebwerk und der überdurchschnittlichen Standfestigkeit ihr Eigen zu nennen.

Honda VT 600 C Shadow

Bereits seit Ende der 1980er-Jahre bot Honda mit der 600er-Shadow einen unkomplizierten Mittelklasse-Cruiser mit stimmigem Design an, der auf Unnötiges verzichtete. Die Zeiten eher peinlicher Harley-Kopien hatten mit dem Erscheinen der kleinen Shadow ihr Ende gefunden. Der Chopper von Honda sah das erste Mal sehr gut aus und war den Harley-Davidson auf den ersten Blick sehr ähnlich. Zu dieser Optik trugen auch der dicke Hinterreifen und das bestens gelungene Heck bei. Zu diesem sehr positiven Eindruck kam noch eine saubere Verarbeitung der Einzelteile mit qualitativ hochwertigen Chromteilen. Der Motor war sehr zuverlässig aufgebaut, allerdings war die Leistung von 39 PS zu dieser Zeit etwas zu untermotorisiert, was im Solobetrieb kaum ins Gewicht fällt, jedoch mit Sozius und bei Fahrten in den Bergen etwas störend wirkt. Hier wären ca. 10 PS mehr eine gute Investition gewesen. Leider lässt der zu kleine Tank für Normalbenzin mit gerade einmal elf Litern nur einen begrenzten Fahrradius von rund 250 Kilometern zu. Aber am Fahrwerk gibt es bei der VS 600 C nichts zu kritisieren, denn die ziemlich genau getroffene Kopie der Legende aus den USA fährt sogar wesentlich angenehmer als das amerikanische Original.

Baujahr	1996 bis 2000
Motorbauart	V-Zweizylinder
Hubraum (cm³)	583
Leistung (PS bei 1/min)	39 bei 6500
Vmax in (km/h)	150
Rahmen	Doppelschleifenrahmen aus Stahlrohr, Teleskopgabel vorne, Dreiecksschwinge, Zentralfederbein hinten
Gewicht (kg)	216 (vollgetankt)

Baujahr	1996 bis 2003
Motorbauart	Vierzylinder
Hubraum (cm³)	748
Leistung (PS bei 1/min)	122 bei 12.000
Vmax in (km/h)	250
Rahmen	Rahmen aus Aluminiumprofilen, Upside-Down-Gabel vorne, Zweiarmschwinge aus Aluminium, Uni-Trak-Zentral-Federbein hinten
Gewicht (kg)	229

Kawasaki Ninja ZX-7R

Die ZX-7R war ein Rennsportgerät reinsten Wassers. Als Nachfolgerin der Kawasaki ZXR 750 war sie der zivile Ableger des Superbike-Racers ZX-7RR und unterschied sich nur unwesentlich von ihr. Doch die Beatmung des flüssigkeitsgekühlten Reihen-Vierzylinders hatte einen großen Nachteil, die Gemischaufbereitung durch vier Keihin-Gleichdruckvergaser CVK-D38 mit einem Durchlass von 38 Millimetern. Hier arbeitete die Konkurrenz bereits mit einer elektronischen Benzineinspritzung und geriet fortan auf die Verliererstraße. Mit 122 PS und einer Höchstgeschwindigkeit von deutlich über 260 km/h war die giftige Ninja jedoch leistungsmäßig immer noch auf der Höhe der Zeit. Mit dem knallharten Sportfahrwerk konnten sich jedoch nur eingefleischte Racingfans anfreunden, und so verkauften sich lediglich 5500 700er-Ninjas in sechs Jahren. Dennoch sind Kurven der Bereich zum Austoben der ZX-7R. Wenn eine Kurve erst einmal richtig angefahren ist, zieht die Ninja auf einer perfekten Linie durch die Biegung, ohne dass den Rennsportler etwas aus der Ruhe bringen kann. Die sehr gute Verarbeitung und eine grundsolide Bremsanlage tun ihr Übriges für ein positives Erscheinungsbild des Superbikes.

Triumph Adventurer 900

Die Triumph Adventurer war in den späten 1990er-Jahren ein Exot, nichtsdestotrotz eine gelungene Mischung aus populärem Chopper-Styling und klassischem Triumph-Design. Mit diesem Cruiser-Modell hatte man in Hinckley vor allem den US-Markt im Visier, denn das Design mit einigen Teilen an Chrom war ganz klar im Retrostyle gehalten, den ein klein wenig britischer Mythos umgab. In die Adventurer 900 wurde der wassergekühlte Dreizylinder-Viertaktmotor mit 69 Pferdestärken eingebaut, der das gesamte Motorrad auf ca. 240 Kilogramm Trockengewicht brachte. Die Leistung des Zwölfventilers holte die Triumph aus 885 Kubikzentimetern Hubraum. Mit einem Kit zur Reduzierung der Leistung konnten auch Einsteiger mit einer 34 PS starken Adventurer beginnen. Letztendlich akzeptierten die Amerikaner die eigentlich sehr fahraktive Maschine nicht, da sie nicht „fett" genug und der Motor zu hubraumschwach war. Dabei war der Reihen-Dreizylindermotor durchaus drehmomentstark und elastisch. Die sehr effiziente Bremsanlage sowie das exakte und sichere Fahrwerk trugen ihren Teil zum gehobenen Fahrvergnügen bei. So wurde die Adventurer besonders in Europa verkauft.

Baujahr	1996 bis 2001
Motorbauart	Dreizylinder
Hubraum (cm³)	885
Leistung (PS bei 1/min)	69 bei 8000
Vmax in (km/h)	160
Rahmen	Zentralrahmen aus Stahl, Teleskopgabel vorne, Schwinge, Zentralfederbein hinten
Gewicht (kg)	240

Yamaha XVZ 1300 A Royal Star

Baujahr	1996 bis 2001
Motorbauart	V-Vierzylinder
Hubraum (cm³)	1294
Leistung (PS bei 1/min)	74 bei 4750
Vmax in (km/h)	170
Rahmen	Doppelrohrrahmen aus Stahlrundrohr, Teleskopgabel vorn, Stahlschwinge aus Vierkantrohr, Zentralfederbein hinten
Gewicht (kg)	351

Nicht zu Unrecht warb Yamaha im Pressetext für die neue Royal Star: „… dem amerikanischsten Motorrad, das Yamaha je gebaut hat." So verwundert es nicht, dass die Entwicklungsarbeit an der Royal Star in der Yamaha Motor Corporation USA in Cypress Hill schon im Jahr 1991 begonnen hatte. Und die Techniker griffen bei dem Motorrad tief in die Trickkiste und auf den Motor des Tourers XVZ 13 T zurück, der dem schweren Cruiser den nötigen Schwung geben sollte. Wo eine Harley gegen Ende der 1990er-Jahre kaum noch jemanden hinter dem Sofa hervorlocken konnte, drehte bei der in Creme und Rot gehaltenen XVZ 1300 A Royal Star jedermann den Hals nach dem tiefen Sound und dem fetten Supercruiser mit einer Gesamtlänge von fast 2,5 Metern um. Als die ersten Stimmen aufkamen, dass dieses riesige Etwas doch komplett schwerfällig wäre, bewies die Royal Star allen Skeptikern das Gegenteil, denn für ihre Größe kam sie leicht und agil daher. Ihr temperamentvoller Motor tat ein Übriges. Dennoch zeichnete sich in den folgenden Jahren kein richtiger Erfolg ab, und die Royal Star führte ein Schattendasein im Motorradprogramm von Yamaha.

Yamaha YZF 600 R Thundercat

Als Nachfolger der FZR 600 kam die YZF 600 R Thundercat im Jahr 1996 in der Klasse der Supersportler an den Start. Geschmeidig wie eine Katze sollte sie laufen – so versprach es die Modellbezeichnung. Der durch einen 36er-Gleichdruckvergaser, Kennfeldzündanlage mit angegliedertem TPS sowie Ram-Air-Lufteinlass optimierte flüssigkeitsgekühlte Dohc-Vierventiler konnte diesen Anspruch auch einhalten. Das Raubtier machte sich jedoch erst im hohen Drehzahlbereich bemerkbar. Auf der Rennstrecke konnte sich die „Donnerkatze" gegen die wesentlich leichtere Konkurrenz nur schwer behaupten. Bei den Supersport-Bikern galt die Maschine mit dem tollen cw-Wert von 0,275 als zu stark gezähmt. Daher wurde die Thundercat im Laufe ihrer Bauzeit in der Werbung vom Supersportler zum Supersport-Tourer umbenannt. Diese Bezeichnung entsprach ihren Eigenschaften wesentlich besser, denn vor allem auf Landstraßen kamen die Vorzüge wie bequeme Sitzposition, große Verkleidung und Doppelsitzbank besser zur Geltung.

Baujahr	1996 bis 2002
Motorbauart	Vierzylinder
Hubraum (cm³)	599
Leistung (PS bei 1/min)	98 bei 11.500
Vmax in (km/h)	234
Rahmen	Brückenrahmen aus Stahl, Teleskopgabel vorn, Schwinge, Monocross-Federbein hinten
Gewicht (kg)	187

Baujahr	1995 bis 2002
Motorbauart	V-Zweizylinder, Zweitakt
Hubraum (cm³)	249
Leistung (PS bei 1/min)	55 bei 11.000
Vmax in (km/h)	210
Rahmen	zweiteiliger Kastenrohrrahmen aus Aluminium mit Gusselementen und Stanzteilen
Gewicht (kg)	160 (vollgetankt)

Aprilia RS 250 (LD)

Wer wollte sie in den 1990er-Jahren nicht, die Renn-Aprilia vom dreimaligen Motorrad-Weltmeister Max Biaggi oder seinem Landsmann Valentino Rossi? So war es bald klar, das Aprilia für seine Kunden einen exakten Nachbau des Weltmeistermotorrads als Aprilia RS 250 für die Straße anbieten musste. Ein großer Teil der Erfahrungen in der Rennabteilung floss dabei in die Entwicklung des Straßenrenners ein. Das Resultat war eine leichte und hervorragend zu fahrende, kompromisslose Maschine mit einer Literleistung von 220 PS/Liter. Die aerodynamische Verkleidung im Rennstyle brachte das

Bike schnell auf eine Höchstgeschwindigkeit von 210 km/h. Der flüssigkeitsgekühlte Zweizylinder-Zweitakt-90°-V-Motor von Suzuki verfügte über zwei Mikuni-Flachschiebervergaser vom Typ TM 34 SS mit einem Durchlass von 34 Millimetern. Der doppelte Alurahmen mit der bananenförmigen Schwinge, der als Kastenrohrrahmen ausgebildet war, zeigte eine hohe Torsionssteifigkeit, die bei den damaligen Serienmotorrädern einzigartig war. Durch die Upside-Down-Gabel und den tief und weit hinten eingebauten Motor lag der Schwerpunkt sehr tief, sodass die Maschine sich besser einlenken ließ. Die Brembo-Doppelbremsscheiben sorgten für eine schnelle Verzögerung.

BMW R 1100 RT

Im Herbst 1995 brachte BMW den Tourer R 1100 RT mit dem neuen Vierventil-Boxer-Motor auf den Markt. Das Modell löste das erste Tourer-Serienmodell der Welt mit einer im Windkanal entwickelten Vollverkleidung, die R 100 RT, ab. Über 60.000 Einheiten der R100RT und R 80 RT waren bis zum Ende des Modelljahrs 1995 gebaut worden. Nicht nur umfangreiche Veränderungen an der Verkleidung waren an der R 1100 RT vorgenommen worden, sondern auch die Leistung war von 60 auf 90 PS angehoben worden. Im Hinblick auf modernste Motoren- und Fahrwerkstechnologien sowie in puncto aktive Sicherheit und Umweltverträglichkeit setzte die R 1100 RT mit ihrem geregelten Drei-Wege-Katalysator und dem serienmäßig eingebauten Antiblockiersystem neue Maßstäbe. Obwohl das Tourenmotorrad mit über 280 Kilogramm nicht zu den Leichtgewichten gehörte, war die neue RT ein sehr leicht zu handhabendes Motorrad, das mit der Spitzengeschwindigkeit von über 210 km/h und einer Beschleunigung von 0 auf 100 km/h in 3,9 Sekunden durchaus begeistern konnte. Bis zum Ende des Jahres 2000 konnten mehr als 55.000 Einheiten verkauft werden.

Baujahr	1995 bis 2001
Motorbauart	Boxer-Zweizylinder
Hubraum (cm³)	1085
Leistung (PS bei 1/min)	90 bei 7250
Vmax in (km/h)	211
Rahmen	Vorder-, Hinterrahmen und mittragender Motor, Telelever vorn, Paralever-Schwinge, Zentralfederbein hinten
Gewicht (kg)	282

Baujahr	1994
Motorbauart	V-Zweizylinder
Hubraum (cm³)	1000
Leistung (PS bei 1/min)	135/10.000
Vmax in (km/h)	bis 280
Rahmen	Aluminium-Brückenrahmen, Ölins-Gabel vorne, Penske-Federbein hinten
Gewicht (kg)	176

Harley-Davidson VR 1000

Im Jahr 1994 entwickelte die Harley-Davidson-Rennabteilung die VR 1000. Für das Rennbike wurde ein komplett neuer großer V2-60-Grad-Motor mit DOHC-Ventilsteuerung und vier Ventilen je Brennraum entwickelt. Das wassergekühlte Aggregat leistete 135 PS bei 10.000 Umdrehungen in der Minute. Damit erreichte das 176 Kilogramm leichte Rennbike je nach Übersetzung eine Höchstgeschwindigkeit von bis zu 280 km/h. Die Maschine wurde vor allem von Privatfahrern bei Superbike-Rennen in den USA eingesetzt. Mit einem Preis von fast 50.000 US-Dollar war das Bike nicht gerade billig. Dennoch konnten etwa 50 Fahrzeuge verkauft werden, die inzwischen einen hohen Sammlerwert haben.

Baujahr	1994 bis 1996
Motorbauart	V-Zweizylinder
Hubraum (cm³)	1203
Leistung (PS bei 1/min)	101 bei 6000
Vmax in (km/h)	233
Rahmen	Gitterrohrrahmen, Upside-Down-Gabel vorne, Schwinge, liegendes Zentralfederbein hinten
Gewicht (kg)	218

Buell Thunderbolt S2

Die Thunderbolt S2 aus dem Jahr 1994 war ein Meilenstein in der Unternehmensgeschichte von Buell. Dabei handelte es sich um das erste zusammen mit Harley-Davidson produzierte Modell. Damit hatten auch die Vereinigten Staaten vor Amerika ihr erstes im Land produziertes Sportmotorrad. Die Kaufinteressenten und die Presse überschütteten die Thunderbolt mit Lob, und das Magazin Rider verlieh der neuen Buell die Auszeichnung „Top Innovation". Endlich hatten die Harley-Davidson-Fahrer ihren sportlichen V-Zweizylinder mit dem Styling eines Rennbikes. Diese Herausforderung des Ineinandermischens zweier sehr unterschiedlicher Stile gelang Buell bestens. Ihr einzigartiges Styling orientierte sich an den Linien klassischer Sportwagen und nicht am Design irgendeines anderen Motorrads. Doch die derben Vibrationen des Harley-Motors setzten der Maschine heftig zu, sodass das Nachziehen von Schrauben eine Dauerbeschäftigung der Besitzer wurde. Im Jahr 1995 folgte der Buell-Sporttourer S2T, von dem über 1000 Stück verkauft werden konnten. Diese Thunderbolt-Modelle verschafften dem Unternehmen einen sehr guten Ruf. Im Jahr 1997 wurde die S2 von Grund auf überarbeitet und bekam nun die Typenbezeichnung S3.

Kawasaki Estrella

Die Kawasaki Estrella (spanisch „Sternchen") wurde 1991 in Japan für Japan konzipiert. Der dort am einfachsten zu erwerbende Motorradführerschein erlaubt, Maschinen bis 250 Kubikzentimeter zu fahren. Außerdem sind in Japan nirgends mehr als 90 km/h erlaubt. Genau für diese Bedingungen baute man die Estrella. Sie war ein modernes Motorrad im Retrostyle, und man dachte mit dem schrägen 250er-Einzylindermotor und dem Schwingsattel im ersten Augenblick an eine NSU Max aus den 50er-Jahren. 1995 entschlossen sich die Kawa-Techniker, die 250er endlich mit einer Doppelsitzbank auszustatten und das Motorrad soziustauglich zu machen. Das Triebwerk stammte nicht aus irgendeiner bis dato gefertigten 250er-Kawasaki, sondern wurde von Grund auf neu gezeichnet. Fahrtwindkühlung, zwei Ventile und besonders die langhubige Auslegung mit 73 Millimetern Hub bei 66 Millimetern Bohrung lassen den Motor altbacken erscheinen. Über schräg verzahnte Zahnräder und eine Mehrscheibenkupplung wird die Kraft auf das klauengeschaltete Fünfganggetriebe geleitet, zum Hinterrad geht's weiter per offen laufender O-Ring-Kette. Zum Fahrgestell gehört ein Stahlrohrrahmen, dessen Unterzug sich unter dem Motor gabelt. Eine konventionelle Vierkantstahlschwinge und Stereofederbeine runden das Bild ab.

Baujahr	1994 bis 1999
Motorbauart	Einzylinder
Hubraum (cm³)	249
Leistung (PS bei 1/min)	17 bei 7500
Vmax in (km/h)	118
Rahmen	Einschleifen-Stahlrohrrahmen, Teleskopgabel vorne, Schwinge, Federbeine hinten
Gewicht (kg)	156

Baujahr	1994 bis 1997
Motorbauart	Dreizylinder
Hubraum (cm³)	885
Leistung (PS bei 1/min)	98 bei 9000
Vmax in (km/h)	214
Rahmen	Zentralrahmen aus Stahlrohr, Teleskopgabel vorne, Zweiarmschwinge, Zentralfederbein hinten
Gewicht (kg)	228 (vollgetankt)

Triumph Speed Triple 900 (T300B)

In den 60er- und 70er-Jahren gab es in England eine berühmt-berüchtigte Cafe-Racer-Szene. Der halbstarken Speed-Fraktion konnte es nie schnell genug gehen, illegale Rennen waren Ehrensache. An diese Zeit knüpft die Speed Triple 900 an, wenn auch nur symbolisch. Die Zeiten hatten sich schließlich geändert, und längst brauchten sich „jung gebliebene" Biker keinem mehr zu beweisen. Die Triumph Speed Triple erschien im Jahr 1994. Der Name fußte auf der Triumph Speed Twin aus dem Jahr 1938. Die Speed Triple von Triumph war in den 1990er-Jahren auch einer der ersten serienmäßig produzierten „Streetfighter". Geprägt wurde der Begriff „Streetfighter" während der 1980er-Jahre vom englischen Custombike-Magazin. Das technische Grundgerüst der Speed Triple basierte auf der Daytona 900, wobei die Front- und Seitenverkleidung weggelassen wurde, um den „Streetfighter"-Charakter hervorzuheben. Anstatt des Doppelscheinwerfers verwendete die Triumph Speed Triple einen runden Frontscheinwerfer. Der Motor des Bikes war mit den Modellen Thunderbird, Daytona und Trident identisch. Im Jahr 1995 änderte Triumph das Getriebe auf sechs Gänge.

Triumph Sprint 900

Im Juli 1973 waren die Triumph-Werke in Meriden von der Belegschaft besetzt worden, da das Unternehmen beschlossen hatte, das Werk zu schließen. Der Arbeitskampf dauerte bis zum 6. März 1975 an. Danach wurde die Motorradproduktion von den Mitarbeitern als Meriden Workers Co-Operative weitergeführt. Doch auch diese Offensive dauerte nur bis zum Jahr 1983, dann war auch dieser Versuch gescheitert, das Stammwerk in Meriden zu retten. Mit dem Unternehmer John Bloor konnte schließlich in Hinckley ein Neuanfang gemacht werden. Bei der IFMA 1990 in Köln hat sich Triumph mit vollkommen neuen Modellen auf dem internationalen Motorradmarkt zurückgemeldet. Den Anfang machte die Triumph Trident 900. Dank eines ausgeklügelten Baukastensystems konnte Triumph bis 1994 eine breite Modellpalette auf die Räder stellen. Der Trident 900 spendierte man eine Halbschalenverkleidung und fertig war die Sprint 900 als Sporttourer. Eine bequeme Sitzposition und guter Schutz vor lästigem Fahrtwind machten die Sprint 900 zum idealen Reisemotorrad.

Baujahr	1994 bis 1997
Motorbauart	Dreizylinder
Hubraum (cm³)	885
Leistung (PS bei 1/min)	98 bei 9000
Vmax in (km/h)	215
Rahmen	Zentralrahmen aus Stahlrohr, Teleskopgabel vorne, Zweiarm-schwinge, Zentralfederbein hinten
Gewicht (kg)	ca. 200

Baujahr	1993 bis 1999
Motorbauart	Einzylinder, Zweitakter
Hubraum (cm³)	49,93
Leistung (PS bei 1/min)	2,31 bei 5500
Vmax in (km/h)	72
Rahmen	Doppelschleifenrahmen aus Stahlrohr, Teleskopgabel vorne, Hinterradschwinge, Zentralfederbein hinten
Gewicht (kg)	113

Gilera Eaglet 50

Als die Gilera Eaglet auf den Markt kam, wurde sie von den anderen Motorradfahrern belächelt. Hier war ein kleines Moped entstanden, das den Anschein eines großen Choppers erweckte. Durch den weitestgehend verkleideten Motorraum war das kleine flüssigkeitsgekühlte 50-ccm-Motörchen kaum zu sehen. Doch Gilera hatte den Motorradmarkt gut beobachtet und fand bald einen treuen Käufermarkt, der mit den neumodischen Motorrollern nichts anfangen konnte und mit dem vorhandenen Führerschein jedoch kein großes Motorrad fahren durfte. Durch die großdimensionierte Bauweise des Motorrads gelang es den Besitzern durch ein kluges Zubehörangebot von Gilera, auch Gepäcktaschen aus Leder oder eine Sissybar zu erwerben. Damit konnte man einen echten Chopper sein Eigen nennen. Gegen Ende des Jahres 1995 erfolgte eine erste größere Modellpflege, die eine modernere Elektrik und neue Farbgebungen zur Folge hatte. Unter anderem kam statt der Facind-Lichtmaschine eine Ducati-Lima zum Einbau, und das Fern- und das Abblendlicht konnten nun unabhängig geschaltet werden. Die Eaglet besitzt für das Kraftstoffgemisch eine Getrenntschmierung und verbraucht auf 100 Kilometer etwa 4,5 Liter Superbenzin und 90 Milliliter Zweitakter-Öl.

Honda VF 750 C

Der Ruhm der 750er-Honda-Custom-Modelle basierte darauf, dass diese den amerikanischen Fahrstil perfekt repräsentierten. Darüber hinaus besaßen sie ein sehr gutes Beschleunigungsvermögen, welches jede Ausfahrt zum Erlebnis machte. Die hervorragende Motorleistung, vor allem spürbar bei den ersten drei Gängen, wird dank eines an die Fireblade angelehnten Vergasersystems kontrolliert abgegeben. So ist die Honda VF 750 C gut im Stadtverkehr beherrschbar, aber auch bei hohen Geschwindigkeiten auf Highways ohne Geschwindigkeitsbeschränkung. Dabei kommt die Konzeptidee der Japaner erst so richtig zur Geltung, denn selbst nach Hunderten von Kilometern treten keine Probleme aufgrund der Sitzposition auf, man schwebt einfach sanft durch die Landschaft. Dazu tragen auch die komfortable Fahrwerksabstimmung mit der sensibel abgestimmten Telegabel und dem aufwendig umgelenkten Federbein im Heck bei. Lediglich zu zweit gibt es ein wenig Probleme, denn nur ein kleines eigenes hinteres Sitzplätzchen lädt nicht unbedingt zum Mitfahren auf großen Strecken ein. Auch der Motor mit seinem ausreichenden V4-Triebwerk macht das Cruisen zu einem wunschlosen Erlebnis ohne Einschränkungen.

Baujahr	1993 bis 2000
Motorbauart	V-Vierzylinder
Hubraum (cm³)	748
Leistung (PS bei 1/min)	88 bei 9900
Vmax in (km/h)	207
Rahmen	Doppelschleifen-Rohrrahmen, Teleskopgabel vorne, Schwinge, Federbeine hinten
Gewicht (kg)	247

Baujahr	1993 bis 2001
Motorbauart	Einzylinder
Hubraum (cm³)	652
Leistung (PS bei 1/min)	45 bei 6500
Vmax in (km/h)	165
Rahmen	Einschleifen-Stahlrohrrahmen, Telegabel vorne, Schwinge, Zentral-federbein hinten
Gewicht (kg)	170

Kawasaki KLX 650/R

Als im Jahr 1993 Kawasaki den großen Eintopf KLX 650 präsentierte, sorgte die neue Enduro international für einige Diskussionen. Schnell zeigte sich, dass die Straßen-Enduro ein absolut konkurrenzfähiges Sportgerät war. Innerhalb des ersten Modelljahrs hatten bereits 3000 Biker ihre KLX 650 in der Garage. Mit dem perfekt konstruierten Fahrwerk entwickelte das Fahrzeug eine fantastische Handlichkeit. Da viele Fahrer mit der Leistung ihrer KLX 650 nicht sonderlich zufrieden waren, brachte Kawasaki im gleichen Jahr die KLX 650/R auf den Markt. Dem Trend zu leistungsstärkeren Maschinen folgend, reagierte Kawasaki und bot mit der KLX 650/R eine wettbewerbsfähige Sportvariante an. Bei der Enduro war nun die Verdichtung erhöht worden, und gleichzeitig waren neue Kolben eingebaut worden. Die Maßnahmen brachten dem Motorrad nun eine Leistung von 45 PS. Durch verschärfte Abgas- und Geräuschbestimmungen in Deutschland wurde die KLX 650 hier in der Straßenversion nur mit 26 PS angeboten, doch für ernsthafte Dreckwühlereien wurde ein preiswertes Tuning-Kit angeboten, mit welchem die Leistung auf 45 PS stieg.

Kawasaki Ninja ZX-9 R

Knapp drei Sekunden für den Sprint von 0 auf 100 km/h waren schon eine gute Beschleunigung. Doch wenn fünf Sekunden später bereits Tempo 200 anstand, war das eigentlich ganz schön schnell. Und echte 276 Stundenkilometer Höchstgeschwindigkeit waren ja auch nicht gerade langsam. Dennoch fiel die Kawasaki ZX-9R bei Stammtischgesprächen so mancher Motorradfans gnadenlos durch. „Weichgespült", „technisch überholt" und „übergewichtig" lauteten die Schlagworte. Und wenn es bei der Diskussion der vermeintlichen Knieschleifer-Elite ganz schlimm kam, fielen die Stichworte „Windschutz", „Sitzkomfort" und womöglich sogar „Tourentauglichkeit". Das vernichtende Urteil über die Kawa lautete dann oftmals: „Sporttourer". Mit Platz 17 in der Verkaufshitparade 2002 war die ZX-9 R zwar immerhin die erfolgreichste Kawasaki, doch was nützte das, wenn zum Beispiel der Erzrivale Honda Fireblade satte zehn Plätze früher rangierte – ein Motorrad, das 1000 Euro mehr kostete, dafür mit dem Lenker schlägt, mit Lastwechselreaktionen zu kämpfen hat, mehr Sprit braucht und auch nicht schneller ist. Es ist wohl die Magie der Zahlen, die über den Stammtischerfolg eines Supersportlers entscheidet.

Baujahr	1993 bis 1996
Motorbauart	Vierzylinder
Hubraum (cm³)	899
Leistung (PS bei 1/min)	100 bei 10.000
Vmax in (km/h)	276
Rahmen	Perimeter-Formprofil-Alu-Rahmen, Teleskopgabel vorne, Kastenschwinge, Schwinge mit Uni-Trak-System hinten
Gewicht (kg)	215

Baujahr	1992 bis 1999
Motorbauart	Vierzylinder
Hubraum (cm³)	1062
Leistung (PS bei 1/min)	93 bei 8300
Vmax in (km/h)	213
Rahmen	Stahl-Doppelschleifenrahmen, Teleskopgabel vorne, Kastenschwinge, Federbeine hinten
Gewicht (kg)	262

Kawasaki 1100 Zephyr

Nachdem Kawasak mit seinen Modellen Zephyr 400, 550 und 750 den Motorradmarkt weltweit aufgemischt und einen regelrechten „Retro-Boom" ausgelöst hatte, fehlte in der Zephyr-Baureihe eigentlich nur noch ein hubraumstarkes Dickschiff. Im Spätherbst 1991 war es dann so weit. Weltweit wurde dem Fachpublikum, den deutschen Händlern auf der Mittelmeerinsel Mallorca, die Zephyr 1100 vorgestellt. Für viele galt die Zephyr 1100 von vornherein als „legitime Erbin" der legendären Z 1. Sie gleicht optisch und technisch den Motoren der 70er-Jahre, doch ist sie wesentlich kurzhubiger ausgelegt. Nichtsdestotrotz bietet das 1100er-Triebwerk mit seinen Kühlrippen, den oben liegenden Nockenwellen, den typischen Motor-, Kupplungs- und Getriebedeckeln und der verchromten 4-in-2-Auspuffanlage einen klassisch vertrauten Anblick. Abgerundet wird die Optik durch aufwendig gestaltete klassische Armaturen in einzelnen Chrombechern mit einer separaten Benzinuhr in der Mitte, einen bauchigen tropfenförmigen Tank und ein schön designtes Heck mit Entenbürzel und einem eingepassten ovalen Rücklicht. In der Summe ihrer Eigenschaften ist die Zephyr 1100 eine gute Allround-Maschine, die auch sehr gut zum Touren taugt.

Yamaha GTS 1000

Mit der GTS 1000 wollte Yamaha die Vormachtstellung von BMW mit den K-Modellen bei den Sporttourern endgültig brechen. Um die Sporttourenfahrer zum Umstieg auf die japanische Marke zu bewegen, ließ sich Yamaha mit dem neuen Supertourer eine Menge einfallen, denn er sollte moderner und technisch raffinierter als das deutsche Konkurrenzprodukt werden. Doch mit der GTS 1000 schoss der japanische Motorradhersteller weit über das Ziel hinaus, denn kaum jemand wollte das Motorrad kaufen, da es in seiner Technik zu exotisch war. Mit dem „Omega"-Chassis ging Yamaha auch beim Rahmenbau neue Wege, dessen Bezeichnung sich von der Form der beidseitig des Motorblocks befindlichen Leichtmetallprofile ableitete. Der Rahmenoberzug entfiel, womit das Fünfventil-Vierzylinder-Motorrad einen niedrigen Gesamtschwerpunkt erreichte. Mit der ersten Achsschenkellenkung für Großserienfahrzeuge und ABS gilt der Tourensportler heute als Meilenstein im Motorradbau. Die Vorteile der Achsschenkellenkung konnten auch die Testfahrer nicht überzeugen, außerdem war der Wendekreis durch die besondere Vorderradführung sehr groß.

Baujahr	1992 bis 1998
Motorbauart	Vierzylinder
Hubraum (cm³)	1003
Leistung (PS bei 1/min)	98 bei 9000
Vmax in (km/h)	216
Rahmen	Brückenrahmen aus Aluminiumprofilen, Hilfsrahmen aus Stahlrohr, Achsschenkellenkung, Doppellängslenker-Radführung, angelenktes Federbein vorne, Zweiarmschwinge aus Aluminiumprofilen, Mono-Shock-Federbein hinten
Gewicht (kg)	290 (vollgetankt)

Baujahr	1991 bis 1998
Motorbauart	Vierzylinder
Hubraum (cm³)	1092
Leistung (PS bei 1/min)	101 bei 7500
Vmax in (km/h)	215
Rahmen	Stahlrohrrahmen, Telegabel vorn,
	Einarm-Hinterradschwinge aus Aluguss,
	ein Federbein hinten
Gewicht (kg)	290 (vollgetankt)

BMW K 1100 LT

Zahlungskräftige Tourenfahrer mit rund 23.000 D-Mark in der Tasche konnten ab dem Jahr 1991 auf einen neuen Luxus-Tourer zurückgreifen, den BMW K1100LT. Das neue Wundermotorrad löste nach fünf Jahren die K 100 LT ab. Mit einem Drehmoment von gut 107 Nm war das Motorrad nun auch voll beladen in der Lage, sich mit der von den BMW-Motorrädern gewohnten Unabhängigkeit fortzubewegen. Der wassergekühlte Vierzylindermotor wurde durch die neu entwickelte Bosch Motronic 2.2 mit Schubabschaltung gesteuert und ließ kaum Wünsche offen. Doch die stärksten Neuerungen waren im Cockpit zu finden. Die Vollverkleidung war nun ein Stück weit nach vorne gerückt, dadurch hatte der Fahrer eine bessere Beinfreiheit. Die beim Vorgänger noch starre Frontscheibe wurde durch einen per Knopfdruck in der Neigung und Höhe verstellbaren Frontschutz ersetzt. Ein flaches Topcase hatte einen Stauraum von 35 Litern und war wie auch die Seitenkoffer abnehmbar. Als Zubehör konnten ein geregelter Katalysator, das ABS I, ein Radio-Kassetten-Gerät mit Fernbedienung, eine Alarmanlage und seitliche Sturzbügel eingebaut werden.

Gilera CX 125

Der Prototyp der futuristisch anmutenden Gilera CX 125 wurde in Italien bereits Ende Januar 1991 der Öffentlichkeit vorgestellt. Gilera-Chefingenieur Federico Martini, der auch die Bimota DB1 kreierte, stylte das vielleicht schönste Bike aller Zeiten. Eingebaut war ein flüssigkeitsgekühlter Einzylinder-Zweitakt-Motor, der über einen 32-Millimeter-Dell'Orto-VHSA32AS-Vergaser mit der nötigen Treibstoffmischung versorgt wurde. Die Bohrung des Zylinders belief sich auf 56 Millimeter und der Kolbenhub auf 50,5 Millimeter. Mit den 28 PS bei 10.900/min war das leichte Rennbike fast zu schade für die Straße, denn die Leistung zeigte eigentlich, dass es auf die Rennstrecke wollte. Doch das Beeindruckendste waren die beiden Einarmschwingen am Vorder- und Hinterrad des Motorrads, die beide auf der linken Seite angebracht waren. In der kurzen Produktionsphase wurden jedoch nur ca. 250 Exemplare gebaut und die meisten der Maschinen nach England verkauft. Heute ist die Gilera CX 125 ein gesuchter Exot mit einer Fahrwerkstechnik, die ihrer Zeit weit voraus war.

Baujahr	1991 bis 1993
Motorbauart	Einzylinder, Zweitakter
Hubraum (cm³)	124,3
Leistung (PS bei 1/min)	28 bei 10.900
Vmax in (km/h)	168
Rahmen	Stahlblech – Kastenrahmen,
	Einholm-Vordergabel,
	Einarm-Schleppschwinge mit
	Umlenkhebel und Monodämpfer
Gewicht (kg)	127

Baujahr	1991 bis 1992
Motorbauart	V-Vierzylinder
Hubraum (cm³)	747
Leistung (PS bei 1/min)	125 bei 14.000
Vmax in (km/h)	260
Rahmen	Brückenrahmen aus Aluminium, Upside-Down-Gabel vorne, Einarmschwinge, Zentralfederbein hinten
Gewicht (kg)	230

Honda NR 750

Im Jahr 1991 stellte Honda mit der NR das einzige Serienmotorrad mit Ovalkolbenmotor vor. Die Vorgeschichte der NR begann im Jahr 1979. Sie war eine Weiterentwicklung des Grand-Prix-Modells NR 500, das bereits 1979 vorgestellt wurde, und mit seinem Motorenkonzept Drehzahlen von 19.500/min ermöglichte. Da die NR 500 mit technischen Problemen zu kämpfen hatte, wurde sie 1989 durch die Honda NR 750 ersetzt. In diesem Jahr nahm Honda mit der NR 750 am Langstreckenrennen in Le Man

teil. Mit fast 160 PS bei 15.500/min war sie ihrer Konkurrenz überlegen und erreichte damit den zweiten Startplatz. Im Rennen schied sie aufgrund eines Defekts aus, konnte aber die Überlegenheit des Konzepts demonstrieren. Kurz darauf wurden Ovalkolbenmotoren von der FIM verboten. Die Kolben in ovaler Form ermöglichten acht Ventile und zwei Zündkerzen pro Zylinder, was zu einer besseren Brennraumausnützung führte. Der aus der NR 750 entstandenen straßentauglichen Honda NR blieben in der Serienfertigung noch 125 PS bei 14.000 U/min, zudem konnte bei einem fahrbereiten Gewicht von 230 Kilogramm eher von einem Sporttourer als von einer Rennmaschine gesprochen werden. Drehfreude und Sound-Kulisse der NR 750 sind bis heute legendär.

Kawasaki Zephyr 750

Die luftgekühlte Kawasaki Zephyr 750 war ein klassisches Naked Bike. Mit der Kawasaki 750 Zephyr leitete der Konzern ein Revival der Z1-Serie aus den frühen 1970er-Jahren ein. Mit dem Entenbürzel, dem bauchigen Tank und der verchromten 4-in-2-Auspuffanlage konnte die Kawasaki Zephyr 750 viele Biker für das einfach aufgebaute Motorrad begeistern. Nach dem Erscheinen der Kawasaki Zephyr 750 und dem anschließenden Erfolg des Unternehmens wurden von den Mitbewerbern vergleichbare Motorräder im Retro-Design auf den Markt gebracht. Der luftgekühlte Vierzylinder-Reihenmotor der Zephyr 750 mit 739 Kubikzentimetern Hubraum fügte sich nahtlos in die klassische Optik des Naked Bike ein und bot mit 72 beziehungsweise ab dem Modelljahr 1995 mit 76 PS genügend Leistung, um flott auf der kurvenreichen Landstraße zu cruisen. Für Fahranfänger konnte das sportliche Motorrad mit einer Reduzierung auf 34 PS ausgeliefert werden. Nach dem Verkaufsstopp in Europa im Jahr 1999 wurde die Kawasaki 750 Zephyr in Japan noch bis zum Jahr 2006 weiterverkauft.

Baujahr	1991 bis 2000
Motorbauart	Vierzylinder
Hubraum (cm³)	739
Leistung (PS bei 1/min)	76 bei 9500
Vmax in (km/h)	205
Rahmen	Doppelschleifenrahmen aus Stahl, Teleskopgabel vorne, Zweiarmschwinge aus Aluminium, Federbeine hinten
Gewicht (kg)	228

Baujahr	1991 bis 1999
Motorbauart	Vierzylinder
Hubraum (cm³)	398
Leistung (PS bei 1/min)	65 bei 13.000
Vmax in (km/h)	205
Rahmen	Aluminium-Brückenrahmen, Upside-Down-Gabel vorne, Zweiarmschwinge aus Aluminium, Zentralfederbein hinten
Gewicht (kg)	185

Kawasaki ZXR 400

Eigentlich hatte die japanische Motorradfirma Kawasaki bei der Konstruktion der supersportlichen ZXR 400 gar nicht an Europa, geschweige denn an Deutschland gedacht. Vielmehr waren die nervösen, hochdrehenden Maschinen, vom Design den 750ern zum Verwechseln ähnlich, speziell für den japanischen Markt entwickelt worden. Als auf der IFMA in Köln 1990 die Resonanz auf die ZXR 400 überraschend groß war, entschloss sich Kawasaki Deutschland, die kleine Version der ZXR 750 offiziell ins Programm zu nehmen. Deutlich weniger Gewicht als die große Schwester und ungehemmtes Drehvermögen waren die Unterschiede, auf die es den 400er-Interessenten ankam. Sowohl der Stop-and-go-Verkehr wie auch die zügige Bewegung auf Landstraßen geraten mit der 400er nicht zur schweißtreibenden Fahrt. Kaum zur Ruhe kommt allerdings der Schaltfuß, weil das etwas knochige Sechsganggetriebe permanent in Bewegung gehalten werden muss, um das schmale Leistungsband optimal zu nutzen. Ein Soziusplatz ist eigentlich nur theoretisch vorhanden. Das Fahrwerk kann die etwas abrupte Art der Leistungsentfaltung kaum rühren. Die ZXR 400 lenkt zielgenau ein und lässt sich auch durch Bodenwellen nicht nennenswert aus der Ruhe bringen.

Moto Guzzi Nevada

Ihr Debüt feierte die Moto Guzzi Nevada bereits im Jahr 1989. Mit der Produktion des Barock-Choppers begannen die Italiener vom Comer See jedoch erst zwei Jahre später. In den nächsten Jahren wurde das Motorradmodell zwar immer weiter verbessert, hinkte jedoch in den Verkaufszahlen den anderen Guzzi-Modellen weit hinterher. Das lag wohl an dem Look des Italo-Bikes aus den 1980er-Jahren mit Hirschgeweihlenker, Lufthutzen und einer Stufensitzbank. Lediglich in Italien konnte sie respektable Verkaufszahlen erreichen. Den luftgekühlten Antrieb des Motorrads gab es in zwei Hubraumklassen, mit 350 und mit 750 Kubikzentimetern. Wobei die große Nevada mit nur 48 PS nicht unbedingt einen Dampfhammer darstellte. Doch zeigte die Nevada die typischen Guzzi-Eigenschaften auf: einen Zweizylindermotor im 90-Grad-Winkel, eine Endübertragung durch eine wartungsarme Kardanwelle, und auch die Sitzposition der Guzzi war eine völlig andere als bei den fernöstlichen Choppern. Lange Strecken konnten mit der Nevanda völlig aufrecht und entspannt bewältigt werden.

Baujahr	1991 bis 2001
Motorbauart	V-Zweizylinder
Hubraum (cm³)	744
Leistung (PS bei 1/min)	48 bei 6200
Vmax in (km/h)	163
Rahmen	Doppelschleifenrahmen aus Stahlrohr, Telegabel vorne, Zweiarmschwinge, zwei Federbeine hinten
Trockengewicht (kg)	182

Baujahr	1990 bis 2002
Motorbauart	V-Vierzylinder
Hubraum (cm³)	1085
Leistung (PS bei 1/min)	98 bei 7500
Vmax in (km/h)	216
Rahmen	Brückenrahmen aus Stahl, Teleskopgabel vorne, Zweiarmschwinge aus Stahl, Federbein hinten
Gewicht (kg)	297

Honda ST 1100 Pan European

Die Supertourer ST 1100 Pan European war eine vergleichsweise schlanke Alternative zur Honda Gold Wing. Wie Letztere bot sie optimale Voraussetzungen für lange Soziustouren mit großem Reisegepäck. Ebenfalls gemeinsam hatten die beiden Maschinen den Antrieb mit in Fahrtrichtung laufender Kurbelwelle und Kardanwelle, wobei das Langstreckenmotorrad ST „nur" mit einem flüssigkeitsgekühlten 90-Grad-V4-Triebwerk ausgestattet wurde. An Konzeption und Konstruktion der Maschine waren die europäischen Entwickler von HRE (Honda Research Europe) und die europäischen Niederlassungen von Anfang an maßgeblich beteiligt. Ab dem Jahr 1996 erhielt die ST ein erstes Antiblockiersysteme (ABS) und eine erste Traktionskontrolle (TCS). Es waren die ersten beiden elektronischen Regeleinheiten dieser Art für Motorräder überhaupt. Diese Neuentwicklungen, gepaart mit Ausdauer und Zuverlässigkeit, machten die ausgereifte Pan European frühzeitig zu einem der sichersten Motorräder der Welt. So war die Honda ST 1100 Pan European auch als Einsatzmotorrad bei Polizei, Notarzt, Straßenwacht und Feuerwehr sehr beliebt. Mit dem Nachfolgemodell ST 1300 wurde der legendäre Ruf allerdings durch ein unangenehmes Pendeln etwas gedämpft.

Suzuki RGV 250

Zur großen Überraschung aller Zweitaktfans präsentierte Suzuki im Jahr 1990 auf der IFMA in Köln die RGV 250 als Kampfansage an die Yamaha TZR 250. Die Renn-Replika verfügte über einen 52 PS starken wassergekühlten 90-Grad-V2-Zweitaktmotor mit Membransteuerung und ungeregeltem Kat. Der Motor wurde auch von Aprilia in der RS 250 eingebaut. Das Aluminiumchassis mit der schicken Bananenschwinge und Upside-Down Gabel war individuell einstellbar und gab dem über 190 km/h schnellen Racer eine tadellose Straßenlage. In der Zeit, als bei den Motorrädern der Viertakter auf der Siegerstraße war, bot die spritzige RGV 250 das absolute Rennsportgefühl mit Zweitakter-Sound. Ab 1991 waren statt 32er-Vergaser, Exemplare mit einem Durchlass von 34 Millimetern und dreiteiligen Auslassschieber eingebaut. Die Doppelscheibenbremse im Vorderrad war jeder auch noch so schwierigen Situation gewachsen. 1992 wurde die RGV 250 im Zuge von Kosteneinsparungen wieder auf eine Kastenschwinge umgebaut und die Vergaser nochmals in der Bedüsung umgerüstet. 1993 wurden schließlich härtere Abgasbestimmungen der Suzuki RGV 250 zum Verhängnis, und die Produktion dieses giftigen Ausnahmesportlers wurde eingestellt.

Baujahr	1990 bis 1993
Motorbauart	V-Zweizylinder, Zweitakt
Hubraum (cm³)	249
Leistung (PS bei 1/min)	52 bei 11.000
Vmax in (km/h)	195
Rahmen	Aluminium-Brückenrahmen, Upside-Down-Gabel vorne, Bananenschwinge, Zentralfederbein hinten
Gewicht (kg)	139

Honda XRV 750 AfricaTwin

Als Reaktion auf die Motorsporterfolge der BMW R80GS Anfang der 1980er-Jahre wurde die Honda Racing Corporation 1984 mit der Entwicklung eines wüstentauglichen, geländegängigen Motorrades für die Rallye Paris–Dakar beauftragt. Im Jahr 1985 wurde die NXR 750 V vorgestellt. Dieses Motorrad gewann von 1986 bis 1989 viermal in Folge die Rallye Paris–Dakar und wurde deshalb auch „Queen of Africa" genannt. Die Africa Twin basierte maßgeblich auf dem Werks-Rallye-Motorrad NXR 750. Trotz eines Gewichts von 220 Kilogramm ließ sich die Reise-Enduro sowohl auf der Straße als auch im Gelände gut bewegen. In Deutschland wurde wegen der günstigeren Typklasse die Leistung durch eine Drosselung von 60 PS auf 50 PS reduziert und das Motorrad zu einem Preis von 10.570 D-Mark verkauft. 1990 wurde bei dem Nachfolgemodell der Hubraum von 647 auf 742 Kubik erweitert, wodurch die Leistung von 57 auf 59 PS anstieg und das Drehmoment von 55 auf 61 Nm zunahm. Gegenüber dem Vorgängermodell hatte die XRV 750 einen Öl-

kühler, einen verstärkten Rahmen mit verlängerter Schwinge, eine modifizierte Verkleidung, eine Doppelscheiben-Bremsanlage und ab 1992 einen digitalen Tageskilometerzähler mit dem Namen Tripmaster.

Baujahr	1990 bis 1992
Motorbauart	V-Zweizylinder
Hubraum (cm³)	742
Leistung (PS bei 1/min)	58 bei 7500
Vmax in (km/h)	180
Rahmen	Doppelschleifen-Rohrrahmen, Teleskopgabel vorne, Schwinge, Pro-Link-Federbein hinten
Gewicht (kg)	238 (vollgetankt)

Baujahr	1990 bis 2002
Motorbauart	V-Vierzylinder
Hubraum (cm³)	1085
Leistung (PS bei 1/min)	98 bei 7500
Vmax in (km/h)	216
Rahmen	Brückenrahmen aus Stahl, Teleskopgabel vorne, Zweiarmschwinge aus Stahl, Federbein hinten
Gewicht (kg)	297

BMW K1

Ende der 1980er-Jahre war es für Motorradhersteller beinahe schon normal, Maschinen mit über 100 PS im Programm zu haben – in Deutschland galt damals aber diese magische Grenze noch als freiwillige Selbstbeschränkung. Auch 1988, als BMW die K1 vorstellte, blieb die Werksangabe der Bayern noch im zweistelligen Bereich. Aerodynamisch voll verkleidet inklusive Vorderrad und

Heck sowie spektakulär lackiert, zeigte der Hersteller nun seine Definition einer ausgefeilten Sporttourenmaschine. Angetrieben wurde die K1 weiterhin durch den K-Motor mit vier Ventilen pro Zylinder, den die Engländer inzwischen „flying brick" (fliegender Ziegelstein) nannten. Doch in Bewegung konnte das futuristisch aussehende BMW-Motorrad den Fahrer vor schwierige Aufgaben stellen. Das begann mit dem Einziehen der Beine nach dem Start, ohne sich dabei an der Verkleidung die Schienbeine zu verletzen, und setzte sich beim Stopp fort, bei dem so mancher K1-Pilot wie ein Stein auf den Straßenbelag fiel, weil er sich mit dem Stiefel in der Seitenverkleidung verhakt hatte. Doch die K1 hatte auch ihre guten Seiten. Vor allem bei schlechten Witterungsverhältnissen nahm sie dem Fahrer die Angst vor einem starken Regenschauer, denn der Wetterschutz war sensationell, und die Abluft des Motors erwärmte bei kühler Witterung die Füße und Knie.

Baujahr	1989 bis 2011
Motorbauart	Einzylinder, Zweitakt
Hubraum (cm³)	124,63
Leistung (PS bei 1/min)	15 bei 8000
Vmax in (km/h)	161
Rahmen	Brückenrahmen aus Aluminium, Upside-Down-Gabel vorne, Zweiarmschwinge aus Aluminium, Zentralfederbein hinten
Gewicht (kg)	128

Cagiva Mito 125

Die erste Mito wurde 1989 als Mito I und später Mito II produziert. Ab 1995 änderte sich das Design, und die Bezeichnung wurde nun in Mito Evolution geändert. Das Design der Mito zeichnete Massimo Tamburini, der auch für die Form der Ducati 916 verantwortlich war. Angetrieben wurde die Mito von einem wassergekühlten Einzylinder-Zweitakt-Motor, der offen bis zu 30 PS leistete. Dann war die Leistung mit einem Siebenganggetriebe für eine Spitzengeschwindigkeit von bis zu 180 km/h gut. Doch war die Mito vor allem bei Jugendlichen sehr beliebt, da es die Mito als leistungsgedrosselte Variante (80 km/h) gab. Mit dann 15 PS erreichte sie diese Geschwindigkeit mühelos. Seit dem Jahr 2000 gab es die kleine Cagiva nur noch mit Sechsganggetriebe und Sechsspeichenfelgen. Der Kevelaer-Auspuff wurde durch ein Aluminium-Endrohr ersetzt. Im Jahr 2005 kam die nächste Evolutionsstufe der Mito auf den Markt. Dabei wurde nochmals viel Wert auf die Aerodynamik und Gewichtserleichterung durch Karbonteile und leichte Räder gelegt. Die Produktion der Cagiva Mito wurde im Jahr 2011 eingestellt.

Yamaha XTZ 750 Super Ténéré

Yamahas Antwort auf die hubraumstarken zweizylindrigen Reise-Enduros von BMW und die mehrfachen Siege Hondas bei der Rallye Paris–Dakar hieß Super Ténéré. Die Anspielung auf Erfolge bei den Wüstenrallyes war nicht zufällig, und auch ihr Aussehen war stark an die Rallyerennern angelehnt. Das Herz war ein neu entwickelter wassergekühlter Parallel-Twin mit zwei oben liegenden Nockenwellen, zwei Ausgleichswellen, Doppelfallstromvergasern und Fünfganggetriebe. Dank eines gut funktionierenden Flüssigkeitskühlsystems war die Ténéré sowohl im Geländebetrieb als auch auf der Autobahn mit einer Geschwindigkeit von 180 km/h standfest und mit 69 PS bei 7500/min die leistungsstärkste Enduro ihrer Zeit. Mit einer Sitzhöhe von 865 Millimetern war sie bequem zu besteigen, und der tiefe Schwerpunkt machte sie gut handhabbar. Auch wenn die Fahrleistungen begeisterten, war das Originalchassis etwas zu weich und die Bremsanlage hatte eine unbefriedigende Bremswirkung. In allen Jahren der Herstellung blieb das beliebte Reisemotorrad ohne Änderung im Programm. Das individuelle Umbauen der Maschine war durch umfangreich angebotenes Zubehör dem Besitzer der Super Ténéré überlassen.

Baujahr	1989 bis 1996
Motorbauart	Zweizylinder
Hubraum (cm³)	749
Leistung (PS bei 1/min)	69 bei 7500
Vmax in (km/h)	180
Rahmen	Doppelschleifenrahmen, Motor mittragend, Teleskopgabel vorne, Deltabox-Schwinge, Zentralfederbein hinten
Gewicht (kg)	226

Baujahr	1988 bis 1992
Motorbauart	V-Zweizylinder
Hubraum (cm³)	851
Leistung (PS bei 1/min)	102 bei 8250
Vmax in (km/h)	228
Rahmen	Stahlrohrgitterrahmen, Marzocchi-Teleskopgabel vorne, Schwinge, Zentralfederbein hinten
Gewicht (kg)	216

Ducati 851 S Desmoquattro

Im Jahr 1988 präsentierte Ducati mit der 851 erstmals das Superbike mit wassergekühltem Vierventil-V-Twin. Der Beginn einer unglaublichen Erfolgsgeschichte war getan. Bereits im Jahr 1990 gewann Raymond Roche die Superbike-Weltmeisterschaft, und sage und schreibe weitere 13 Titel für die Roten aus Bologna sollten folgen. Massimo Bordi gilt heute als Urvater dieser neuen Motorradgeneration, die während der 1990er-Jahre die Superbike-Serien dominieren sollte. Die als SP- und Strada-Version erhältliche 851 verkaufte sich recht gut, was neben ihrem Leistungsvermögen, die stärkere SP-Version brachte es auf 100 PS, auch auf das endlich wieder supersportliche Design zurückzuführen war. Im Jahr 1989 wurde die 851 das erste Mal überarbeitet, und die „Strada" entstand. Die 851 des Modelljahrs 1992 kam dann als Biposto (Zweisitzer) und mit abgeänderter Verkleidung auf den Markt. Außerdem tauschte man Marzocchi-Telegabeln gegen eine Upside-Down-Showa-Gabel. Im Jahr 1993 wurde dann aus der 851er-Maschine die Ducati 888. Heute ist die 851 ein gesuchtes Liebhabermotorrad mit hohem Anschaffungspreis.

Honda Gold Wing 1500

Nach der ersten Gold Wing aus dem Jahr 1975 blieb die Entwicklung bei diesem schweren Reisemotorrad nicht stehen. Im Jahr 1980 erhielt sie einen größeren Motor mit 1100 Kubikzentimetern und einem höheren Drehmoment von 90 Nm. Es folgte im Modelljahr 1984 die letzte Gold Wing mit Vierzylinder-Boxermotor, die GL 1200 DX. Als Weiterentwicklung des Gold-Wing-Konzepts präsentierte Honda im Jahr 1988 mit der für die damalige Zeit sehr futuristisch gestylten GL 1500 SE ein eindrucksvolles Flaggschiff. Mit Integralbremssystem und Rückwärtsgang setzte die Honda GL 1500 neue Maßstäbe in der Bedienung. Durch den seidenweichen Motorlauf des Sechszylinder-Boxers, die fein ansprechende Federung und das ausgewogene Handling fühlt man sich wie auf einem fliegenden Teppich. Das Drehmoment erreichte nun satte 150 Nm bei 4000/min, das Fünfganggetriebe und der Kardanantrieb waren nur einige Höhepunkte des Highway-Cruisers. In Amerika gab es auch einen Tempomat und ein Radio mit Kassettenlaufwerk. Die Wiedergabe konnte dabei über im Motorrad oder im Helm eingebaute Lautsprecher erfolgen. Zusätzlich konnten sich Fahrer und Sozius über ein Mikrofon unterhalten.

Baujahr	1988 bis 2001
Motorbauart	Boxer-Sechszylinder
Hubraum (cm³)	1520
Leistung (PS bei 1/min)	100 bei 5200
Vmax in (km/h)	184
Rahmen	Doppelschleifenrahmen aus Stahl, Teleskopgabel vorne, Zweiarmschwinge aus Stahl, Federbeine hinten
Gewicht (kg)	394

Baujahr	1988 bis 1992
Motorbauart	V-Vierzylinder
Hubraum (cm³)	748
Leistung (PS bei 1/min)	112 bei 10.500
Vmax in (km/h)	240
Rahmen	Brückenrahmen aus
Aluminiumprofilen, Teleskopgabel vorne,	
Einarmschwinge, Zentralfederbein hinten	
Gewicht (kg)	208

Honda VFR 750 R

Mit der Honda VFR 750 F des Modelljahres 1985 erreichte das V4-Konzept eine neue Dimension. Auch das Triebwerk erhielt einige Modifikationen. Der Sporttourer bewies auch, wie einfach und unkompliziert die kompakte und anspruchsvolle V4-Konstruktion in der Wartung sein konnte. Eine echte Überraschung folgte im Jahr 1988 in Form der heute legendären VFR 750 R mit dem Werkscode RC30, mit der Honda ein richtiges Rennmotorrad auf die Straße stellte. Die dabei sehr erlesenen Materialien wie zum Beispiel Pleuel aus Titan hatten natürlich auch ihren Preis. So kostete eine Serienmaschine im Jahr 1988 rund 24.000 D-Mark, was doppelt so teuer war wie bei den meisten anderen Motorrädern dieser Hubraumklasse. Dafür bekam man als Fahrer durch den per Hand zusammengesetzten Motor eine atemberaubende Leistung von 112 PS und ein Drehmoment von 69 Nm bei 10.500 U/min. Bis zum Jahr 1990 wurden per Handarbeit in verschiedenen Teams ca. 3000 VFR 750 R im Werk in Hamamatsu produziert. Viele der Super-Racer begannen ihren Einsatz auf zahlreichen internationalen Rennstrecken. Bis zum Jahr 2010 war nur noch ein Viertel der gebauten Maschinen erhalten. Doch die Liste der legendären Siege des spektakulären Motorrads war inzwischen sehr lang geworden.

MZ ETZ 251

Die MZ ETZ 251 war eine Weiterentwicklung der ETZ 250, jetzt wieder mit 16-Zoll-Hinterrad und dem überarbeiteten Fahrwerk der ETZ 125/150. Es war auch ein 300-Kubikzentimeter-Motor im Programm. Bei dem Motorrad aus Zschopau wurde das erste Mal eine Getrenntschmierung verwendet, die bei japanischen Motorrädern ja schon seit langem Standard war. Zudem wurden der ETZ 251 Brembo-Scheibenbremsen und eine Zwölf-Volt-Anlage spendiert. Durch das gut durchdachte Fahrwerk und den leistungsfähigen Motor erlangte die Maschine nicht nur in der DDR eine große Beliebtheit, sondern auch in Großbritannien. Mit wenig Aufwand konnte die Solomaschine auch für den Beiwagenbetrieb umgerüstet werden. Der Zweitakter wurde mit leichten Veränderungen noch bis nach der Wende gebaut. Dann wurden die Produktionsanlagen in die Türkei verkauft und das Modell lief dort als Kanuni-MZ vom Band. Als solche war sie auch noch eine Zeitlang als Import in verschiedenen Versionen zu haben. Sogar im Jahr 2007 war die Beliebtheit des Motorrads so groß, dass es den Preis zum beliebtesten Motorrad Norddeutschlands gewann.

Baujahr	1988 bis 1997
Motorbauart	Einzylinder, Zweitakt
Hubraum (cm³)	243
Leistung (PS bei 1/min)	21 bei 5500
Vmax in (km/h)	130
Rahmen	Zentralrohrrahmen, Teleskopgabel
	vorn, Schwinge, Federbeine hinten
Gewicht (kg)	145

Baujahr	1988 bis 1992
Motorbauart	Einzylinder
Hubraum (cm³)	727
Leistung (PS bei 1/min)	50 bei 6800
Vmax in (km/h)	140
Rahmen	Stahlrohrrahmen, Teleskop-gabel vorne, Zentralfederbein hinten
Gewicht (kg)	205 (vollgetankt)

Suzuki DR Big 750 S (Dakar)

Im Frühjahr des Jahres 1988 bot Suzuki die DR Big 750 über das Händlernetz an. Doch zu dieser Zeit war das Enduro-Fieber noch nicht ausgebrochen und die große Suzuki-Enduro schien wie auch die Rallye von Paris nach Dakar zu einem Flop zu werden. Denn die zahlreichen skeptischen Spezialisten trauten dem voluminösen Einzylinder keine sonderlich lange Lebensdauer zu. Auch die Startprozedur mit Dekompressionshebel betätigen,

Kupplung ziehen und gleichzeitigen Startknopf drücken verlangte dem 750er-Piloten einiges an Feinmotorik ab. Lediglich der Motor überzeugte durch Vibrationsarmut durch zwei Ausgleichswellen und lud zusammen mit dem 29-Liter-Tank zu Fernreisen ein. Um die Kauflaune anzufachen, bot Suzuki im Jahr 1989 die DR 750 als Tourenversion mit Kofferset und Topcase an. Zum Modelljahr 1992 wurde die Suzuki DR 650 ihrer ersten Modellpflege unterzogen. Motorseitig soll ein neuer Auspuff für ein stärkeres Drehmoment aus dem Drehzahlkeller sorgen. Um das Aussehen etwas gefälliger wirken zu lassen, wurde der Heck-Gepäckträger kleiner ausgelegt und das Tankvolumen auf 17 Liter reduziert. Diese und weitere Änderungen machten die 1992er-Version rund acht Kilogramm leichter als das 1990/91er-Modell.

Yamaha FZR 600 Genesis

Nicht überall, wo Genesis draufstand, war auch Genesis drin! Weder konnte die 600er mit einem Leichtmetall-Chassis noch mit einem Fünfventil-Vierzylinder aufwarten. Triftige Gründe bewogen die Konstrukteure zur Verwendung von vier Ventilen pro Zylinder. Tests hatten ergeben, dass die Fünfventiltechnik erst bei größerem Hubraum ihre Vorteile ausspielte. Den für die Straße als auch für den Rennsport definierten Einsatzbereich befriedigte jedoch auch die 600er. Daher war in die 600er ein flüssigkeitsgekühlter Reihen-Vierzylinder mit 91 PS eingebaut. Zusätzlich gab es auch eine versicherungsgünstiger Version mit 50 PS. Entgegen der optischen Anmutung war der Deltabox-Rahmen nicht aus Alu, sondern aus lackierten Stahlprofilen gefertigt, die Unterzüge waren angeschraubt. Die 600er-FZR war über ihre gesamte Bauzeit ein äußerst beliebtes Fahrzeug, konnte in großen Stückzahlen verkauft werden und sprach im Superbike-Look sportlich orientierte Fahrer an. Mit einem Kraftstoffvorrat von 18 Litern war für das Motorrad, das auch als Reisemobil genutzt werden konnte, eine Reichweite von 360 Kilometern möglich. Auch als die Yamaha FZR 600 bereits ausgelaufen war, wurden für gebrauchte Bikes noch Höchstpreise erzielt.

Baujahr	1988 bis 1989
Motorbauart	Vierzylinder
Hubraum (cm³)	599
Leistung (PS bei 1/min)	91 bei 10.500
Vmax in (km/h)	240
Rahmen	Deltabox-Brückenrahmen aus Stahl, Teleskopgabel vorne, Schwinge, Zentralfederbein hinten
Gewicht (kg)	201 (vollgetankt)

Baujahr	1987 bis 1988
Motorbauart	V-Zweizylinder
Hubraum (cm³)	998
Leistung (PS bei 1/min)	90 bei 5600
Vmax in (km/h)	225
Rahmen	Rohrrahmen, Marzocchi-Gabel vorne, Schwinge, liegendes Zentralfederbein hinten
Gewicht (kg)	170

Buell RR 1000 Battletwin

Im Jahr 1982 verließ Erik Buell Harley-Davidson, um eigene Motorräder zu bauen. Die Buell RW 750 kam im Jahr 1984 mit Vierzylinder-Zweitakt-Motor auf den Markt. Beim zweiten Buell-Modell verzichtete man auf den anfälligen Zweitaktmotor und baute ein Harley-Davidson-XR1000-Aggregat ein, die RR 1000 Battletwin war geboren. Sie war das erste Motorrad mit einer damals ganz eigenwilligen Hinterradaufhängung zur Zentralisierung der Massen. Unter dem Motor war ein Zentralfederbein eingebaut, das die hintere Schwinge gegen den Motor und nicht gegen den Rahmen abstützte. Die Anordnung des Stoßdämpfers unter dem Motor gestattete einen kurzen Radstand und trug gemeinsam mit dem gleichfalls dort montierten Schalldämpfer zur Zentralisierung der Massen bei. Das war die erste typische Buell, mit einem völlig neuartigen Fahrwerk, radikaler Formel-1-Geometrie und exotisch gestylter Verkleidung. Im Modelljahr 1987/88 wurden 50 Battletwin verkauft, und es folgten einige Rennsiege und sogar der Gewinn einer nationalen Meisterschaft. Doch dann änderte die AMA die Regeln und nahm damit das Modell aus dem Rennsport. Im Zuge der Modellpflege wurde ab dem Jahr 1984 der neue Harley-Davidson-Evolution-Motor mit 1203 Kubikzentimetern als Nachfolgemodell vorgestellt.

Cagiva Elefant 750

Im Jahr 1978 kauften die beiden Brüder Gianfranco und Claudio Castiglioni das ehemalige Aermacchi-Motorradwerk in Varese. Als Markennamen übernahmen sie den Namen der von ihrem Vater gegründeten Metallwarenfabrik Cagiva (Castiglioni Giovanni Varese). Zunächst setzte Cagiva auf den Geländesport, bei dem die Cagiva-Maschinen schnell die ersten Erfolge einfahren konnten. Mit der Cagiva MRX 250 kam im Jahr 1981 ein erster Meisterschaftstitel ins Haus. Weitere Weltmeisterschaftstitel im Motocross folgten. Als im Jahr 1983 die Geschäfte übermäßig gut liefen, kaufte Cagiva die angeschlagene Motorradmarke Ducati. Im Jahr 1985 nahm Cagiva mit einer ersten Enduro vom Typ Elefant an der Rallye Paris–Dakar teil, die sie im Jahr 1990 das erste Mal gewinnt. Inzwischen gehören auch Husqvarna, Moto Morini und MV Agusta zur Firmengruppe Cagiva. Maßgeblich am Erfolg Cagivas beteiligt war das Erfolgsmodell Elefant. Zunächst mit dem 650er Ducati-Pantah-Twin und puristischer Enduro-Optik auf den Markt gekommen, gab es auch eine 350er- und sogar eine 125er-Version. 1987 wurde schließlich die Elefant 750 vorgestellt, die mit dem V2-Triebwerk der Ducati 750SS bestückt war.

Baujahr	1987 bis 1994
Motorbauart	V-Zweizylinder
Hubraum (cm³)	748
Leistung (PS bei 1/min)	61 bei 8000
Vmax in (km/h)	166
Rahmen	Doppelschleifenrahmen aus Stahl, Upside-Down-Gabel vorne, Marzocchi- oder Öhlins-Federbein hinten
Gewicht (kg)	185

Baujahr	1987 bis 2003
Motorbauart	Einzylinder, Zweitakt
Hubraum (cm³)	124
Leistung (PS bei 1/min)	26 bei 12.000 (offen)
Vmax in (km/h)	153
Rahmen	ALCAST-Aluminium-Brückenrahmen, Teleskopgabel vorne, Stahlschwinge, Pro-Link-System hinten
Gewicht (kg)	136

Honda NS 125 R

Die gedrosselte Honda NS 125 R aus dem Jahr 1984 war der richtige Einstieg für eine sportlich orientierte junge Zielgruppe, die so vor dem Aufstieg zu „echten" Sportmaschinen wertvolle Erfahrung in der Einsteigerklasse sammeln konnte; sah doch die Rennmaschine NSR 125 mit ihrer massiven breiten ALCAST-Aluminium-Rahmenkonstruktion bereits aus wie ein Hightech-Sportler. Produziert wurde der kleine Renner mit agilem Fahrverhalten und starken Bremsleistungen bei Honda in Atessa, Italien. Von dem Modell gab es auch eine seltene Rennausführung mit der Bezeichnung NSR 125 SP (Sport Production). Der flüssigkeitsgekühlte offene Renn-Rotax-Einzylinder mit dem 18er-Dell'Orto-Vergaser hatte eine Leistung von 32 PS und eine Spitzengeschwindigkeit von fast 170 km/h. Die offene Straßenausführung hatte immerhin noch eine Leistung von 26 PS, was für rund 150 km/h gut war. Die Sitzhaltung auf der kleinen Italienerin ist selbst für größere Personen erträglich bis komfortabel, und auch längere Strecken können mit Bravour gemeistert werden. Doch das eigentliche Metier sind die Straßen in Städten, wo sich ihre Vorzüge bestens ausnützen lassen. Leise und unauffällig bewegt sie sich durch das Gedränge der Blechkarosserien und legt bei den Ampelstarts flotte Manöver ohne größere Probleme vor.

Honda XL 600 V Transalp

Eine ganz neue Variante des Enduro-Konzepts präsentierte Honda im Jahr 1986 mit der bewusst „zivilisierten" Transalp. Den Antrieb lieferte ein auf 600 Kubikzentimeter vergrößerter wassergekühlter V2 mit sechs Ventilen, der sich bereits in der VT 500 bewährt hatte. Bei der Formgebung der Maschine durften die europäischen Honda-Designer ein gehöriges Wort mitreden. Wer angesichts des Namens ausschließlich an Alpenpässe dachte, wurde schnell eines Besseren belehrt. Denn die bis heute beliebte Transalp war von Anfang an auf Landstraßen, Autobahnen und in der City genauso zu Hause wie auf langen Serpentinen. Dabei ist der Pflegeaufwand sehr gering. Öl wechseln und alle 12.000 Kilometer alle Ventile einstellen, das war's, und

der Spritverbrauch hält sich bei zurückhaltendem Gasgeben auch in einem überschaubaren Bereich. Lediglich auf die etwas zu klein dimensionierte Kette, die Speichenspannung der Felgen und die Bremsscheiben sollte man regelmäßig einen Blick werfen. Im Jahr 1989 bekam die Transalp ein neues Federbein und ein überarbeitetes Getriebe. 1991 wurden die Bremsscheiben verbessert, und ab dem Modelljahr 1994 wurde die Verkleidung erneuert. Das Modell von 1996 bekam erstmalig eine Transistorzündung, und ab dem 2000er-Modelljahr ging die Transalp mit mehr Leistung und neuer Optik an den Start.

Baujahr	1987 bis 1988
Motorbauart	V-Zweizylinder
Hubraum (cm³)	583
Leistung (PS bei 1/min)	50 bei 8000
Vmax in (km/h)	168
Rahmen	Doppelschleifenrahmen aus Stahl, Teleskopgabel vorne, Schwinge, Pro-Link-System hinten
Gewicht (kg)	210

Baujahr	1988
Motorbauart	Vierzylinder
Hubraum (cm³)	998
Leistung (PS bei 1/min)	100 bei 8800
Vmax in (km/h)	230
Rahmen	Doppelschleifen-Aluminium-rahmen, Teleskopgabel vorne, Schwingen, Uni-Trak-System
Gewicht (kg)	254

Kawasaki ZX-10

Entgegen allen Erwartungen hatte Kawasaki im Jahr 1987 ein Motorrad mit Alurahmen – die ZX-10 – vorgestellt. Die ZX-10 war das erste von Kawasaki gebaute Motorrad mit Alurahmen und abschraubbaren Unterzügen als Doppelschleifenkonstruktion. Die damals neu entwickelten Räder trugen durch die hohlgegossenen Speichen zur Gewichtsminderung bei. Die Kawasaki war auch die Erste mit schwimmend gelagerten Bremsscheiben und Doppelkolben-Bremszangen, die jedoch Probleme durch Bremsenrubbeln verursachten und vereinzelt einen genauen Druckpunkt vermissen ließen,

was man nur mit Stahlflex-Bremsleitungen und anderen Bremsbelägen verbessern konnte. Schuld an dem Malheur war eine ungünstige Werkstoffpaarung von Bremsscheiben und Belägen. Durch schlechte Wärmeableitung der Beläge führten die hohen Temperaturen zu Gefügeumwandlungen, die wiederum Dickenschwankungen zur Folge hatten. Für die ZX-10 entwickelten die Ingenieure den GPZ-1000-RX-Motor weiter und verpassten dem Motor steilere Einlasskanäle, womit das Kraftstoff-Luft-Gemisch auf direktem Weg in die Brennräume gelangte. Dadurch kamen auch die Keihin-Vergaser, die nach dem Fallstromprinzip arbeiten, zum Einsatz.

Yamaha XV 535 Virago

Die Virago XV 535 mit Kardanantrieb war ein großer Wurf und gehört zu den erfolgreichsten Yamaha-Modellen aller Zeiten, denn über 52.000 Käufer entschieden sich für den kleinen Mittelklasse-Chopper. Der aufgebohrte Halbliter-70-Grad-V-Twin, der Tropfentank, die beiden verchromten Luftfiltergehäuse-Attrappen und die Schalldämpfer mit abgeschrägten Ecken im Side-Pipe-Look, Speichenräder, reichlich Chrom und poliertes Aluminium unterstrichen die Chopper-Optik. Selbst in der gedrosselten 34-PS-Version für Einsteiger ist der V-Zweizylinder drehfreudig und kräftig. Zusammen mit dem stabilen Fahrwerk ist der Cruiser mit den 196 Kilogramm sehr leicht zu bewegen. Die geringe Sitzhöhe macht es kleineren Bikern möglich, den Chopper besser zu rangieren. Eine gute Entscheidung von Yamaha war der Einbau eines Kardanantriebs, der sehr wartungsarm und langlebig ist. Durch die vielen schönen Chromteile ist jedoch ein häufigeres Putzen des Motorrads ratsam, aber welches Motorrad möchte nicht immer wieder gestreichelt werden?

Baujahr	1987 bis 2000
Motorbauart	V-Zweizylinder
Hubraum (cm³)	598
Leistung (PS bei 1/min)	46 bei 7500
Vmax in (km/h)	155
Rahmen	Zentralrohrrahmen, Teleskopgabel vorne, Schwinge, Federbeine hinten
Gewicht (kg)	196

Baujahr	1986 bis 1995
Motorbauart	Dreizylinder
Hubraum (cm³)	740
Leistung (PS bei 1/min)	75 bei 8500
Vmax in (km/h)	200
Rahmen	Gitterrohrrahmen, mittragender Motor, Teleskopgabel vorne, BMW Monolever-Einarmschwinge mit Kardanantrieb hinten
Gewicht (kg)	227 (vollgetankt)

BMW K 75 S

Die BMW K 75 kam im Jahr 1985 als logische Folge des guten Verkaufs der K 100 als Basismodell im kleineren Marktsegment auf den Markt. Ein Jahr später folgte eine sportliche Version mit enganliegender Halbverkleidung und strafferer Fahrwerksabstimmung, die K 75 S. Die komplette Serie war optisch der großen Schwester K 100 angepasst lediglich der kleinere wassergekühlte Dreizylinder verriet die etwas abgeschwächte Leistung mit 75 PS bei 8500 Umdrehungen in der Minute. Die Bremsanlage bestand aus vorderen Doppelscheibenbremsen und einer hinteren Trommelbremse. Da die kleine BMW schnell ihre Zuverlässigkeit zeigte, wurde das Motorrad auch von Bundesstellen wie Polizei, Feldjägern oder als Eskortenmotorrad eingesetzt. Auch bei dieser BMW konnte der Kunde zwischen vier Varianten wählen. Die K 75 C hatte lediglich eine kleine Verkleidung am Lenker, die S war die sportlichste Variante mit Halbschalenverkleidung, die BMW K 75 T war als Tourer für den Überseemarkt gedacht, und die RT konnte von allen Tourenfahrern weltweit geordert werden.

Harley-Davidson XLH Sportster 883

Zwei Jahre nachdem Harley-Davidson den Evolution-Motor eingeführt hatte, wurde das neue Hightech-Aggregat auch in die Sportster-Reihe eingebaut. Sie lösten die Shovel-1000er-Modelle XLH, XLS und XLX ab. Das erste Sportster-Modell war jedoch eine Überraschung, da die Company auf die Qualitäten des Sportsters von 1957 zurückgriff und sich beim Motor für die gleichen Maße wie damals entschied, also 55 Kubikinch mit gleicher Bohrung und gleichem Hub. Doch dies war auch alles, was die neue Maschine mit dem „Oldie" gemeinsam hatte. Der „heiße Ofen" mit 46 PS hatte eine äußerst gelungene Form mit richtig „dickem" Hinterreifen. Der Motor selbst war aus Leichtmetall, und die ehemaligen parallel verlaufenden Shovelhead-Stößel-Cover waren nun den im Kopf innen liegenden gewichen. Die charakteristische Dreiteilung des Motors erlaubte es, die Zylinderköpfe abzunehmen, ohne den Motor ausbauen zu müssen. Durch eine bessere Kühlung konnten die Wartungsintervalle von 2500 auf 5000 Meilen angehoben werden. Was die neue XLH 883 zusätzlich einzigartig machte, war auch der sensationelle Preis von nur 3398 Dollar, der um 800 US-Dollar unter dem der bis dahin preiswertesten Harley-Davidson lag.

Baujahr	1986 bis 1998
Motorbauart	V-Zweizylinder
Hubraum (cm³)	883
Leistung (PS bei 1/min)	46
Vmax in (km/h)	156
Rahmen	Doppelschleifen-Stahlrohrrahmen, Teleskopgabel vorne, Federbeine hinten
Gewicht (kg)	230

Baujahr	1986 bis 1996
Motorbauart	V-Zweizylinder, Zweitakt
Hubraum (cm³)	249
Leistung (PS bei 1/min)	45 bei 9500
Vmax in (km/h)	185
Rahmen	Brückenrahmen aus Aluminium, Showa-Teleskopgabel vorne, Einarmschwinge, Showa-Zentral-federbein hinten
Gewicht (kg)	131

Honda NSR 250 R

Eine reinrassige Rennreplik präsentierte Honda Mitte der 1980er-Jahre in Form der NSR 250, die erfolgreiche Hochleistungstechnik aus dem Rennbereich in der Weltmeisterschaft in der 250er- und 500er-Klasse auf die Straße brachte. So entwickelte Honda mit der Zeit die Production-Racer-Klasse mit Straßenzulassung. Angetrieben wurde die Straßenversion der 250er-WM-Maschine von einem flüssigkeitsgekühlten V2-Zweitakter mit Membransteuerung. Sie bot ein entsprechend messerscharfes Ansprechverhalten. Auch im Rahmen- und Chassisbereich sorgten technische Leckerbissen für supersportliche Voraussetzungen. Ein besonderes Merkmal des Racers aus dem Jahr 1990 war die NSR 250 R mit goldfarben lackierten MagTec-Magnesiumfelgen, einer Trockenkupplung und einstellbaren Federelementen am Vorder- wie auch am Hinterrad. Im Jahr 1991 kam die dritte Variante der NSR als 250 SE (Super Edition) auf den Markt. Bei dieser Variante wurde auf die Magnesiumfelgen verzichtet. Ab dem Jahr 1994 wurde der Zündschlüssel durch einen Chip ersetzt und das Chassis überarbeitet. Die Leistung ging durch geänderte Abgasvorschriften für Zweitakter von 45 auf 40 PS zurück.

Suzuki LS 650 Savage

Das Wichtigste an einem echten Chopper ist schnell aufgezählt: überlange Vordergabel, Hochlenker, nach vorne verlegte Fußrasten und ein bulliger V-Twin-Motor – möglichst von Harley-Davidson. Aber was tun, wenn jemand einen kleinen Chopper sein Eigen nennen wollte? Da kam die Antwort Suzukis mit der LS 650 gerade zur richtigen Zeit. Damit keine Verwechslung mit den Kultbikes aus Milwaukee aufkam, hatten die Techniker das überarbeitete Einzylinder-Triebwerk der DR 600 ins Fahrgestell verpflanzt. Der 27 PS starke luftgekühlte Eintopf mit der Vierventiltechnik und einer Ausgleichswelle erzeugte ein moderates Drehmoment von 46 Nm bei 3000/min. Die Übertragung der Leistung an das Hinterrad übernahmen Zahnriemen. Diese Werte reichten allemal zum gemütlichen Cruisen auf Landstraßen. Das gute Fahrverhalten und die einfache Handhabung des gemütlichen Motorrads unterstützten den positiven Eindruck. So war der Chruiser auch wegen der geringen Sitzhöhe von 700 Millimetern für Einsteiger bestens geeignet. Ab dem Jahr 2000 wurde die Suzuki LS 650 Savage aus den Ladenregalen genommen, dennoch hat die Savage inzwischen einen Kultstatus erreicht.

Baujahr	1986 bis 2000
Motorbauart	Einzylinder
Hubraum (cm³)	652
Leistung (PS bei 1/min)	27 bei 5200
Vmax in (km/h)	145
Rahmen	Einrohrrahmen, Teleskop-gabel vorne, Stahlschwinge, Federbeine hinten
Gewicht (kg)	171

Harley-Davidson FLSTC Heritage Softail

Baujahr	1986 bis 1990
Motorbauart	V-Zweizylinder
Hubraum (cm³)	1338
Leistung (PS bei 1/min)	65
Vmax in (km/h)	165
Rahmen	Doppelschleifen-Stahlrohrrahmen,
	Teleskopgabel vorne, Softail-Schwingarm,
	Federbeine hinten
Gewicht (kg)	285

Das auffälligste Merkmal der FL-Softail war das vordere 16-Zoll-Rad, das von der „Electra Glide" stammte. Die rechts verlegte Auspuffanlage, die verchromte Front mit dem großen Scheinwerfer und die verkleidete Gabel machten das 1986er-Modell unverwechselbar. Im Nietenlook der 1950er-Jahre gab es als Zubehör riesige lederne Packtaschen und viel weiteres verchromtes Zubehör zur individuellen Verschönerung des Bikes. Zu diesen Accessoires gehörten auch Schalldämpferenden im Fishtail-Look oder zwei seitliche Zusatzscheinwerfer. Die Heritage-Ausführung hatte zusätzlich eine großdimensionierte Windschutzscheibe. Die FL-Softail-Serie verkörpert in ihrem Stil und in der Linienführung die Harley-Davidson der 1980er- und 1990er-Jahre und wurde zum Mythos in der Motorradgeschichte.

Baujahr	1986 bis 1995
Motorbauart	Vierzylinder
Hubraum (cm³)	1003
Leistung (PS bei 1/min)	145 bei 10.000
Vmax in (km/h)	235
Rahmen	Brückenrahmen aus Alu-
	profilen, Motor mittragend, Upside-Down-
	Gabel vorne, Alu-Hinterradschwinge,
	Zentralfederbein hinten
Gewicht (kg)	229

Yamaha FZR 1000

Das Einliter-Topmodell war im Jahr 1986 quasi die Krönung der Schöpfung (Genesis) des ein Jahr zuvor vorgestellten Fünfventil-Dohc-Vierzylinder-Aggregats: die FZR 1000. Der von der FZ 750 schon bekannte Motor wurde umfangreichen Anpassungen unterworfen. Mit dem für den Rennsport entwickelten Deltabox-Fahrwerk und der üppigen Verwendung von Leichtmetall war sie mit 229 Kilogramm im Vergleich zur Konkurrenz relativ leicht. Die Genesis wurde bis 1988 angeboten und durch die „Exup" ersetzt. Im Zuge der Modellaufbereitung wurden der FZR Doppelscheinwerfer verpasst. Ab dem Modelljahr 1991 wurde die Teleskopgabel gegen eine Upside-Down-Gabel getauscht, und die Hauptscheinwerfer wurden durch eckige ersetzt. Im Motor wurde der Ölfilter in den Kühlkreislauf miteinbezogen und der Flüssigkeitskühler größer ausgelegt. Die letzte Modellpflege der Yamaha FZR 1000 fand im Jahr 1994 statt. Dabei wurde die alte Bremsanlage durch eine leistungsstärkere Sechs-Kolben-Bremsanlage mit größeren Scheiben ausgetauscht, und die Doppelscheinwerfer bekamen nun durch die neu gestaltete Vollverkleidung eine fuchsaugenartige Form. Auch die USD-Gabel wurde nochmals überarbeitet.

Yamaha SRX 600

Als „das Motorrad of Modern Art" sahen die Schöpfer der SRX 600 den Einzylinder gerne. Mit ihrem sichtbaren Vierkantrohr, dem sowohl geschweißten als auch am Unterrohr geschraubten Doppelschleifenrahmen, der Kastenschwinge mit den konventionellen Federbeinen, dem extrem kurzen Endschalldämpfer und dem eigenwilligen Tank hatte sie optisch einen eigenständigen Charakter. Doch nicht nur das Design ist ein positiver Punkt für den überdimensionalen Eintopf, der bis auf eine ein wenig zu geringe Leistung viele andere gute Eigenschaften hat. So sind vor allem die exakt reagierende Lenkung, die zuverlässig arbeitende Telegabel und das hervorragende Fahrwerk mit den zwei Federbeinen an der Schwinge zu erwähnen, das Kurvenfahren zu einem Top-Erlebnis macht. Mit äußerst standfesten Doppelscheibenbremsen lassen sich auch brenzlige Situationen fast immer meistern. Auch das überlegene Drehmoment, das bereits bei 2000/min da ist, lässt so manches hubraumstärkere Bike beim Beschleunigen alt aussehen. Mit 6390 D-Mark war die Yamaha SRX 600 teilweise billiger als ihre direkte Konkurrenz.

Baujahr	1986 bis 1989
Motorbauart	Einzylinder
Hubraum (cm³)	608
Leistung (PS bei 1/min)	42 bei 6500
Vmax in (km/h)	170
Rahmen	Doppelschleifen-Stahlrohrrahmen,
	Teleskopgabel vorne, Zweiarmkasten-
	schwinge, Federbeine hinten
Gewicht (kg)	175 (vollgetankt)

Harley-Davidson FLHTC Evo Electra Glide Classic

Ab dem Jahr 1985 brachte Harley-Davidson den neuen Evolution-Motor mit 80 Kubikinch auf den Markt. Weitere Neuerungen waren das Fünfganggetriebe, der Sekundärzahnriemen und die breite Lenkerverkleidung. Eine Telegabel mit luftunterstütztem Anti-Dive-System vorne und luftunterstützter Schwinge mit Federbeinen hinten verbesserte den Fahrkomfort wesentlich. Auch eine reichhaltige Ausstattung, die mehrfarbige Lackierung und die vielen Chromteile ließen den Preis der FLHTC schnell nach oben klettern und erreichten im Jahr 1986 die 10.000-US-Dollar-Grenze. Dafür hatte man jedoch die kompletten Annehmlichkeiten des Harley-Davidson-Fahrens: MW/UKW-Kassettenradio, Sturzbügel, Satteltaschenbügel, ein Touren-Pack und Sozius-Fußbretter waren nur einige der vielen Luxusteile der Maschine. Als im Jahr 1989 schließlich die FLHTCU Ultra Classic Electra Glide auf den Markt kam, gibt es nichts mehr, was die Wünsche eines Harley-Davidson-Tourenfahrers offenlässt. Mit ihren Sitzkissen, dem Zigarettenanzünder, der CB-Funkanlage, zusätzlichen Stauräumen, Zusatzleuchten und den verstellbaren Trittbrettern sah das schwere Motorrad fast wie ein Luxusautomobil auf zwei Rädern aus.

Baujahr	1985 bis 1989
Motorbauart	V-Zweizylinder
Hubraum (cm³)	1340
Leistung (PS bei 1/min)	60
Vmax in (km/h)	150
Rahmen	Doppelschleifen-Rohrrahmen, Teleskopgabel vorne, Schwinge, Federbeine hinten
Gewicht (kg)	345

Baujahr	1985 bis 1987
Motorbauart	V-Dreizylinder, Zweitakt
Hubraum (cm³)	387
Leistung (PS bei 1/min)	72 bei 9500
Vmax in (km/h)	218
Rahmen	Doppelschleifenrahmen aus Aluminium, Teleskopgabel vorne, Schwinge, Pro-Link-Federbein hinten
Gewicht (kg)	187

Honda NS 400 R

Der Zweitakt-Racer NSR500 V-4 war zu dieser Zeit das Maß aller Dinge und markierte eine neue japanische Extraklasse: mit Membransteuerung und nur einer Kurbelwelle ausgestattet. Die Honda NS 400 R war die Straßenvariante der Werksmaschine der US-amerikanischen Rennlegende Freddie Spencer, der auch „der Außerirdische" oder „Fast Freddie" genannt wurde. Er gewann als jüngster Fahrer im Jahr 1983 die Motorradweltmeisterschaft und wurde zwei Jahre später sogar Doppelweltmeister. Das flüssigkeitsgekühlte Aggregat leistete über 140 PS, ein Doppelschleifen-Chassis wurde als Rahmen verwendet. Weitere Verbesserungen der NSR führten 1987 zu einem neuerlichen Triumph durch den Australier Wayne Gardner. Die NSR hatte zwei liegende und einen stehenden Zylinder. Versorgt wurde der Zweitakter durch drei Keihin-Schiebervergaser mit einem Durchmesser von je 26 Millimetern. Markant für das schnelle Bike waren auch die drei Endtöpfe, an der die NSR sofort zu erkennen ist. Die Leistung von 72 PS wurde durch ein Sechsganggetriebe und eine Kette auf die Hinterachse geleitet. Intensive Experimente führten im Jahr 1992 zur Entwicklung des epochalen „Big Bang"-Motors, welcher geänderte Zündintervalle aufwies, um das Drehmoment zu erhöhen und die Traktion zu verbessern.

Suzuki GSX R 750

Als zur IFMA in Köln im Jahr 1984 Suzuki die GSX R 750 mit dem neu konstruierten Aluminium-Fahrwerk und einer Leistung von 100 PS bei einem Leergewicht von 199 Kilogramm präsentierte, kam noch kein Suzuki-Vertreter auf die Idee, dass diese Maschine das erste Supersport-Motorrad für die Straße werden sollte. Doch da die „Neue" den Werksrennern zum Verwechseln ähnlich sah, bot Suzuki bald mehrere Tuningstufen auch für Privatrennfahrer an. Die Charakterisierung in der Werbung traf dabei voll ins Schwarze: „Von der Rennstrecke auf die Straße", so der Slogan des Suzuki-Marketings. Durch das bunte Design auf der Kunststoffverkleidung bekam der Supersportler schnell den Namen „Yogurtbecher" ab. Im April 1985 gingen mehrere Suzuki-Werksmaschinen und zahlreiche Privatfahrer mit getunten Serien-GSX R 750 an den Start zum 24-Stunden-Rennen von Le Mans. Das Resultat waren ein Doppelsieg und viele weitere gute Platzierungen von Privatfahrern. Dieses gute Ergebnis war der Beginn einer sagenhaften Karriere eines Motorradmodells, denn nun verkauften sich die 750er-Straßenvarianten fast wie von selbst.

Baujahr	1985 bis 1987
Motorbauart	Vierzylinder
Hubraum (cm³)	741
Leistung (PS bei 1/min)	100 bei 10.500
Vmax in (km/h)	233
Rahmen	Doppelschleifen-Aluminiumrahmen, Teleskopgabel vorne, Zentralfederbein hinten
Gewicht (kg)	199

Baujahr	1985 bis 1997
Motorbauart	Einzylinder
Hubraum (cm³)	249
Leistung (PS bei 1/min)	32 bei 10.000
Vmax in (km/h)	ca. 160
Rahmen	Doppelschleifen-Rohrrahmen
	Teleskopgabel vorne,
	Monocross-System hinten
Gewicht (kg)	123

Yamaha SRX 250

Nichts ist schöner als das friedlich sonore Dum-Dum eines Einzylinders im Standgas, und genau so erblickte die Viertel-Liter-Yamaha 1985 das Licht der Welt, als könnte sie kein Wässerchen trüben. So tuckerte sie dahin, und alte Motorrad-Veteranen drehen sich an alte Zeiten erinnert um, denn sie klingt kaum anders als die NSU Max. Schon das Erscheinungsbild erinnert an die klassischen Einzylindermodelle mit ihrer nur das Allernötigste verdeckenden Verkleidung und den kleinen Schutzblechen. Auch der kompakte, silbern lackierte Doppelschleifen-Rohrrahmen mit weit gespreizten Hauptrohren liegt offen zur Schau. Überflüssige Pfunde schleppt die Yamaha nicht mit sich herum. Klassisch ist auch das Cockpit. Zwei Armaturen, Tacho und Drehzahlmesser, werden in einer Instrumenteneinheit aus gebürstetem Aluminium groß und rund präsentiert. Ist das kleine Motorrad erst einmal zum Laufen gebracht, kann man friedlich mit ihm durch die Lande tuckern. Wer es aber eilig hat, schaltet zwei Gänge des gut abgestimmten Sechsganggetriebes runter und nutzt so den oberen Drehzahlbereich über 7000 Umdrehungen pro Minute. Der Motor, der sich nun in Drehzahlbereiche vorwagt, die bis dahin in Deutschland unbekannt waren, hat mit einem gemütlichen Motorrad aus den 50er-Jahren nichts mehr zu tun. Die Drehzahlskala zeigt schnell die 10.000/min an, ohne „rot" zu werden. Erst 500 Touren später ist das Drehzahllimit erreicht. So ist auch die Höchstgeschwindigkeit für ein Motorrad dieser Größenordnung mit über 160 km/h beachtlich.

Yamaha VMX Vmax

Mit der Vmax hat Yamaha im Jahr 1985 eine der eigenständigsten Entwicklungen präsentiert, die in Deutschland wegen der freiwilligen Selbstbeschränkung auf 100 PS bis zum Jahr 1996 vom Importeur nicht angeboten wurde. Lediglich über den Importeur in Frankreich wurde eine Zulassung für Europa versucht, indem man das Fahrwerk an die Anforderungen für die Höchstgeschwindigkeit des Motorrades anpasste. Im Jahr 1987 wurde die Vmax mit lediglich 98 PS das erste Mal in Frankreich vorgestellt und in den folgenden Jahren teilweise besser als in den USA verkauft. Über das benachbarte Ausland schafften dennoch ca. 3000 Muscle-Bikes den Weg nach Deutschland. Die Leistungsdaten des flüssigkeitsgekühlten Dohc-V4-16-Ventilmotors sprechen eine deutliche Sprache: 145 PS bei 9000/min. Das maximale Drehmoment lag bei 122 Nm bei 7800/min. Die 160 km/h waren nach acht Sekunden erreicht, das Ende lag bei 240 km/h. Da das bärenstarke Naked Bike viele Jahre ohne wirkliche Konkurrenz blieb, wurde es nur mit ganz geringen Veränderungen bis zum Modellwechsel im Jahr 2007/2008 gebaut. Zum 20-jährigen Jubiläum brachte Yamaha ein Sondermodell auf den Markt.

Baujahr	1985 bis 2006
Motorbauart	V-Vierzylinder
Hubraum (cm³)	1198
Leistung (PS bei 1/min)	145 bei 8700
Vmax in (km/h)	240
Rahmen	Doppelschleifenrahmen
	aus Stahlrohr, Teleskopgabel vorne,
	Zweiarmschwinge, Federbeine hinten
Gewicht (kg)	262

Baujahr	1984 bis 1987
Motorbauart	Einzylinder
Hubraum (cm³)	589
Leistung (PS bei 1/min)	44 bei 6000
Vmax in (km/h)	151
Rahmen	Semi-Doppelpendelrahmen, Teleskopgabel vorne, Stahlschwinge, Pro-Link-Federbein hinten
Gewicht (kg)	135

Honda XL 600 LM

Die wachsende Popularität der Rallye Paris–Dakar und der daraus resultierende Enduro-Gedanken lieferten in den 1980er-Jahren die Inspiration für den Bau der hochbeinigen Honda XL 600 LM. Die erste Honda, die im Jahr 1982 als Sieger mit dem französischen Fahrer Cyril Neveu bei der Paris–Dakar finishte, war eine fast serienmäßige XL 500 Enduro, die man auf 550 Kubikzentimeter aufgebohrt hatte. Mit 589 Kubikzentimetern war die XL 600 der größte Eintopf, den Honda bis zu dieser Zeit gebaut hatte. Im Zylinderkopf kam die RFVC-Technik (Radial Four Valve Combustion) zum Einsatz. Der Motor war die Basis für die künftigen Modelle wie zum Beispiel Dominator, SLR 650 oder GB 500 Clubman. Ziemlich authentisch wirkten auch ihr riesiger 27-Liter-Tank und der markante Doppelscheinwerfer. Die Honda XL 600 LM war allerdings nicht gerade ein Leichtgewicht und die Beherrschung der Leistung im Gelände stellte eine ganz besondere Herausforderung dar. Im Jahr 1985 wurde das Geländemotorrad von Grund auf überarbeitet. Unter anderem gab es eine neue stärkere Teleskopgabel, bequemere Fußrasten, und das Sondermodell XL 600 L Paris-Dakar war mit größerem Tank und exklusivem Design ausgestattet.

Kawasaki GPZ 305

Die Kawasaki GPZ 305 wurde im Jahr 1984 vorgestellt und war eines der ersten Motorräder mit einem geräuscharmen Zahnriemen. Dieser Zahnriemen war sehr wartungsarm und hatte eine Lebensdauer von bis zu 40.000 Kilometern. Die Idee des Zahnriemens wurde nach dem Zweiten Weltkrieg von Hans Glas in Dingolfing wieder aufgegriffen. Er ließ Anfang der 60er-Jahre in seine Automobile Glas 1004 und 1204 den damals revolutionären Zahnriemenantrieb für die Nockenwellen installieren. Im Motorradbau folgten gut zehn Jahre später Moto Morini mit dem Modell 3 1/2. Der mit zwei Keihin-CV32-Doppelvergasern ausgestattete Motor leistete 27 PS, es gab aber auch seltene Versionen mit verkürzten Gasschiebern und 34 PS Leistung. Da der sechste Gang bei den 27-PS-Versionen etwas zu lang war, konnte die Nenndrehzahl von 10.000/min nicht mehr erreicht werden. Bei 8500 Touren in der Minute war Schluss. Immerhin reichte die Leistung für eine liegende Spitzengeschwindigkeit von 140 km/h aus. Erstaunlich war, dass die GPZ schon über eine elektronische Zündung mittels CDI verfügte. Das hatte zum Vorteil, dass keine Kontakte in einem Zündverteiler mehr oxidieren konnten.

Baujahr	1984 bis 1991
Motorbauart	Zweizylinder
Hubraum (cm³)	306
Leistung (PS bei 1/min)	27 bei 10.000
Vmax in (km/h)	140
Rahmen	Doppelschleifen-Rohrrahmen, Teleskopgabel vorne, Schwingen, Uni-Trak-System
Gewicht (kg)	164

Baujahr	1984 bis 1989
Motorbauart	Vierzylinder, Zweitakt
Hubraum (cm³)	495
Leistung (PS bei 1/min)	95 bei 9500
Vmax in (km/h)	228
Rahmen	Doppelschleifenrahmen aus Vierkant-Aluprofilen, Teleskopgabel vorne, Aluschwinge mit Full-Floater-Zentralfederung hinten
Gewicht (kg)	154

Suzuki RG 500 Gamma

Rennsportmaschinen waren für Suzuki schon immer wichtig, und als die Yamaha RD 350 mit TÜV-Gutachten bereits schlaflose Nächte verursacht hatte, bescherte Suzuki mit der RG 500 Gamma echte Albträume von Geschwindigkeit und Beschleunigung. Bereits 1976 hatte man sich mit drehschiebergesteuerten Vierzylinder-Zweitakt-Rennmaschinen in der 500er-GP-Klasse mit Erfolg getummelt und nun, zehn Jahre später, wollte man

den Erfolg auch auf die Straße bringen, denn wer wollte nicht einmal wie der Doppelweltmeister Barry Sheene, Marco Lucchinelli oder Franco Uncini am Gas drehen und sich wie ein Motorrad-Champion fühlen. Das Besondere am Motor des Supersportlers war die quadratische Anordnung der Zylinder. Diese wurde fast hundertprozentig vom damaligen Rennmotor übernommen. Der wassergekühlte Vierzylinder-Zweitakter in Square-Four-Anordnung mit vier Plattendrehschiebern und Kassettengetriebe hat einen Hubraum von 498 Kubikzentimetern und leistete 95 PS bei 9500/min. Das Drehmoment betrug 71,3 Nm bei einem Kompressionsverhältnis von 7,0 : 1. Damit erreichte die RG 500 eine Spitzengeschwindigkeit von 228 km/h und war unter den „großen" Zweitaktern die stärkste Maschine.

Yamaha XT 600

Die XT 600 galt als Allzweck-Enduro, die sowohl für den Straßeneinsatz als auch für Fahrten im Gelände geeignet war. Die erste XT 600 kam 1984 auf den Markt. Im Lauf der Jahre wurde die XT 600 in unterschiedlichen Varianten gebaut, welche sich meist nur optisch unterscheiden. Die wichtigste Änderung der XT 600 gab es 1990, als ein neues Modell mit modernerem Design, Alufelgen, nun ohne Drehzahlmesser, mit dem Auspuff als tragendem Rahmenteil, einem 13,9-Liter-Tank und einem E-Starter unter der Bezeichnung XT 600 E vorgestellt wurde. Aufgrund hoher Nachfrage kam kurz darauf wieder ein ansonsten mit der XT 600 E baugleiches Modell mit Kickstarter auf den Markt, das nun als XT 600 K bezeichnet wurde. Die Leistung der nun einzig erhältlichen XT 600 E wurde aufgrund strengerer Emissionsvorgaben reduziert.

Baujahr	1984 bis 1986
Motorbauart	Einzylinder
Hubraum (cm³)	595
Leistung (PS bei 1/min)	44 bei 6500
Vmax in (km/h)	148
Rahmen	Einrohrrahmen, Teleskopgabel vorne, zentrales DeCarbon-Federbein hinten
Gewicht (kg)	154

BMW K 100 RS

Baujahr	1983 bis 1990
Motorbauart	Vierzylinder
Hubraum (cm³)	987
Leistung (PS bei 1/min)	90 bei 8000
Vmax in (km/h)	225
Rahmen	Gitterrohrrahmen, mittragender Motor, Teleskopgabel vorne, BMW-Monolever-Einarmschwinge mit Kardanantrieb hinten
Gewicht (kg)	253 (vollgetankt)

Die BMW K 100 erschütterte im Jahr 1983 mit ihrer Vorstellung die Motorradszene. Mit so einem Motorradmodell von BMW hatten weder die verblüfften Fans noch die Fachwelt gerechnet, und nun stand vor ihnen ein Vierzylinder-Motorrad mit längs und liegend eingebautem Reihenmotor und verkleidetem Gitterrohrrahmen. Die K 100 als Basisversion hatte jedoch noch keine Verkleidung, doch bereits die digitale Bosch-Einspritzung mit Kennfeld-Zündung, die bis zu diesem Zeitpunkt vor allem Merkmal von High-End-Autos gewesen war. Parallel zur K 100 kam die K 100 RS mit im Windkanal optimierter Vollverkleidung auf den Markt. Ein Jahr später stand dem Tourenfahrer die K 100 RT zur Verfügung. Auch diese große Maschine hatte eine Vollverkleidung und war zusätzlich mit einem Nivomat-Koffersystem von Boge ausgestattet. Die letzte Variante der K 100-Reihe war die K 100 LT, wobei LT für Luxustourer stand. 1988 feierte das erste Motorrad-Antiblockiersystem in der K 100 Premiere, später konnte die Maschine mit geregeltem Kat geordert werden. Anfängliche Bedenken wegen der geballten Technik zerstreuten die zuverlässigen und langlebigen Motorräder schnell.

Baujahr	1983 bis 1986
Motorbauart	V-Zweizylinder
Hubraum (cm³)	668
Leistung (PS bei 1/min)	100 bei 8000
Vmax in (km/h)	218
Rahmen	Doppelschleifenrahmen, Trac-Anti-Dive-Gabel vorne, Schwinge, Zentralfederbein hinten
Gewicht (kg)	256

Honda CX 650 Turbo

Auf Basis der im Jahr 1978 auf dem Motorradmarkt erschienenen CX 500 unternahm Honda ab 1983 einen Ausflug in die Welt der Turbolader-Technologie. Der im Vergleich zu einem Reihenmotor unregelmäßige Auslassrhythmus erleichterte dieses Vorhaben zwar nicht gerade, doch die fertige Konstruktion lieferte dann als erste Serienmaschine mit Turbolader immerhin 100 PS Leistung und war Hondas erste Maschine mit Kraftstoffeinspritzung. Ohne die Verkleidung, wie sie auch in den USA am Markt zu haben war, sah der Motor dem der Moto Guzzi sehr ähnlich. Doch durch die nochmals um zehn Prozent stärker angestellten Zylinder zeigte sich sehr schnell, dass die Sitzposition und die Kniefreiheit des Fahrers sehr eingeschränkt waren. Eine große Verkleidung sollte der CX 650 dann Tourerqualitäten verleihen, doch der große Durchbruch war weder ihr noch dem Turbolader für Motorräder beschieden. Bis zum Ende der Produktion werden lediglich 58 Einheiten für einen Preis von 13.838 D-Mark verkauft. Die geringe Stückzahl macht das Supermotorrad mit dem Abgasturbolader heute zu einem begehrten Sammlerobjekt.

Honda VF 1100 V65 Magna

Anfang der 1980er-Jahre wandte sich Honda schließlich auch dem Chopper-Stil zu, der inzwischen einen Kultstatus erlangt hatte. Mit der im Jahr 1983 eingeführten „Magna" öffnete Honda eine völlig neue Nische am Motorradmarkt, indem die Ingenieure das Konzept eines Cruisers mit den Vorzügen eines Sporttourers vereinten. Mit dem flüssigkeitsgekühlten großvolumigen V4-Motor war die VF 1100 Magna prädestiniert für die Verwendung auf langen „Highways" in entspannter Sitzposition. Dazu trug auch der verlässliche Kardanantrieb in Kombination mit einem Fünfganggetriebe mit einem Overdrive bei. Dieses Honda-Modell markierte den Eintritt in das traditionell von den amerikanischen V-Twins beherrschte Territorium der Chopper und Cruiser und überzeugte vor allem durch das modernere und leistungsfähigere Gesamtkonzept. Die sagenhafte Zeit von 10,92 Sekunden für die Viertelmeile auf dem International Raceway in Orange County in Kalifornien, gefahren von Jay „PeeWee" Gleason, unterstrich die ungeheuere Leistung des Bikes auf dem Dragstrip. In puncto stilechtem Design hatten die Japaner gegenüber den amerikanischen Bikes damals jedoch noch einen weiten Weg vor sich.

Baujahr	1983 bis 1986
Motorbauart	V-Vierzylinder
Hubraum (cm³)	1098
Leistung (PS bei 1/min)	116 bei 7500
Vmax in (km/h)	192
Rahmen	Doppelschleifenrahmen, Anti-Dive-Teleskopgabel vorne, Stahlschwinge, Federbeine hinten
Gewicht (kg)	266

Baujahr	1983 bis 1987
Motorbauart	Vierzylinder, Turbo
Hubraum (cm³)	739
Leistung (PS bei 1/min)	100 bei 9000
Vmax in (km/h)	225
Rahmen	Doppelschleifen-Rohrrahmen, Teleskopgabel vorne, Aluminium-Zweiarmschwinge, Zentralfederbein hinten
Gewicht (kg)	254

Kawasaki Z 750 Turbo

Das Sprichwort „Hubraum und Leistung sind durch nichts zu ersetzen" ist unter Motorradexperten altbekannt. Doch was tun, wenn eine 750er über 100 PS leisten soll? Ende der 1970er-Jahre machte ein Zauberwort die Runde und erreichte auch bald die Motorradhersteller. Die Antwort hieß: „Turbolader". Die erste Firma, die sich an diese nicht komplett neue Technik heranwagte, war Honda mit der CX 500, die im Jahr 1980 vorgestellt wurde. Kawasaki ließ sich etwas mehr Zeit mit der Umsetzung eines Motorades mit Turbolader und experimentierte noch, als bei Honda bereits die ersten Turbo-Motorräder auf den Straßen fuhren. Doch im Jahr 1981 erblickte man auf der Tokio-Motor-Show bereits ein 750er-Turbo-Modell in einem Glaskasten. Dann wurde es wieder still um das Projekt, und für alle Fachleute überraschend stand im Frühjahr 1983 eine 750er-Kawa mit Turbomotor im Rampenlicht. Die Z 750 entsprach dem damaligen Design der GPS-Modelle und war in Rot und Schwarz gehalten. Grundstein für den Turbomotor war der bekannte Vierzylindermotor, dessen Basis das Z-900-„Z1"-Aggregat war. Die Leistung von 112 PS war sensationell, in Deutschland gab es den Turbo-Brenner allerdings nur mit 100 PS.

Kawasaki Z 1000 R

Im Jahr 1983 erschien auf dem US-amerikanischen und dem europäischen Markt das Modell Z 1000 R, welches eine Replik des erfolgreichen Rennmotorrades aus der US-amerikanischen Superbike-Serie war. Im Jahr 1981 hatte der Amerikaner Eddie Lawson die dortige AMA Superbike Championship mit einer Z 1000 J gewonnen. 1982 kam die KZ 1000 S1 als reine Rennmaschine zeitgleich mit der Straßenversion KZ 1000 R1 auf den Markt. Kawasaki wollte mit der 1000 R1 als Replik der Meistermaschine Z 1000 J den Erfolg für sich auch auf der Straße nutzen. Daher bekam die R1 auch einen Aufkleber auf den Tank, der die Unterschrift Lawsons trug. Die zunächst nur auf den US-Markt beschränkte KZ 1000 R1 aus dem Jahr 1982 wurde in einer Auflage von etwa 1100 Exemplaren gebaut. Wesentliche Merkmale der Replik war die erstmals bei einer großen Straßen-Kawasaki genutzte Hausfarbe „lime-green", ein überaus aggressiv aussehendes Hellgrün. Von der zweiten Serie, die dann im Jahr 1983 auf nahezu allen Märkten eingeführt wurde, dürfte die Zahl der R2-Modelle etwa bei 4900 Stück liegen. Wesentliche Unterschiede zwischen der ersten und der zweiten Serie gab es nicht. Allerdings wurde die R2 auf manchen Märkten ausschließlich in Weiß angeboten, während sie in Deutschland, aber auch den USA ausschließlich in Grün erhältlich war.

Baujahr	1983
Motorbauart	Vierzylinder
Hubraum (cm³)	999
Leistung (PS bei 1/min)	98 bei 8500
Vmax in (km/h)	223
Rahmen	Doppelschleifen-Rohrrahmen, Teleskopgabel vorne, Schwinge, Zentralfederbein hinten
Gewicht (kg)	260

Baujahr	1982 bis 1984
Motorbauart	V-Vierzylinder
Hubraum (cm³)	748
Leistung (PS bei 1/min)	75 bei 9500
Vmax in (km/h)	180
Rahmen	Stahlrohr-Doppelschleifenrahmen, Teleskopgabel vorne, Schwinge, Federbeine hinten
Gewicht (kg)	236

Honda VF 750 S

Unter dem Projektkürzel M4 entstand im Entwicklungs-zentrum von Honda in zweijähriger Arbeit ein Motor, für den die Zahl „4", wie im Projektkürzel, von funda-mentaler Bedeutung war. Denn das neue Triebwerk hatte vier Zylinder, vier Ventile pro Zylindereinheit und vier Vergaser zur Gemischaufbereitung. Doch der Vier-zylindermotor war nicht in Reihe ausgerichtet wie die Motoren der Konkurrenz, sondern entstand als V-Motor mit 90-Grad-Neigungswinkel, und er hatte eine Wasser-kühlung. Unerwünschte Schwingungen fielen bei der VF-Motorenreihe sehr gering aus. Das war dem kurzen Hub der Kolben von nur 48,6 Millimetern zu verdanken. Das Chopper-Modell VF 750 C hatte erstmals eine eingebaute Benzinpumpe, die den Superkraftstoff vom tieferliegenden Tank an die vier höherliegenden Vergaser beförderte. Und noch eine technische Neu-heit hatten sich die japanischen Konstrukteure einfallen lassen: einen Kupplungshebel, der den Kraftschluss zwischen Motor und Getriebe auf hydraulischem Wege trennte. Das Fahrwerk hielt, was es beim ersten Augenschein versprach, und ging jede Geschwindigkeit bis in die höheren Regionen mit. Verärgert war der Chopper-Reiter allenfalls durch das Anti-Dive-System, das bei heftigen Bremsmanövern das Vorderrad springen ließ. Dass bei der VF 750 C die Honda-Stylisten intensiven Einblick in den Aufbau extremer Chopper nahmen, verdeutlichten der stark abgekröpfte Lenker sowie die konventionell rund gehaltenen Instrumente.

Honda VT 250 F

Bis in die frühen 1980er-Jahre glaubten die Hersteller im Motorradgeschäft, dass eine hohe Leistung in der 250er-Klasse nur eine Domäne der Zweitakt-Motoren sei. Dann kam die Honda VT 250 F auf den Markt und bewies allen Kritikern das Gegenteil. Der flüssigkeitsgekühlte V-Twin mit dem klassischen 90-Grad-Zylinderwinkel und vier Ventilen pro Zylinder drehte quirlig hoch und hatte auch optisch alles zu bieten, was sportliche Motorradfahrer sich damals für den fahrbaren Untersatz wünschten. Das Kühlmittel für den Motor wurde teil-weise durch die Rohre des Rahmens geleitet. Auch er-laubte der Motor durch seine Bauart eine niedrige Sitz-höhe und dadurch einen niedrigen Schwerpunkt sowie eine vorbildliche Gewichtsverteilung. Weitere moderne Neuerungen waren die innen belüftete vordere Einzel-bremsscheibe, mit der man eine bessere Bremsleistung erzielen wollte, die hydraulische Kupplung und die schlauchlosen Reifen auf den wunderschönen Comstar-Felgen.

Baujahr	1982 bis 1984
Motorbauart	V-Zweizylinder
Hubraum (cm³)	248
Leistung (PS bei 1/min)	35 bei 11.000
Vmax in (km/h)	160
Rahmen	Stahlrohrrahmen, Trac-Anti-Dive-Gabel vorne, Schwinge, Pro-Link-System hinten
Gewicht (kg)	149

Baujahr	1982 bis 1984
Motorbauart	Vierzylinder, Turbo
Hubraum (cm³)	653
Leistung (PS bei 1/min)	90 bei 9000
Vmax in (km/h)	194
Rahmen	Doppelschleifen-Stahlrohrrahmen, Teleskopgabel vorne, Schwinge, Federbeine hinten
Gewicht (kg)	262

Yamaha XJ 650 Turbo

„Tomorrow's Motorcycle, Today", das Motorrad von morgen schon heute. So stand es in der englischen Pressemitteilung der Yamaha-Europazentrale in Amsterdam im Jahr 1982. Es war das Geburtsjahr der Yamaha XJ 650 Turbo. Turbo, das hieß viel Leistung im mittleren und oberen Drehzahlbereich, aber auch ein Leistungsloch bei den unteren Drehzahlen. Das Fahren der Maschine bedeutete also vorausschauendes Fahren und

sanftes Gasgeben, denn bei einem plötzlichen Einsetzen der Mehrleistung durch den Turbo-Lader in einer Kurve konnte es sein, dass die Reifenhaftung nicht mehr mithalten konnte. Zwar hatte Yamaha versucht, dieser Unart Herr zu werden, doch war dies nur teilweise gelungen. Im Stadtverkehr übte die XJ 650 Turbo vornehme Zurückhaltung. Normales Mitschwimmen im Verkehr leistete die 650er genauso gut wie jede andere Maschine dieser Klasse mit Saugmotor. Denn tatsächlich fuhr der Turbo-Besitzer in dieser Zeit mit einer Saugmotormaschine. Eine Ausgleichsmembrane zwischen dem Luftfilter und den vier Mikuni-Vergasern ließ Frischluft direkt in den Motor, solange die 38 Millimeter kleine Turbine sich noch nicht schnell genug drehte, um Druck aufbauen zu können. Erst nachdem die Nadel des Drehzahlmessers über die 3000/min-Marke geklettert war, setzte der Lader spürbar ein. Danach baute die Turbine gleichmäßig Leistung auf, bis bei 9000/min die angegebenen 90 PS erreicht waren. In dieser Zeit ließ die XJ 650 ihren Fahrer das Turbogefühl voll auskosten.

Kawasaki GPZ 1100

Mit der Kawasaki GPZ 1100 versuchte der japanische Motorradhersteller Anfang der 1980er-Jahre, verlorenen Boden in der Big-Bike-Klasse gutzumachen. Doch bei der Vorstellung auf der Kölner IFMA traute man dem Premierestück nicht so recht zu, eine ernst zu nehmende Konkurrenz der Hondas und Suzukis zu sein. Aber ganz offensichtlich trafen die Kawasaki-Techniker den amerikanischen Geschmack. Dabei waren nicht nur die Beschleunigung und die Endgeschwindigkeit die Disziplinen, bei denen die Kawa die Note „sehr gut" verdiente, denn auch das Handling war für das scheinbar klobige Motorrad äußerst positiv. An diesem angenehmen Handling hatte das günstige Leergewicht einen hohen Anteil. Hier nahmen die Techniker alle Möglichkeiten wahr, um Gewicht einzusparen. So verwendeten sie eine Sitzbank aus Kunststoff, ließen den Kickstarter ganz weg und setzten die kleinen Bremsen der Z 750 ein. Um diese Bremsen dem höheren Gewicht und der höheren Geschwindigkeit anzupassen, griffen die Techniker zu einem anderen Bremsbelag mit höherem Reib-Beiwert. Das Getriebe der GPZ 1100 wurde vollkommen neu konstruiert, dabei betrafen die Änderungen vor allem die Abstufungen der einzelnen Zahnpaare. Wenn es an der Kawasaki etwas zu beanstanden gab, dann war es die langhubige, luftunterstütz-te Telegabel, die nur schwer einzustellen war.

Baujahr	1983 bis 1988
Motorbauart	Vierzylinder
Hubraum (cm³)	1090
Leistung (PS bei 1/min)	100 bei 8750
Vmax in (km/h)	227
Rahmen	Doppelschleifen-Rohrrahmen, Teleskopgabel vorne, Schwinge, Federbeine hinten
Gewicht (kg)	264

Baujahr	1982 bis 1984
Motorbauart	Einzylinder
Hubraum (cm³)	558
Leistung (PS bei 1/min)	38 bei 6500
Vmax in (km/h)	149
Rahmen	offener Einrohrrahmen
	Teleskopgabel vorne,
	Zentralfederbein hinten
Gewicht (kg)	145 (vollgetankt)

Yamaha XT 550

Die Enduro-Welle hatte mit der Yamaha XT 500 einen Höhepunkt erfahren. Doch nun kam 1982 neben dem Klassiker eine technisch aufwendige Konkurrenz, die Yamaha XT 550, aus eigenem Hause auf den Markt. Doch die beiden unterschieden sich so, wie sich bei den Geländefahrzeugen der Landrover Defender vom Range Rover unterschied. Die XT 550 war bequemer zu fahren und zeigte mehr Sinn für Technik und Komfort. Mit knapp 150 km/h Höchstgeschwindigkeit und zeitsparenden 5,7 Sekunden auf 100 km/h zählte die XT 550 in der Gruppe der 38-PS-Motorräder durchaus zu den flotteren Fortbewegungsmitteln. Im leichten Gelände verfolgte die XT 550 ihr Ziel geradlinig, ohne störrisch zu wirken, denn der sehr steil angestellte Lenkkopf und die drastische Verkürzung des Nachlaufs um 13 Millimeter verhalfen der 550 zu einer Wendigkeit, die die alte XT nie gekannt hatte. Auf unbefestigtem Terrain, wo sich Enduro-Fahrer zumindest gelegentlich bewegen sollten, kam diese Tugend besonders gut zur Geltung. Als eines der ersten Motorräder hatte die Enduro-Yamaha eine 12-Volt-Bordelektronik, die einen H4-Scheinwerfer mit dem nötigen Strom versorgte. Auf unebener Landstraße wirkte die Fahrwerksabstimmung nicht unbedingt weich, doch wurde auch hier der XT-Fahrer vergleichsweise kommod befördert. Abenteuerhungrige ohne ausgeprägten Hang zur Askese schätzten den Fahrkomfort ebenso wie ihre Gesinnungsgenossen, die in den komfortableren Range Rover kletterten.

Laverda 1000 Jota

Wem die Motorräder von der Stange japanischer Massenkonfektion zu langweilig waren, der besann sich 1981 gern italienischer Maßschneiderei. Ein Gefühl für Formen und Freude an außergewöhnlicher Technik brachten der südländischen Firma Laverda Weltruf ein. So war es auch bei der Laverda 1000 Jota. Doch bei dem Dreizylindermotor schieden sich die Geister. Die einen wollten auf das für Laverda typische Triebwerk nicht verzichten, die anderen ärgerten sich über die Rüttelneigung ab 4500 Umdrehungen in der Minute durch die ungewöhnliche Kurbelwellenkröpfung und die daraus resultierende Zündfolge. Wenn man aber einmal im Cockpit der Jota Platz genommen hatte und losgefahren war, fand man die wahre Domäne der Laverda. Es war zweifelsohne das Fahrwerk. Zu der angenehmen Sitzposition gesellte sich ein Fahrwerk, wie es nur die Italiener hinzaubern konnten. Die Fahrstabilität war ohne Tadel. Nur wegen der Gabel des Sportgerätes musste man ein wenig Komfortverlust hinnehmen, denn bei nur 130 Millimetern Federweg mussten die Federhärte und die Dämpfung naturgemäß sehr straff ausfallen. Komplett mit Brembo-Bremsen bestückt, hatte die Laverda damals das Beste, was es auf dem Markt gab. Wären also nicht die vibrationsfreudige Kurbelwelle, der zu geringe Federweg der vorderen Telegabel und der Preis von 12.490 D-Mark gewesen, hätte sich die 1000 Jota als Alternative zum japanischen Allerlei durchgesetzt.

Baujahr	1981 bis 1987
Motorbauart	Dreizylinder
Hubraum (cm³)	981
Leistung (PS bei 1/min)	85 bei 7600
Vmax in (km/h)	201
Rahmen	Doppelschleifen-Rohrrahmen,
	Teleskopgabel vorne, Schwinge,
	Federbeine hinten
Gewicht (kg)	258 (vollgetankt)

Baujahr	1981 bis 1985
Motorbauart	Vierzylinder
Hubraum (cm³)	1075
Leistung (PS bei 1/min)	100 bei 8700
Vmax in (km/h)	228
Rahmen	Doppelschleifen-Stahlrohrrahmen, Teleskopgabel vorne, Schwinge, Federbeine hinten
Gewicht (kg)	272

Suzuki GSX 1100 S Katana

Das Flaggschiff in der Katana-Modellreihe war ab 1981 die GSX 1100 S Katana. Optisch fiel das Bike durch das außergewöhnliche Design mit der spitzen Halbverkleidung mit dem kleinen Windschild auf, die in den langgezogenen Tank überging. Ansonsten ließ sich das Big Bike nur an seiner farblich anders gestalteten Sitzbank und einer anderen vorderen Radabdeckung von der 750er-Katana unterscheiden. Im Fahrbetrieb waren es dagegen Welten. Der neue GSX-1100-Vierventil-Motor leistete bärenstarke 100 PS und brachte das avantgardistische Sportbike auf über 220 Spitze. Der starke Vierzylindermotor beschleunigte das Sportbike in 3,6 Sekunden von 0 auf 100 km/h. Durch eine andere Nockenwelle erreichte die Katana außerhalb von Deutschland eine Leistung von 117 PS. In Amerika gab es das Zweirad sogar mit Klappscheinwerfer. Doch der erwartete Erfolg des Superbikes blieb aus, und so entschloss sich Suzuki, die Katana durch ein Nachfolgemodell zu ersetzen. Im Jahr 2000 wurde die Katana nochmals als Final Edition in einer Kleinserie von 200 Exemplaren aufgelegt.

BMW R 100 CS

Zwischen der neuen Enduro R 80 G/S und den Flaggschiffen R 100 RT und RS fristete die BMW R 100 S in den letzten Jahren ein Mauerblümchendasein. Nach viereinhalb Jahren Bauzeit, in denen nur Details geändert wurden, wollte sie keiner mehr haben. Marketing-Strategen von BMW erfanden daher die BMEW R 100 CS, die Classic Sport, die im Nostalgie-Look eine neue Käuferschicht ansprechen sollte. Äußerlich glich die CS einer mit schwarzem Metallic-Glanz aufgemotzten R 100 S. Erst bei näherem Hinsehen zeigte sich, dass die gute alte S nicht nur ein paar Retuschen, sondern in vielen Punkten handfeste Modellpflege erfahren hatte. Augenfälligstes Merkmal der nostalgischen Rückbesinnung war die hintere Trommelbremse, die erstens leichter und zweitens bei Nässe problemloser zu handhaben war. An der Telegabel verrichteten Brembo-Festsattelbremsen mit den dazugehörigen Scheiben ihren Dienst. Neuartige Beläge aus Kunstharz und Metall sollten das Ansprechverhalten bei Nässe verbessern. Beim Gasgeben überraschte das großvolumige Triebwerk durch für BMW-Verhältnisse quirlige Lebendigkeit. Am sanftesten lief die BMW zwischen 3000 und 4000 Umdrehungen in der Minute. Darüber wurde es ein bisschen zu rau, darunter mühte sich der Motor mit zwei Personen im großen Gang sehr. Die hervorragende Sitzposition mit gutem Knieschluss und günstig geformtem Lenker ließ ein ermüdungsfreies Fahren über lange Strecken zu.

Baujahr	1981 bis 1984
Motorbauart	Zweizylinder, Boxer
Hubraum (cm³)	980
Leistung (PS bei 1/min)	70 bei 7000
Vmax in (km/h)	183
Rahmen	Doppelschleifen-Rohrrahmen, Teleskopgabel vorne, Schwinge, Federbeine hinten
Gewicht (kg)	398 (vollgetankt)

BMW R 80 G/S

Baujahr	1980 bis 1987
Motorbauart	Zweizylinder, Boxer
Hubraum (cm³)	797,5
Leistung (PS bei 1/min)	50 bei 6500
Vmax in (km/h)	160
Rahmen	Doppelschleifen-Stahlrohrrahmen, Teleskopgabel vorne, BMW Einarmschwinge (Monolever) hinten
Gewicht (kg)	192 (vollgetankt)

Mit dem luftgekühlten Zweizylinder-Boxermotor war die BMW R 80 G/S der ganz große Wurf des Unternehmens in den 1980er-Jahren. Sie war die erste Reise-Enduro mit einem großvolumigen Zweizylindermotor und Einarmschwinge im Heck. Doch wie so oft bei zu viel Neuem wurde auch das neue BMW-Motorrad mit dem eigenwilligen Stil zunächst etwas zögerlich aufgenommen. In dieser Zeit hatte BMW werksseitig jegliches Interesse am Geländesport verloren.

Nur noch einige Privatfahrer tummelten sich bei diesen Veranstaltungen. Aber dies änderte sich mit der BMW R 80 G/S.

Bereits im ersten Produktionsjahr gewann BMW bei den legendären Six Days in Frankreich die Silbervase. Doch erst mit den Siegen bei der Paris-Dakar-Rallye in den Jahren 1981, 1983, 1984 und 1985 war das Interesse einer völlig neuen Käufergruppe, die gerade diese Art von großen Reise-Enduros wollte, geweckt. Zudem zeigte sich sehr schnell auch der Vorteil der einarmigen Hinterradschwinge in Kombination mit dem Kardanantrieb, die den Ausbau des Hinterrades enorm vereinfachten. Da sie handlich, komfortabel und zuverlässig war, griffen die Käufer nun in Scharen zur R 80 G/S und das Motorrad wurde in kürzester Zeit das Fortbewegungsmittel für zweirädrige Globetrotter. Bis zum Produktionsende wurden ca. 20.000 Motorräder verkauft.

Baujahr	1977 bis 1980
Motorbauart	V-Zweizylinder
Hubraum (cm³)	844
Leistung (PS bei 1/min)	70 bei 7000
Vmax in (km/h)	205
Rahmen	Doppelschleifenrahmen
	aus Stahlrohr, Telegabel vorne, zwei
	Federbeine hinten
Trockengewicht (kg)	198

Moto Guzzi Le Mans I

Im Jahr 1976 präsentierte Moto Guzzi mit der 850 Le Mans auf der Mailänder Motorradmesse eine völlige neue Sportler-Generation im Stil eines Cafe-Racers, die heute zu den Klassikern des italienischen Unternehmens gehört. Die gedrungene Cockpit-Verkleidung, die modisch mattschwarzen Anbauteile und Auspufftöpfe und die Gussspeichenfelgen gaben der Le Mans der ersten Serie ein unverwechselbares Aussehen. Eigentlich macht das gesamte Paket des italienischen Sportlers die Faszination aus, dazu gehören der leistungsgesteigerte V-Zweizylinder-Motor mit den riesigen 36-Millimeter-Dell'Orto-Vergasern, das geringe Gewicht von nur 198 Kilogramm und die Leistung von über 70 PS. Eine Höchstgeschwindigkeit von über 200 km/h tat ihr Übriges. Doch auch die Kombination aus sportlicher Dynamik, gefälligem Design und dem typischen Moto-Guzzi-Sound machte die 850er einzigartig. Viele der Le-Mans-Motorräder wurden auch nach Amerika exportiert, wo sie gegenüber der europäischen Version mit einigen Unterschieden wie Seitenreflektoren und einer geänderten Beleuchtung aufwarten konnten. Mittlerweile bereits in der fünften Generation, zählt heute die kompromisslose Le Mans der ersten Generation zu den begehrtesten V2-Guzzis unter Sammlern überhaupt.

Baujahr	1979 bis 1982
Motorbauart	Sechszylinder
Hubraum (cm³)	1047
Leistung (PS bei 1/min)	105 bei 9000
Vmax in (km/h)	225
Rahmen	Stahlrohr-Doppelschleifenrahmen, Teleskopgabel vorne, Schwinge, Federbeine hinten
Gewicht (kg)	274

Honda CBX 1000

Ende der 1970er-Jahre war Honda abermals in Zugzwang geraten. Die Motorwelt sprach nicht mehr über die CB 750 Four oder die GL 1000 Gold Wing, die Motorradfahrer balgten sich um die Kawasaki Z 1000, Suzuki GS 750 und Yamaha XS 750. Im gegenseitigen Leistungswettrüsten musste der weltgrößte Motorradhersteller unbedingt ein außergewöhnliches Modell nachschieben. Die Order an die Entwicklungsabteilung war daher kurz und bündig: Baut sofort ein Überbike! Mit den sensationellen Sechszylinder-Werksmaschinen hatte Honda 1966 und 1967 gleich vier WM-Titel in Reihe geholt. Als das Werk zehn Jahre später die CBX 1000 präsentierte, war die technische Ähnlichkeit mit dem erfolgreichen Rennmotorrad verblüffend. Mit der CBX war Honda ein weiterer Meilenstein in der Motorradgeschichte gelungen. Das Bike leistete 105 PS, war 274 Kilogramm schwer und brachte es auf 225 Stundenkilometer. Im ersten Verkaufsjahr 1979 ließen sich rund 1600 Maschinen allein in Deutschland absetzen. Mit großer Sorgfalt hatten Techniker und Stylisten die CBX 1000 so konstruiert, dass der Motor voll zur Geltung kam. Auch beim Motorsound wollte man alles Dagewesene übertreffen. Der Auspuffton sollte dem Geräusch eines Düsenjägers gleichen. Dafür saßen die Techniker tagelang am Militärflugplatz und nahmen startende und landende Jets auf.

Kawasaki Z 1300

Als Kawasaki im Jahr 1978 auf der IFMA die Z 1300 präsentierte, stand die Welt Kopf. Kein Wunder, denn das japanische Werk hatte gemäß dem Leitspruch „stärker und schneller als die anderen" mal wieder voll zugeschlagen und die Konkurrenz in die Schranken verwiesen. Das ca. 320 Kilogramm schwere Kraftrad mit wassergekühltem Sechszylinder-Triebwerk und Kardanwelle leistete 120 PS. Da kam auch die Honda CBX 1000 mit 105 PS nicht mehr mit. Im Rahmen der in Deutschland ins Leben gerufenen Selbstbeschränkung der Motorradhersteller wurde offiziell jedoch nur von um die 100 PS gesprochen. Im Jahr 1983 ersetzte Kawasaki im Zuge einer Modellpflege die drei 34er-Mikuni-Doppelvergaser durch eine Kraftstoffeinspritzung, und die Leistung kletterte auf 130 PS. Durch das hohe Gewicht und die Größe des Motorrades war die Z 1300 kein Kostverächter, und auch die Spitzengeschwindigkeit gestaltete sich durch das massige Motorrad mit 215 km/h eher als gesittet. Doch das turbinenartige Motorengeräusch im Zusammenspiel mit dem vibrationsarmen Hochdrehen machte aus dem Big Bike bald ein Kultmotorrad. Doch die Freude über die gewaltige Power währte nicht lange. Schon bald kam eine kritische Diskussion über Sinn und Unsinn solch hoher Motorleistung auf und das Motorrad verschwand wieder vom Markt.

Baujahr	1979 bis 1989
Motorbauart	Sechszylinder
Hubraum (cm³)	1286
Leistung (PS bei 1/min)	99 bei 7500
Vmax in (km/h)	215
Rahmen	Brückenrahmen aus Stahl, Teleskopgabel vorne, Schwinge, Federbeine hinten
Gewicht (kg)	318

Baujahr	1978 bis 1986
Motorbauart	V-Zweizylinder
Hubraum (cm³)	344
Leistung (PS bei 1/min)	34 bei 6850
Vmax in (km/h)	155
Rahmen	Doppelschleifenrahmen
aus Stahlrohr, Marzocchi-Teleskopgabel,	
Schwinge, Ceriani-Federbeine hinten	
Gewicht (kg)	160

Moto Morini 3 1/2

Der Rennfahrer Alfonso Morini gründete im Jahr 1937 in Bologna ein Unternehmen zur Herstellung von Transportdreirädern. Nach dem Zweiten Weltkrieg begann Morini mit der Fertigung eigener Motorräder. Die Marke beteiligte sich gleichzeitig am Motorsport. Seine Rennmaschinen stellte Morini im Jahr 1950 auf Viertakter um. Unter Rennsportfreunden unvergessen war die Saison 1963, als Tarquinio Provini auf dem schnellen Einzylinder die Vierzylinder-Honda von Jim Redman mehrfach schlagen konnte und mit zwei Punkten Rückstand Vizeweltmeister wurde. Als nach dem Tod Alfonso Morinis im Jahr 1969 seine Tochter Gabriella die Firmenleitung übernahm, erschien eine neue Motorengeneration mit Touren-, Sport- und Enduro-Modellen. Mit der Moto Morini 3 1/2 gelang Morini ab 1971 die internationale Anerkennung im Motorradbereich. Besonders in der Ausführung 3 1/2 Sport konnte die schlanke Maschine mit dem ungewöhnlichen 72-Grad-V ihre Vorteile ausspielen. Darüber hinaus sorgten sogenannte Heron-Brennräume für geringen Verbrauch. Im Jahr 1986 wurde die italienische Motorradmarke vom Cagiva-Konzern übernommen.

MV Agusta 750 Sport America

Da Italien nach dem Zweiten Weltkrieg vorerst keine Rüstungsgüter herstellen durfte, war die Luftfahrt für das Flugzeugwerk Costruzioni Aeronautiche Giovanni Agusta abgeschrieben. Doch der Sohn des Firmenchefs Domenico Agusta gründete die Firma Meccanica Verghera, die im Jahr 1946 ihr erstes Motorrad vorstellte. Bereits ein Jahr später präsentierte der neue Motorradhersteller MV Agusta mit der 125 Bicilindrica eine erste Serienmaschine. Renneinsätze machen die Marke rasch bekannt: Die ab dem Jahr 1948 eingesetzten Werksrennmaschinen erzielten bis zum Jahr 1976 insgesamt 275 Grand-Prix-Siege und 38 Fahrerweltmeisterschaften. In puncto Linienführung sorgen 1975 zwei enthusiastische Amerikaner für eine entscheidende Wende bei MV Agusta: Als Nachfahre der ersten Straßenmaschine entstand im MV-Werk in Gallarate (Provinz Varese in der Lombardei) auf deren Anstoß in nur 50 Tagen ein Prototyp, der in Anlehnung an die erfolgreichen Rennmaschinen von Phil Read und Giacomo Agostini einen eindrucksvollen Bogen von der Serienfertigung zu den Renngeräten schlug –

nicht zuletzt dank neuer Ceriani-Gabel sowie einer äußerst straffen Fahrwerksabstimmung hinten, um die bei Lastwechsel einsetzenden Kardanreaktionen in Zaum zu halten. Die America gab es mit 750 oder 790 Kubikzentimetern, für die der ehemalige MV-Rennleiter Arturo Magni Tuning-Zubehör wie eine spezielle Auspuffanlage im Look der Werksrenner anbot.

Baujahr	1975 bis 1978
Motorbauart	Vierzylinder
Hubraum (cm³)	789,3
Leistung (PS bei 1/min)	75 bei 8500
Vmax in (km/h)	210
Rahmen	Doppelschleifen-Rohrrahmen,
Telegabel vorne, Zweiarmschwinge,	
Federbeine hinten	
Gewicht (kg)	240

Baujahr	1978 bis 1983
Motorbauart	Dreizylinder
Hubraum (cm³)	826
Leistung (PS bei 1/min)	79 bei 8500
Vmax in (km/h)	196
Rahmen	Doppelschleifen-Stahlrohrrahmen, Teleskopgabel vorne, Schwinge, Federbeine hinten
Gewicht (kg)	258

Yamaha XS 850

Ohne Viertakter keine Zukunft. Das wurde Ende der 1970er-Jahre auch Yamaha klar. Aber wie sollte das neue Spitzenmodell aussehen? Zwei- und Vierzylinder gab es genug, warum also nicht die goldene Mitte mit drei Zylindern wählen? Gesagt, getan – und 1976 konnten die deutschen Motorradfans bei der Internationalen Fahrrad- und Motorradausstellung in Köln die Umsetzung der Yamaha-Idee bewundern. Luftkühlung, horizontal geteiltes Motorgehäuse, zwei obenliegende Nockenwellen, ein Kardanantrieb und eine flache Drehmomentkurve waren

die Hauptargumente für die neue XS 750. Im Frühjahr 1977 nahmen die ersten deutschen Kunden ihr Motorrad in Empfang und damit nahm das schlechte Urteil über die XS 750 seinen Lauf. Die Ölpumpen der neuen Maschinen zogen Luft und verhinderten eine optimale Ölversorgung des Motors. Die Primärkette war viel zu schwach ausgelegt und riss im schlechtesten Fall. Bei Yamaha versuchte man schnellstmöglich auf Kulanz umzurüsten und die nachfolgenden Modelle zu verstärken und zu verbessern, doch der gute Ruf Yamahas war dahin. So entschloss man sich 1980, aus der XS 750 ein völlig neues Modell zu machen. Den Hubraum stockte man um 100 Kubikzentimeter auf, damit stieg die Höchstleistung auf beachtliche 79 PS. Inzwischen hatte das Motorrad auch zur Yamaha-üblichen Laufkultur zurückgefunden.

Yamaha XS 1100

Eine Yamaha XS 1000 wurde erstmalig im Jahr 1977 bei der Motorshow in Las Vegas präsentiert. Doch den Fachleuten war das Motorrad zu mickrig. Daher zogen sich die japanischen Ingenieure nochmals in e n stilles Kämmerlein zurück und dachten nach. Prompt erschien zum Pariser Salon im Herbst des gleichen Jahres die XS 1100 als serienreifes Motorrad. Da die Konkurrenz mit ihren Modellen bei einem Liter Hubraum geblieben war, war die neue Yamaha das hubraumstärkste Großserienmotorrad der Welt. Bei der neuen, großen Maschine war Yamaha bei der Produktion und bei der technischen Auslegung eigene Wege gegangen. Die bullige Gesamterscheinung mit dem großen 24-Liter-Tank, das hohe Gewicht und der Kardanantrieb zielen nicht auf den sportlich orientierten Fahrer ab, sondern auf den erfahrenen Langstreckenfahrer. Mit 95 PS ließ das voluminöse Yamaha-Triebwerk vorerst keine Wünsche offen. Der Reihen-Vierzylindermotor mit der gleitgelagerten Kurbelwelle und zwei Ventilen pro Brennraum entsprach in den Grundzügen der 1976 vorgestellten XS750-Dreizylinder-Yamaha. Im Laufe der Jahre erfuhr die XS 1100 nur eine behutsame Modellpflege. Die auffälligste Änderung sollte 1979 in Form einer Vollverkleidung die ungenügende Tourentauglichkeit verbessern.

Baujahr	1978 bis 1981
Motorbauart	Vierzylinder
Hubraum (cm³)	1101
Leistung (PS bei 1/min)	95 bei 8500
Vmax in (km/h)	223
Rahmen	Doppelschleifen-Stahlrohrrahmen, Teleskopgabel vorne, Schwinge, Federbeine hinten
Gewicht (kg)	261

Baujahr	1972 bis 1978
Motorbauart	Sechszylinder
Hubraum (cm³)	747
Leistung (PS bei 1/min)	63 bei 8500
Vmax in (km/h)	200
Rahmen	Stahl-Zentralrohrrahmen, doppelte Unterzüge, Marzocchi-Teleskopgabel vorne, Sebac-Federbeine hinten
Gewicht (kg)	235

Benelli 750 Sei

Nachdem Benelli zusammen mit Moto Guzzi und den Automarken Maserati, Ghia und Vignale im Jahr 1971 vom Tomaso-Konzern geschluckt worden war, nahm der neue Chef den Kampf gegen die japanischen Hersteller auf und ließ nach dem Vorbild der Honda CB 500 durch Hinzufügen zweier weiterer Zylinder das weltweit erste in Serie produzierte Sechszylinder-Motorrad entwerfen. Während der 200 Meilen von Imola präsentierte der ehemalige Benelli-Werksfahrer Tarquinio Provini im Jahr 1973 die Benelli 750 Sei den begeisterten Zuschauern und drehte ein paar Runden mit dem Sechszylinder-Motorrad. Das kühn angelegte Unternehmen gegen die durchgesickerten Pläne von Kawasaki und Honda war gelungen, die Benelli 750 Sei fuhr bereits. Auch wenn die Benelli den im Hubraum stärkeren Japanern unterlegen schien, konnte sie schlussendlich beim sehr guten Handling und durch ihr geringeres Gewicht punkten. Bis das Super-Bike auf den Markt kam, dauerte es jedoch bis ins Jahr 1974, und ein Jahr später konnte die 750 Sei für schlappe 10.000 D-Mark auch in Deutschland gekauft werden. Die einzigartigen sechs Auspuffrohre dieser einmaligen Maschine entfielen bei den späteren Versionen mit 900 Kubikzentimetern, die noch bis ins Jahr 1989 im Programm blieben.

Harley-Davidson Low Rider FXS-1200

Der zweite große Wurf gelang Willie G. Davidson und seiner Crew im Jahr 1977 mit der FXS-1200 Low Rider. Obwohl das Motorrad aus den bewährten und vorhandenen Materialien zusammengesetzt war, wirkte das Custom-Bike mit dem Soft-Chopper-Design wie aus einem Guss. Mit der niedrigen Sitzhöhe von nur 68 Zentimetern war die leicht zurückgelehnte Sitzposition für den Fahrer äußerst bequem. Dazu kamen das kraftvolle 1200-ccm-Triebwerk der Bob-Tank, eine flache Showa-Gabel und eine riesige Zwei-in-eins-Auspuffanlage. Zum Anlassen konnte gekickt werden, oder man betätigte einfach den Anlasser – absolut genial. Doppelscheiben am Vorderrad und eine einzelne Scheibenbremse am Hinterrad brachten das schwere Motorrad in jeder Situation zum Halten. Bereits das erste Verkaufsjahr brachte 3742 Verkäufe des Low Riders, ein Jahr später waren es schon 9787 verkaufte Maschinen. Reichliches Chromzubehör und spezielles Outfit machten den Low Rider schließlich zum Symbol der neuen Harley-Davidson-Szene, damit war das Outlaw-Image endgültig vorbei. Der schnelle Erfolg gab schlussendlich dem Designerteam um Willie G. Davidson den Weg frei für weitere grandiose Custom-Ideen in den folgenden Jahren.

Baujahr	1977 bis 1982
Motorbauart	V-Zweizylinder
Hubraum (cm³)	1206
Leistung (PS bei 1/min)	58
Vmax in (km/h)	165
Rahmen	Doppelschleifen-Stahlrohrrahmen, Teleskopgabel vorne, Federbeine hinten
Gewicht (kg)	261

Baujahr	1976 bis 1984
Motorbauart	Boxer-Zweizylinder
Hubraum (cm³)	980
Leistung (PS bei 1/min)	70 bei 7250
Vmax in (km/h)	200
Rahmen	Doppelschleifen-Stahlrohrrahmen, Telegabel vorne, Hinterradschwinge, zwei Federbeine hinten
Gewicht (kg)	230 (vollgetankt)

BMW R 100 RS

Im Jahr 1976 erregte BMW mit der Ankündigung eines neuen luftgekühlten Boxer-Motorrads mit Ein-Liter-Motor abermals Aufsehen. Die BMW R 100 RS löste die 900er-Modelle ab. Doch die Motorrad-Gemeinde war zweigeteilt, die einen fanden sie total hässlich, die anderen fanden das erste vollverkleidete Serienmotorrad selbstbewusst und majestätisch. Die voluminöse Vollschale war komplett im Windkanal entwickelt worden. So viel Schutz vor Wind und Wetter hatte es weltweit bis dahin noch nicht gegeben, und mancher Pilot sah verdutzt auf den Tacho, wenn er doppelt so schnell unterwegs war, als er durch den nicht vorhandenen Winddruck vermutete. Doch hatte die Karosserie auch zwei schwerwiegende negative Seiten: zum einen war sie sehr ausladend geraten und zum anderen machte sie die komplette Maschine unnötig schwer. Im Vergleich zur 5 PS schwächeren BMW R 100 S mit Lenkerverkleidung erreichte sie dadurch auch keine höhere Endgeschwindigkeit. Bis zum Erscheinen der Vierzylinder-K-BMW im Jahr 1983 wurden dennoch 33.648 Einheiten verkauft.

Ducati 900 Super Sport

Gegründet wurde das Unternehmen im Jahr 1926 von Narcello und Adriano Ducati in Bologna. Als nach dem Zweiten Weltkrieg im Jahr 1947 der erste Ducati-Kleinmotor Cucciolo mit lediglich 48 Kubikzentimetern erschien, hatte sich die Firma bereits einen hervorragenden Ruf als Hersteller von Elektrogeräten erworben. Über 60.000 Motoren zum Nachrüsten von Fahrrädern konnten bereits im ersten Jahr verkauft werden. Ein Jahr später kamen die ersten Rennerfolge hinzu, als man die 50-ccm-Klasse in Monza gewann und Ugo Tamarozzi im Jahr 1952 einen Geschwindigkeitsweltrekord aufstellte. Weitere Zweiräder folgten mit der Ducati 125 Sport, der 200 TS oder der Ducati 450 R/T. In den 1960er-Jahren erschienen neben kleinen Zweitaktern Serienviertakter mit Königswelle und zusätzlicher Desmodromik bei den Sportmodellen, so die Mark 3, mit der Ducati den US-Markt eroberte. Der Prototyp des Königswellen-Zweizylinders für die Straße erschien als 750 GT im August 1970 nach dem Doppelsieg in Imola. Ihr folgte 1975 zusätzlich die 900 Super Sport, die auf dem ein Jahr vorher präsentierten Tourer 860 GT basierte. Dank geringer Stirnfläche und entsprechender Übersetzung schlug sie sogar die 900er-Kawasaki in der Höchstgeschwindigkeit und war mit 225 km/h kurzzeitig das schnellste Serienmotorrad der Welt.

Baujahr	1976 bis 1980
Motorbauart	V-Zweizylinder
Hubraum (cm³)	864
Leistung (PS bei 1/min)	75 bei 7500
Vmax in (km/h)	225
Rahmen	Rückgratrahmen, Teleskopgabel vorne, Zweiarmschwinge, zwei Federbeine hinten
Gewicht (kg)	210 (vollgetankt)

Baujahr	1976 bis 1977
Motorbauart	Vierzylinder
Hubraum (cm³)	903
Leistung (PS bei 1/min)	82 bei 8500
Vmax in (km/h)	220
Rahmen	Doppelschleifen-Rohrrahmen, Teleskopgabel vorne, Schwinge, Federbeine hinten
Gewicht (kg)	230

Kawasaki KZ 900 LTD

Speziell für den US-Markt baute Kawasaki im Jahr 1976 die KZ 900 LTD (LTD „limited" = begrenzte Stückzahl), und tatsächlich wurden nur insgesamt 2000 Maschinen zwischen 1976 und 1977 produziert. Die Kawasaki KZ 900 LTD war weltweit der erste Großserien-„Softchopper", made in Japan. Typische Kennzeichen waren: Hochlenker, Tropfentank, breites 16-Zoll-Hinterrad und kurze Schalldämpfer. Nur wenige dieser wunderschönen Bikes wurden auf private Initiative hin nach Deutschland importiert, offiziell gab es diese Kawasaki in Europa nie zu kaufen. Das Motorrad hatte nun verstärkte Rahmenrohre und bessere Bremsen mit 296-Millimeter-Bremsscheiben statt der 200er-Scheiben. Durch eine feine Überarbeitung des Motors konnten nochmals 2 PS mehr herausgekitzelt werden. Durch ein Aufbohren des Hubraums auf 1015 Kubikzentimeter entstand ab 1977 die Kawasaki Z 1000 A1.

Kawasaki Z 750

Ab 1975 war Kawasaki mit einer eigenen Werkniederlassung in Frankfurt vertreten und konnte so vor Ort die Kawasaki-Motorräder der deutschen Kundschaft anpassen. Das Motorrad wurde auch in Europa langsam zum Spaßmobil, und in der Gruppe der Hobbymotorradfahrer kristallisierten sich die „echten Kerle", die auf kernige Maschinen standen, immer deutlicher heraus. Motorräder, die von einem großvolumigen Viertakt-Twin angetrieben wurden, einen Kickstarter, ein vernünftiges Fahrwerk, gute Bremsen und eine ansprechende Optik hatten. In der Sparte wollte auch Kawasaki Deutschland mitmischen, und so präsentierte die Firma 1976 die Z 750. Bei der neuen Parallel-Twin flogen die beiden Kolben auch im Gleichschritt auf und ab, doch die japanischen Konstrukteure hatten sich für ein quadratisches Hub-Bohrungs-Verhältnis entschieden. Das hielt nicht nur die Kolbengeschwindigkeit in Grenzen, sondern schonte zudem noch das Material. Auch beim Antrieb, beim Fahrgestell und beim Getriebe griffen die Techniker tief in ihre Trickkiste. Für die damalige Zeit konnte man die Kawasaki Z 750 getrost eine Hightech-Maschine nennen.

Baujahr	1976 bis 1978
Motorbauart	Zweizylinder
Hubraum (cm³)	745
Leistung (PS bei 1/min)	50 bei 7000
Vmax in (km/h)	175
Rahmen	Doppelschleifen-Rohrrahmen, Teleskopgabel vorne, Schwinge, Federbeine hinten
Gewicht (kg)	235

Baujahr	1976 bis 1989
Motorbauart	Einzylinder
Hubraum (cm³)	499
Leistung (PS bei 1/min)	27 bei 5900
Vmax in (km/h)	125
Rahmen	Zentralrohrrahmen aus Stahl, Teleskopgabel vorne, Schwinge, Federbeine hinten
Gewicht (kg)	150

Yamaha XT 500

Vor der Yamaha XT 500 kam die TT 500 in den USA auf den Markt. Die TT war für US-amerikanische Verhältnisse konzipiert, als Spaßfahrzeug für Offroad-Trips ähnlich dem VW Buggy oder als Basisfahrzeug für Wüstenrallyes. Als Yamaha den europäischen Fachleuten 1976 in Marokko das neue Modellprogramm präsentieren wollte, war es ausgerechnet die XT 500, die keinen Ton von sich geben wollte. Selbst der oberste PR-Manager brachte sie mit dem Kickstarter und hochrotem Kopf nicht zum Laufen. Doch die XT 500 konnte im Laufe ihres langen Lebens auch anders. Sie war bedingungslos treu und murrte nicht, wenn ihr Besitzer sie samt Übergepäck bis ans andere Ende der Welt bringen wollte. Sie führte in Deutschland den Begriff „Enduro" ein und versprach ihren Reitern die Flucht aus dem überzivilisierten Alltag. Ab 1977 wurde die XT 500 offiziell in Deutschland importiert, mit anderer Auspuffanlage und durch einen geänderten Ansaugstutzen auf 27 PS gedrosselt. Als Gründe dafür wurden die Geräuschentwicklung sowie mangelnde Stabilität bei hohen Geschwindigkeiten aufgrund der Rahmengeometrie und nicht die für Autobahngeschwindigkeiten geeignete Stollenbereifung angegeben. Schon im ersten Jahr wurden in Deutschland 2005 Zulassungen registriert, 1981 wurde dann mit 4160 Stück die höchste jährliche Zulassungszahl erreicht. Trotz der starken Konkurrenz behielt die XT 500 aufgrund der simplen und zuverlässigen Technik weiterhin viele Anhänger und wurde bis 1989 weitergebaut.

Beta 125 GS

Die Societa Giuseppe Bianchi wurde im Jahr 1904 als Fahrradhersteller in Florenz gegründet. Ab 1940 baute die Firma in ihre Fahrräder kleine Zweitaktmotoren mit einem Zylinder ein und hieß ab jetzt Beta. Seit 1960 entwickelt und baut das Unternehmen auch eigene Motoren. Mit dem Umstellen des Verkaufsprogramms auf Trial-Motorräder und Motorroller zog die Firma im Jahr 1972 nach Rignano sull'Arno um. Bereits in den 1960er-Jahren engagierte sich Betamotor bereits im Geländesport wie zum Beispiel auch beim Six-Days-Wettbewerb. Durch die ersten Erfolge in dieser Zuverlässigkeitsfahrt entschied sich die Geschäftleitung von Beta Anfang der 1970er-Jahre im Geländesport mit eigenen Werksmaschinen anzutreten. Die neue Modellpalette umfasste Motorräder mit Zweitaktmotoren von 50, 100 und 125 Kubikzentimetern. Im Jahr 1976 stellte sich bereits der erste Erfolg durch den Gewinn der italienischen Meisterschaft in der 125er-Cross-Klasse ein. Die Beta 125 GS schuf das italienische Werk im Jahr 1975 auf Anregung des großen amerikanischen Motorradimporteurs Berliner als Enduro. Erst später entwickelte und baute Betamotor außerdem Viertaktmotoren, blieb aber auch dort den Einzylindern treu.

Baujahr	1975
Motorbauart	Einzylinder, Zweitakt
Hubraum (cm³)	124
Leistung (PS bei 1/min)	20
Vmax in (km/h)	120
Rahmen	Rohrrahmen aus Aluminium, Teleskopgabel vorne, Schwinge, Federbeine hinten
Gewicht (kg)	ca. 100

Baujahr	1975 bis 1978
Motorbauart	Vierzylinder
Hubraum (cm³)	405
Leistung (PS bei 1/min)	37 bei 8500
Vmax in (km/h)	158
Rahmen	Stahlrohr-Doppelschleifenrahmen, Teleskopgabel vorne, Schwinge, Federbeine hinten
Gewicht (kg)	183 (vollgetankt)

Honda CB 400 Four

Ende der 1960er-Jahre waren die Verkaufszahlen bei Honda im Vergleich zu den japanischen Konkurrenten immer noch bescheiden. Dazu kam das schlechte Image der japanischen Motorräder, die als „Reiskocher" verspottet wurden, dabei hatten sie gegenüber den amerikanischen und europäischen Motorradherstellern gute Leistungen, eine moderne Technik und das Ganze zu einem günstigen Preis zu bieten. Mitte der 1970er-Jahre setzte dann die Konjunktur im Absatz von japanischen Motorrädern ein, und auch Hondas Verkaufsstatistik zeigte steil nach oben. Doch im Gegensatz zu Yamaha, Kawasaki oder Suzuki blieb Honda bei den Entwicklungen dem Viertakt-Prinzip treu. Eine dieser Weiterentwicklungen war die Honda CB 400 Four, die im Jahr 1975 vorgestellt wurde. Der Hubraum war gegenüber der CB 350 Four auf 405 Kubikzentimeter vergrößert worden, was einer Leistung von 37 PS entsprach, gar nicht so wenig gegenüber der zweitaktenden Dreizylinder-Kawa KH 400 mit lediglich 36 PS. Eine bildschöne Besonderheit war die 4-in-1-Auspuffanlage der CB 400 Four, die den sportlichen Charakter des 183 Kilogramm schweren Motorrads unterstreichen sollte. Im Sommer 1976 stand die Honda CB 400 Four in Deutschland für 4878 D-Mark in den Schaufenstern der Honda-Filialen.

Honda GL 1000 Gold Wing

Das erste Modell der Honda Gold Wing war die GL 1000 K0. Sie machte im Jahr 1974 Furore. Ein Motorrad mit 1000 Kubikzentimetern Hubraum, einem wassergekühlten Vierzylinder-Boxermotor mit 82 PS und Kardanantrieb hatte es vorher nicht gegeben. Der Tank der Gold Wing 1000 war eine Attrappe, die tatsächlich nur die Elektrik und ein Handschuhfach beherbergte. Der eigentliche Benzintank war vor dem Hinterrad platziert. In mehreren Serien wurde im Rahmen der Modellpflege der Hubraum erweitert. Von 1979 bis 1983 wurde ein Modell mit 1100 Kubikzentimetern Hubraum gebaut, und ab 1984 hatte der Motor 1200 Kubikzentimeter. Später kamen Ausstattungsvarianten hinzu, über Frontscheiben, Vollverkleidungen und serienmäßige Koffer bis hin zum Luxus-Tourenmodell Aspencade.

Nach dem Auslaufen der Vierzylinderserie wird seit 1988 als Nachfolgemodell die Sechszylinder-Boxer Honda GL 1500 angeboten. Die GL 1500 SE war das Modell für den amerikanischen Markt und hatte 98 PS. Sie hatte außer Radio mit Kassettenlaufwerk auf Wunsch auch Funk mit an Bord. Die amerikanischen Modelle hatten optional ab Werk auch noch zwei „Kurvenscheinwerfer", die leuchteten, sobald der rechte bzw. linke Blinker betätigt wurde.

Baujahr	1975 bis 1980
Motorbauart	Boxer-Vierzylinder
Hubraum (cm³)	999
Leistung (PS bei 1/min)	82 bei 7500
Vmax in (km/h)	198
Rahmen	Stahlrohr-Doppelschleifenrahmen, Teleskopgabel vorne, Schwinge, Federbeine hinten
Gewicht (kg)	195 (vollgetankt)

Honda CB 750 Four

FREIHEIT
1970er

Baujahr	1975 bis 1987
Motorbauart	V-Zweizylinder
Hubraum (cm³)	844
Leistung (PS bei 1/min)	59 bei 6800
Vmax in (km/h)	150
Rahmen	Doppelschleifenrahmen
	aus Stahlrohr, Telegabel vorne,
	zwei Federbeine hinten
Trockengewicht (kg)	245

Moto Guzzi 850 T3 California

Ab 1971 entwickelte Moto Guzzi die V7 Special weiter. Es entstand das Tourenmodell 850 T3, das dem Vorgängermodell noch sehr ähnelte. Auch eine Maschine für den amerikanischen privaten Markt und als Polizeimodell mit dem Namen „California" wurde auf der Mailänder Ausstellung gezeigt. Mit dem Moto-Guzzi-Modell „California" sollte den Motorrädern aus Milwaukee Paroli geboten werden. Die Produktion lief im Jahr 1972 an. Die ersten 835 Motorräder waren mit tourentauglicher Vollausstattung wie Trittbretter, Sturzbügel, Koffer und Windschild ausgestattet, außerdem verfügten sie über ein stabiles Fahrwerk, hervorragende Integralbremsen und boten auch auf kurvenreichen Strecken eine ausreichende Freiheit bei Schräglagen. Niemand hatte es für möglich gehalten, doch mit der „California" erzielte die Marke Moto Guzzi abermals hohe Verkaufszahlen und machte sich im Jahr 1975 daran, eine überarbeitete Version der „California" mit Abgasrückführung, die T3, auf den Markt zu bringen. Das neue Motorrad war nun umweltfreundlicher, leistungsstärker und überzeugte durch das neue Integral-Bremssystem. Vor allem dieses patentierte System, das half, den Bremsweg zu verkürzen und die Stabilität während des Bremsens zu erhöhen, brachte dem Tourer den entscheidenden Vorteil.

Suzuki RE5 Rotary

Da sich die japanische Motorradindustrie in den 1970er-Jahren vor keinem noch so gewagten Experiment scheute, schien nichts unmöglich zu sein. Mit der neuen RE5 Wankel hatte sich Suzuki jedoch sehr viel vorgenommen. In kein anderes Modell wurden so viel Entwicklungszeit und Geld investiert, allein 20 Patente hatte man während der Entwicklungsphase der flüssigkeitsgekühlten RE5 angemeldet. Bei Suzuki war man überzeugt, die technikverrückten Motorradfahrer würden den Händlern dieses außergewöhnliche Bike aus den Händen reißen. Doch die Wankel wurde zu schwer, war zu schwach und zu langsam. So lockte die RE5 keinen geschwindigkeitsvernarrten Biker hinter dem Ofen hervor, und die RE5 wurde zu einem Ladenhüter. Es war die damalige Zeit, die dem Wankelmotorrad keinen Erfolg bescherte, denn die echten Motorradfahrer kannten die Zwei-oder Vierttakttechnik auswendig, hier konnte geschraubt und unterwegs durch Improvisieren wieder weitergefahren werden. Falls gar nichts mehr ging, nahm man sein Halstuch und band es an den Lenker, ein Hinweis, den alle Biker kannten. Hier war Hilfe vonnöten, und irgend ein Zweiradkollege wusste immer Rat. Aber ein Rotationsscheiben-Motorrad – wie funktionierte das? Viel zu viele Fragen blieben offen, und so wurde Suzukis Traum vom Superseller zum Albtraum.

Baujahr	1975 bis 1978
Motorbauart	Einscheiben-Wankel
Kammervolumen (cm³)	487
Leistung (PS bei 1/min)	62 bei 6500
Vmax in (km/h)	184
Rahmen	Doppelschleifen-Stahlrohrrahmen,
	Teleskopgabel vorne, Schwinge,
	Federbeine hinten
Gewicht (kg)	230

Baujahr	1975
Motorbauart	Dreizylinder
Hubraum (cm³)	740
Leistung (PS bei 1/min)	58 bei 7250
Vmax in (km/h)	200
Rahmen	Doppelschleifen-Rohrrahmen, Teleskopgabel vorne, Schwinge, Federbeine hinten
Gewicht (kg)	228

Triumph 750 T160V Trident

Das Triumph-Werk stand im Jahr 1974 unter einem denkbar ungünstigen Stern. Monatelange Streiks legten die Produktion von Motorrädern lahm, und nur wenige Maschinen verließen die Bänder des Werks. Erst im darauffolgenden Modelljahr konnte wieder ein neues Dreizylindermodell vorgestellt werden, die 750er T160V Trident. Sie war ein Zusammenwürfeln von Teilen aus BSA- und Triumph-Motorrädern. Von der BSA A 75R Rocket 3 kam der Motor, der mit Fünfganggetriebe, Schaltung auf der linken Seite und einem E-Starter ausgestattet war. Die Krümmerrohre des Mittelzylinders teilten sich bei der neuen Verbrennungsanlage wie immer direkt am Zylinderkopf, verliefen dann jedoch parallel zu den äußeren Zylinderrohren bis unter den Motor, um sich dort in einem Sammler zu treffen. Diese Auspuffanlage war so geschickt entworfen, dass man auf den ersten Blick glauben konnte, beim Triebwerk handele es sich um einen Vierzylinder. Das auf diese Weise modifizierte Ex-BSA-Rocket-3-Triebwerk leistete 58 PS bei 7250/min und wurde in den T150V-Rahmen gebaut. Der Hochlenker, der 22-Liter-Tropfentank und eine gepolsterte schwarze Sitzbank gaben der Trident das Aussehen einer sportlichen Tourenmaschine. Das 228 Kilogramm schwere Motorrad wurde vorn und hinten von einer Lockheed-Scheibenbremse verzögert. Nur knapp ein dreiviertel Jahr war die 6900 D-Mark teure T160V Trident gebaut worden, bevor Triumph die Produktion einstellte.

Yamaha XS 650

Im Jahr 1974 wurde der 650er-Motor von dem speziell für den Viertakter-Motor engagierten Briten Percy Tait komplett überarbeitet. Der Experte für Viertakter war zuvor 20 Jahre lang bei Triumph in der Renn- und Entwicklungsabteilung tätig gewesen. Mit der Überarbeitung des Motors entstand nach der Beseitigung der thermischen Probleme der erfolgreichste Big-Twin Yamahas. Grundstock der Modellpalette stellte die US-amerikanische TX 650 mit optimiertem Fahrwerk dar. Mittels längerer Pleuel, kürzerer Kolben, geänderten Steuerzeiten, optimierter Schmierung, anderen Vergasern und Kupplung brachte es die XS 650 auf 51 PS. Ständige Modifikationen wie unter anderem die Senkung der Leistung auf versicherungsgünstige 50 PS im Jahr 1976, neue Schwimmbremssättel im Modelljahr 1977, ein laufruhigerer Ventiltrieb im Jahr 1979 ließen die Anhängerschar neun Jahre lang treu zu diesem Viertakter stehen, der heute Kultcharakter genießt. Endlich war der raubeinige Viertakter-Parallel-Twin mit dem tadellosen Fahrverhalten seiner zugedachten Aufgabe gerecht geworden.

Baujahr	1975 bis 1984
Motorbauart	Zweizylinder
Hubraum (cm³)	653
Leistung (PS bei 1/min)	51 bei 7000
Vmax in (km/h)	180
Rahmen	Stahlrohr-Doppelschleifenrahmen, Teleskopgabel vorne, Schwinge, Federbeine hinten
Gewicht (kg)	ca. 210

Baujahr	1975 bis 1978
Motorbauart	V-Zweizylinder
Hubraum (cm³)	864
Leistung (PS bei 1/min)	65 bei 6900
Vmax in (km/h)	180
Rahmen	Doppelrohrrahmen, Ceriani-Gabel vorne, Schwinge, Marzocchi-Federbeine hinten
Gewicht (kg)	210

Ducati 860 GTS

Bereits im Jahr 1973 war für das 24-Stunden-Rennen in Barcelona eine Zweizylinder-Maschine mit den Kolben des 450er-Einzylinders entstanden, was 864 Kubikzentimeter ergab. Unmittelbar nach dem dortigen Sieg stand auf dem Mailänder Salon die Tourenmaschine 860 GT, die mit der kantigen Optik von Stardesigner Giorgio Giugiaro allerdings vielen nicht gefiel. Die Produktion lief im Jahr 1974 an. Das wurde zwar später bei dieser Version mit Doppelscheibenbremse etwas gemäßigt, dennoch blieb die im Jahr 1975 vorgestellte 860 GTS eher unbeliebt und viele wurden mit entsprechenden Teilen zur Optik der 900 SS umgebaut. Der Motor hatte das berühmte Antriebskonzept der Nockenwellen durch zwei Königswellen. Die Ventilsteuerung wurde über Kipphebel und Schraubenfedern getaktet. Das Vorderrad führte eine Ceriani-Gabel, und den hinteren Teil des Sportbikes federten zwei Marzocchi-Federbeine in einem Rohrrahmen aus Stahl ab. Die Zweischeibenbremsen am Vorderrad erfüllten ihre Arbeit gut, lediglich die hintere Trommelbremse trübte das Fahrerlebnis.

BMW R 90 S

Meistens in grellem Daytona-Orange lackiert, mit einer schnittigen Verkleidung, keckem Heckbürzel, Doppelscheibenbremse und vier Rundinstrumenten im Cockpit traf die schnelle BMW R 90 S den Geschmack der neuen Motorradfahrergeneration, doch vor allem der BMW Fans perfekt. Entworfen von dem Designer Hans A. Muth war die Zeit der farblosen BMW Motorräder endgültig vorbei. Wieder hatte BMW mit einer Spitzengeschwindigkeit von fast 200 km/h eines der schnellsten Serienmotorräder weltweit gebaut. Damit konnten BMW Fahrer der Konkurrenz von Harley-Davidson, Honda, Kawasaki, Laverda, Moto-Guzzi oder Norton spielend Paroli bieten. Die mit einer höheren Verdichtung ausgestattete und durch italienische 38er-Dell'Orto-Schiebervergaser leistungsgesteigerte und 200 km/h schnelle Maschine war das erste Superbike des Herstellers aus München. Die „Strich-Sechs" war das erste BMW Motorrad mit Fünfganggetriebe und einer Doppel-Scheibenbremsanlage am Vorderrad. Doch bald zeigte sich vor allem das Getriebe als etwas anfällig, denn lautes Krachen beim Einlegen der Gänge, vor allem im kalten Betriebszustand, machte des Öfteren den Wechsel der gesamten Schaltmechanik erforderlich.

Baujahr	1973 bis 1976
Motorbauart	Boxer-Zweizylinder
Hubraum (cm³)	898
Leistung (PS bei 1/min)	67 bei 7000
Vmax in (km/h)	195
Rahmen	Doppelrohrrahmen aus Stahl, Teleskopgabel vorne, Eingelenk-Zweiarm-schwinge aus Stahlrohr, Federbeine, hinten
Gewicht (kg)	215

Baujahr	1973
Motorbauart	Vierzylinder
Hubraum (cm³)	903
Leistung (PS bei 1/min)	79 bei 8500
Vmax in (km/h)	212
Rahmen	Doppelschleifen-Stahlrohrrahmen, Teleskopgabel vorne, Schwinge, Federbeine hinten
Gewicht (kg)	246

Kawasaki 900 Z 1

Unter den japanischen Motorradherstellern gab es ein „Gentleman-Agreement", keine Bikes über 750 Kubikzentimeter zu bauen. Doch als Kawasaki merkte, dass die Verkaufszahlen der Zweitakter-Raketen sanken, kamen Pläne für eine ähnliche Maschine wie die Honda CB 750 zum Vorschein. Nach einer genauen Analyse der CB 750 zeigte sich, dass für eine zweite 750er kein Platz auf dem internationalen Motorradmarkt war. So beschloss die Kawasaki-Geschäftsleitung, eine 900er zu bauen. Mit der Absprache unter den Japanern war es dann im Herbst 1972 auf der IFMA in Köln vorbei: Kawasaki

stellte die brandneue 900 Z 1 „Super Four" aus. Die Fachwelt war geplättet, die Motorradfans rieben sich die Augen, und den Mitbewerbern verschlug es die Sprache. Auch kein Wunder. Mit dem 900-ccm-Vierzylinder-Big-Bike schlug Kawasaki ein neues Kapitel in der Motorradgeschichte auf. Damals war Detlev Louis für den Kawasaki-Import zuständig. Gleich nachdem Anfang 1973 die ersten Z 1 endlich ausgeliefert wurden, verbreiteten sich die tollsten Geschichten über das Big-Bike. In Benzingesprächen, aber auch in verschiedenen Testberichten wurde sie beschrieben als ein Motorrad mit „schierer Gewalt ...", oder „sie ist nur für die Gerade auf der Autobahn gut, doch in den Kurven ...". Der „Z-1-Mythos" war geboren.

Laverda 750 SFC

Gegen Ende der 1960er-Jahre war es in Mode gekommen, Motorradrennen mit sehr seriennahen Maschinen zu bestreiten. Eines der berühmtesten Rennen war das 200-Meilen-Rennen von Daytona, das in regelmäßiger Manier von Harley-Davidson gewonnen wurde. Bei diesen Production-Racer-Rennen waren alle Hersteller von Rang und Namen wie Triumph, BSA, Norton, Kawasaki, Suzuki, BMW, Laverda, Ducati und Moto Guzzi vertreten. Im Jahr 1971 stellte dann Laverda einen nagelneuen Production-Racer für das 24-Stunden-Rennen von Oss in Holland vor, die 750 SFC (Sportivo-Freni-Competizione). Bereits bei diesem ersten Anlauf gewann die neue Laverda mit einer Durchschittsgeschwindigkeit von 125,26 km/h. Während dieses Marathons musste das Siegermotorrad 22.353-mal geschaltet und 3274-mal abgebremst werden. Der edle Renner basierte auf der Laverda 750 SF, der eine kräftige Überarbeitung zuteil wurde. Die Laverda 750 SFC verfügte über einen leistungsstarken Parallel-Zweizylinder mit 70 bis 75 PS. Gewichtssparende Teile und eine komplett Sportausstattung mit einer

bildhübschen Halbschalenverkleidung, Höckersitzbank, einer zurückverlegten Schalt- und Bremsanlage und einer 2-in-1-Auspuffanlage ließen das Motorrad eine Spitzengeschwindigkeit von 220 km/h erreichen.

Baujahr	1971 bis 1976
Motorbauart	Zweizylinder
Hubraum (cm³)	744
Leistung (PS bei 1/min)	70 bei 7200
Vmax in (km/h)	220
Rahmen	Doppelrohrrahmen aus Stahl, Ceriani-Teleskopgabel vorne, Schwinge, Federbeine hinten
Gewicht (kg)	210

Baujahr	1973 bis 1979
Motorbauart	Zweizylinder
Hubraum (cm³)	498
Leistung (PS bei 1/min)	48,5 bei 8500
Vmax in (km/h)	180
Rahmen	Stahlrohr-Doppelschleifenrahmen, Teleskopgabel vorne, Schwinge, Federbeine hinten
Gewicht (kg)	193

Yamaha XS 500

Mit der XS 500 lieferte Yamaha das erste Motorrad mit dem luftgekühlten dohc-Vierventil-Aggregat aus. Im Jahr 1976 kostete das Touren-Motorrad um die 5250 D-Mark. Das Modell war bis 1979 im Verkaufsprogramm von Yamaha. Doch von Anfang an war die 500er mit thermischen Problemen behaftet, die den Verkauf negativ beeinflussten. Erst im Jahr 1977 konnte durch geänderte Ventilsitze und ein verbessertes Schmiersystem das Problem gelöst werden. Zu den Besonderheiten der Yamaha XS 500 zählten auch die automatische Spannung der Steuerkette und die zwei kettengetriebenen Ausgleichswellen des Motors – das war der Anfang von Hightech made in Hamamatsu. Die Leistung von knapp 48 PS wurde über ein Fünfganggetriebe und eine Einfach-Rollenkette auf das Hinterrad übertragen. Trotz ihrer über 200 Kilogramm galt die XS 500 als handlich und zeigte bezüglich Komfort Langstreckenqualitäten. In ihrem Radius eingebremst wurde sie vom stattlichen Verbrauch von bis zu zehn Litern auf 100 Kilometern.

Gilera 150 Strada

Im Jahr 1909 gründete Giuseppe Gilera in der Nähe von Mailand die Motorradmarke, um die Gilera 317 für Berg- und Straßenrennen zu bauen. Zwischen den Jahren 1935 und 1937 hielt die vollverkleidete 500er-Gilera-Rondine den Geschwindigkeitsrekord in ihrer Klasse mit 244 km/h. Weitere Modelle im Rennbereich folgten, bis im Jahr 1940 die VTE Otto Bulloni dem Motorradbau ein vorläufiges Ende setzte. Die italienischen Maschinen von Gilera beherrschten aber auch nach dem Krieg die Rennszene in der 500 Kubikzentimeter-Klasse und konnten in sieben Jahren sechs Weltmeistertitel einfahren. Als das Unternehmen in den 1960er-Jahren finanziell ins Schlingern geriet, übernahm der Piaggio-Konzern die Firma. In den 1970er-Jahren hatte sich Gilera auf den Geländesport konzentriert; dennoch erhielt auch die seit 1959 erfolgreiche Giubileo-Einzylindermodellpalette ein Update – der kleine Ohv-Viertakter war nun mit einem Patronenölfilter versehen, der geschickt, aber wartungsfreundlich ans Gehäuse geschraubt wurde. In Deutschland als Gilera 150 Strada angeboten, hieß der neue Single in Italien schlichtweg „Arcore" und war dort als 125- wie als 150-cm³-Modell zu haben. Für 2600 D-Mark – der Preis lag damals unterhalb einer japanischen 125er – gab es Drehzahlmesser, Blinker und einen tollen Sound, Lob verdienten auch Fahrwerk und Benzinverbrauch.

Baujahr	1972 bis 1978
Motorbauart	Einzylinder
Hubraum (cm³)	153
Leistung (PS bei 1/min)	14,25 bei 8500
Vmax in (km/h)	115
Rahmen	Doppelschleifenrahmen aus Stahlrohr, Teleskopgabel vorne, Hinterradschwinge, Federbeine hinten
Gewicht (kg)	110

Baujahr	1972 bis 1978 (K-Baureihe)
Motorbauart	Einzylinder
Hubraum (cm³)	248
Leistung (PS bei 1/min)	22 bei 8000
Vmax in (km/h)	120
Rahmen	Doppelschleifenrohrrahmen aus Stahl, Teleskopgabel vorne, Schwinge, Federbeine hinten
Gewicht (kg)	140

Honda (SL) XL 250

Die Honda (SL) XL 250 gilt heute als Pionier in der Enduro-Szene, denn sie war der erste Enduro-Ein-zylinder-Viertakter. In Deutschland gab es zunächst nur Kopfschütteln, als Honda 1972 den „Eintopf" vorstellte. Im Gelände waren hochdrehende, giftige Zweitakter gefragt und keine müden und schwe-ren Viertrakter. Aber hätten die deutschen Motorradfahrer über den großen Teich geschaut, hätten sie gewusst, worauf Honda mit dem neuen Motorrad abzielte. Denn dort vergnügten sich jedes Wochen-ende Tausende von Freizeitsportlern „just for fun" mit ihren zweirädrigen Spielzeugen auf den end-losen Schotterstrecken oder langen Sandstränden. Doch die Kassen klingelten in Europa bei schwe-dischen und spanischen Herstellern und vor allem beim Konkurrenten Yamaha mit seiner DT-1, aber nicht bei Honda. In den unendlichen Weiten des amerikanischen Hinterlandes fühlte sich die kleine Honda auf Anhieb wohl und dort boomte der Verkauf. Da entschloss sich Honda, auch dem deutschen Markt eine Testreihe von 300 Exemplaren für den Verkauf anzubieten. Doch wie erwartet, begann der Verkauf sehr schleppend. Nur wenige Motorräder folgten dem Vier-taktklang. Erst ab 1975 ging es langsam aufwärts und viele Motorradfahrer akzeptierten den kernigen Geländezwitter.

Suzuki GT 750 „Wasserbüffel"

Seit Beginn der Zweiradproduktion im Jahr 1952 hatte Suzuki als Zweitaktspezialist Berühmtheit erlangt, und mit der Suzuki GT 750 schlug der japanische Motorradhersteller im Jahr 1972 ein neues Kapitel für großvolumige Zweitakt-Straßenmaschinen auf. Fünf Jahre sollte das große Motorrad auf dem Zweiradmarkt mit Erfolg bestehen und sich als durchzugsstarker Sport-tourer den Spitznamen „Wasserbüffel" erarbeiten. Auch optisch wirkte die GT 750 wuchtig und schwer. Ungeachtet immer schärferer Geräusch- und Abgasbestimmungen hielt Suzuki treu am Zweitaktsystem fest. Technische Lösungen wie „CCI"-Frischölschmierung sowie ein zweiter „SRIS"-Schmierkreislauf und das „ECTS"-Auspuffsystem machten aus dem flüssig-keitsgekühlten Suzuki-Zweitakt-Triebwerk ein robustes Laufwerk. Lediglich das Chassis hinkte in der Abstimmung den Qualitäten des Motors etwas hinterher. Auch hier war die Federung zu weich, und in Schräglage konnten die Schalldämp-fer bei einer Bodenwelle schon einmal aufsetzen. Ab dem Modelljahr 1973 bekam die GT 750 eine Doppel-scheibenbremse am Vorderrad spendiert und es wurden auch mehr Chromteile verwendet. Doch im großen Gan-zen rollte das Tourenbike bis 1977 fast unverändert von den Montagebändern in Hamamatsu.

Baujahr	1972 bis 1977
Motorbauart	Dreizylinder, Zweitakt
Hubraum (cm³)	738
Leistung (PS bei 1/min)	52 bei 6500
Vmax in (km/h)	190
Rahmen	Doppelschleifenrahmen aus Stahlrohr, Teleskopgabel vorne, Zweiarmschwinge aus Stahlrohr, Icon-Federbeine hinten
Gewicht (kg)	215

Baujahr	1972 bis 1977
Motorbauart	Dreizylinder, Zweitakt
Hubraum (cm³)	543
Leistung (PS bei 1/min)	48 bei 7500
Vmax in (km/h)	178
Rahmen	Doppelschleifenrahmen aus Stahlrohr, Teleskopgabel vorne, Zweiarmschwinge aus Stahlrohr, Federbeine hinten
Gewicht (kg)	214

Suzuki GT 550

Anfang der 1970er-Jahre gab es unter den Motorradfahrern zwei Fraktionen. Die einen schworen auf Viertakter, die anderen waren den Zweitaktmotoren verfallen. Einer der eifrigsten Hersteller, der die Zweitakt-Technik vorantrieb, war Suzuki, und so bot die Firma eine reichhaltige Pallette von 50 bis 750 Kubikzentimetern. Für die Mittelklasse gab es ab dem Jahr 1972 die GT 550 mit Dreizylinder-Zweitakt-Motor. Das 48 PS starke Bike verfügte über einen seidenweichen Motorlauf, hatte einen E-und Kickstarter, und für optimale Zylinderkühlung sorgte das sogenannte „RamAir-System". Bei Vollgas auf der Autobahn musste der Suzuki-Driver allerdings einen Schnellzug-Zuschlag bezahlen, denn dann liefen schon einmal bis zu elf Liter durch die drei 28-Millimeter-Mikuni-Rundschieber-Vergaser. Doch mit dem Fahrwerk war Suzuki erst am Anfang der Entwicklung. Die Fahrwerksabstimmung war noch nicht auf dem Niveau der Konkurrenz. Die Federung war viel zu hart und die Dämpfung dafür zu weich, so griffen viele Suzuki-Fahrer nach Fremdprodukten wie zum Beispiel von Koni. Auch bei den Bremsen hatten die Japaner noch viel aufzuholen. Im Vorderrad arbeitete eine Doppelduplex-Trommelbremse, die ständig gewartet werden musste. Die Suzuki GT 550 kostete im Modelljahr 1972 knapp 5200 D-Mark.

Baujahr	1972 bis 1979
Motorbauart	Dreikammer-Wankel
Kammervolumen (cm³)	294
Leistung (PS bei 1/min)	26 bei 6500
Vmax in (km/h)	140
Rahmen	Doppelschleifen-Rohrrahmen, Teleskopgabel vorne, Schwinge, Federbeine hinten
Gewicht (kg)	176

Hercules/DKW W 2000

Hercules als älteste deutsche Fahrrad- und Motorradfabrik wurde ab Mitte der 60er-Jahre dem Konzern Fichtel & Sachs angegliedert. Fichtel & Sachs hatte schon Anfang der 60er-Jahre die Lizenzrechte zur Fertigung von Wankel-Motoren von NSU für Stationärmotoren bis maximal 30 PS erworben. Ende der 60er-Jahre begannen Versuche mit einem Motorradantrieb, nachdem Sachs-Wankel-Motoren sich bereits zigtausendfach in Schneemobilen und für stationäre Anwendungen bewährt hatten. So erschien zur Internationalen Fahrrad- und Motorradausstellung (IFMA) 1970 eine Modellstudie von Hercules, bei der versuchsweise ein Sachs-Schneemobil-Wankel-Motor in leicht abgewandelter Form mit einem Vierganggetriebe und einem Kardanantrieb von einer BMW R 27 quer zur Fahrtrichtung in einen von Hercules entwickelten Motorradrahmen eingebaut worden war.

Das große Interesse an dieser Maschine führte letztlich zu der Entscheidung von Sachs/Hercules, ein Wankel-Motorrad in Serie zu fertigen. In einem nächsten Schritt wurde eine Vorserientestreihe von 50 Maschinen aufgelegt und 1973 an ausgesuchte Sachs/Hercules-Händler geliefert. Die Erfahrungen aus diesem Feldversuch sollten danach in der späteren Serienfertigung berücksichtigt werden. Die Serienfertigung der Hercules W 2000 (spöttisch auch „Staubsauger" genannt) begann 1974. Die Verkaufszahlen blieben in Deutschland wie in Übersee, wo sie als DKW W 2000 verkauft wurde, gering. Das lag vor allem am hohen Verkaufspreis von 4550 DM.

Triumph X 75 Hurricane

Eigentlich sollten die BSA Rocket 3 und Triumph Trident in den USA ein Verkaufshit werden. Doch der amerikanische Importeur Don Brown sah das im Jahr 1967 ganz anders. In Eigenregie beauftragte er den bekannten Designer Craig Vetter, die BSA Triple zum Chopper umzubauen. Vetter stürzte sich ab dem Jahr 1969 sofort auf die neue Herausforderung und modellierte eine winzige Tank-Sitzbank-Einheit aus Glasfaser. Bereits mit dieser Korrektur kam das Dreizylinder-Triebwerk exzellent zur Geltung. Zusätzlich durften eine neue Frontpartie mit einer Gabelbrücke aus Aluminium und ein Hochlenker nicht fehlen. Ein weiteres Merkmal war die an die rechte Seite verlegte 3-in-3-Auspuffanlage. Don Brown und die Briten waren begeistert von dem Prototyp. Doch dann stand das BSA-Werk vor dem Aus. Dennoch hielten die Firmen-Manager an der „Hurricane" fest und brachten das Bike speziell für die US-Kundschaft ab dem Jahr 1972 als 750er-Triumph „X75 Hurricane" auf den Markt. Lange bevor die Welt vom Softchopper oder Cruisern sprach, wurde die X75 so zum Urahn der heute so beliebten „Easy Rider"-Modelle.

Baujahr	1972 bis 1974
Motorbauart	Dreizylinder
Hubraum (cm³)	740
Leistung (PS bei 1/min)	58 bei 7250
Vmax in (km/h)	195
Rahmen	Rohrrahmen, Teleskopgabel vorne, Schwinge, Federbeine hinten
Gewicht (kg)	213

Baujahr	1972 bis 1975
Motorbauart	Zweizylinder
Hubraum (cm³)	743
Leistung (PS bei 1/min)	51 bei 7240
Vmax in (km/h)	186
Rahmen	Doppelschleifenrahmen, Teleskopgabel vorne, Schwinge, Federbeine hinten
Gewicht (kg)	225

Yamaha TX 750

Mit dem zweiten Viertakter, der TX 750, versuchte Yamaha den beiden Konkurrenten Honda und BMW Paroli zu bieten. Der leicht nach vorne abfallende OHC-Viertakter gefiel vor allem sportlichen Kurvenräubern. Guter Durchzug, leichtes Handling und satter Sound gaben berechtigte Hoffnung, dass sich die TX 750 zu einem Verkaufsschlager entwickeln würde. Ein besonderes Lob vonseiten der Fachpresse galt den erstmals in einem Motorrad eingebauten Ausgleichswellen, die die Vibrationen komplett beseitigten. Doch kaum war der Verkauf der TX 750 angelaufen, zeigten sich erste technische Probleme in Form von überhitzten Motoren an dem japanischen Bike. Sofort wurden Mitarbeiter von Yamaha deutschlandweit zu den Händlern geschickt, und Techniker rüsteten die Neufahrzeuge nachträglich mit Ölkühlern aus. Doch die Aktion sollte sich als zu spät gestartet herausstellen, denn der Ruf der 750er war dauerhaft beschädigt und das Kaufinteresse hielt sich in Grenzen. Die wenigen TX 750, die einen Kunden fanden, sind heute fast immer mit Maßnahmen zur Kühlung des Motoröls ausgerüstet.

Harley-Davidson Super Glide FXE-1200

Ende der 1960er-Jahre war Amerika eine gespaltene Nation. Der Vietnamkrieg hatte seinen Höhepunkt erreicht, und im Land brachten rebellische Studenten die Gesellschaft ins Wanken. Das Woodstock-Festival hatte einen momentanen Höhepunkt der Hippiebewegung gebracht, und der Kultfilm „Easy Rider" zeigte freiheitsliebenden Jugendlichen, dass es auch eine ganz andere Gesellschaftsform außerhalb des Standards geben konnte. Dabei unterstützten sympathische Motorradhelden auf ihren Harley-Davidsons eine neue, offene Denkweise des Lebens. Auch Harley-Davidson hatte die Zeichen der Zeit verstanden und sich entschlossen, das Motorradprogramm der Company völlig umzukrempeln. Denn vor allem im sonnigen Kalifornien fanden immer mehr Biker-Partys statt, die mit speziell hergerichteten Motorrädern besucht wurden. So brachte der Chefdesigner Willie G. Davidson im Jahr 1971 das erste Custom-Motorrad auf den Markt, die Super Glide FXE-1200. Das Konzept des neuen Motorrads war technisch klug gewählt und strategisch konzipiert. Die Super Glide stellte den Anfang einer ganzen Serie neuer Custom-Modelle dar, die sich bald zur erfolgreichsten Modellgruppe von Harley-Davidson herauskristallisierte.

Baujahr	1971 bis 1980
Motorbauart	V-Zweizylinder
Hubraum (cm³)	1206
Leistung (PS bei 1/min)	58
Vmax in (km/h)	177
Rahmen	Doppelschleifen-Stahlrohrrahmen, Teleskopgabel vorne, Federbeine hinten
Gewicht (kg)	254

Baujahr	1971 bis 1978
Motorbauart	Vierzylinder
Hubraum (cm³)	498
Leistung (PS bei 1/min)	48 bei 9000
Vmax in (km/h)	180
Rahmen	Doppelschleifen-Rohrrahmen aus Stahl, Teleskopgabel vorne, Schwinge, Federbeine hinten
Gewicht (kg)	183

Honda CB 500 Four

Einige Honda CB 500 Four erschienen bei den Tourist-Trophy-Rennen auf der Isle of Man Anfang der 1970er-Jahre. Im Jahr 1973 gewann Bill Smith bei der TT die 500er-Klasse, während ein Suzuki-T500-Zweitakter den zweiten Platz erreichte. Die Kombination aus Leistung, Alltagstauglichkeit und Langlebigkeit erbrachte gute Absätze in Europa und den USA, prägte aber auch langfristig das Image des Unternehmens. Auch kommerziell erwies sich die CB 500 Four als Erfolg. Sie wurde bis 1978 gebaut, dann wurde sie von der Honda CB 550 Four-in-One abgelöst. Da die Nachfrage nach der klassischen CB 500 Four noch immer groß war, entschloss man sich, die K-Serie mit der CB 550 K ab 1977 wieder anzubieten. Diese beiden Modelle hatten einen durch höhere Bohrung um zehn Prozent erhöhten Hubraum, der sich vor allem in einem besseren Drehmoment im mittleren Drehzahlbereich bemerkbar machte. Ausstattung und Erscheinungsbild blieben dagegen im Wesentlichen unverändert, die modifizierte 4-in-4-Auspuffanlage ähnelte der CB 750 K 7. Außerhalb Deutschlands gab es auch Modelle, die optisch weitgehend der CB 500 Four entsprachen, aber mit dem 550er-Motor ausgestattet waren.

Yamaha DT2

Mit der DT1 stieß Yamaha im Jahr 1968 eine weitere Tür in der Motorradgeschichte auf. Der kleine geländetaugliche Zweitakt-Scrambler mit großen Federwegen, hochgezogener Auspuffanlage und Stollenbereifung war die erste Enduro auf dem Motorradweltmarkt. Das 250er-Motorrad wog nur 112 Kilogramm und leistete 18,5 PS bei 6000 Umdrehungen in der Minute. Ab dem Modelljahr 1970 wurde das Angebot an DT-Modellen durch den schnellen Erfolg der 175er, 250er und 350er Modelle ergänzt. Die 250er, die im Jahr 1971 als DT2 auf den Markt gekommen war, fuhr sich auf Anhieb in die Herzen der Motorradfahrer. Die Maschine überzeugte mit ihrem schlanken Doppelschleifenrahmen und mit dem aufwendigen Fahrwerk. Mit 105 Kilogramm Trockengewicht war die Maschine nicht nur handlich, sondern auch extrem schön. Eine erstklassige Sitzposition mit nicht zu stark abgewinkelten Knien und einem bequem erreichbaren Lenker lassen das Motorrad im Gelände wie in der Stadt beeindruckend leicht chauffieren. Der Einzylinder-Zweitaktmotor der DT2 war erstmals mit einer Membransteuerung ausgestattet.

Baujahr	1971 bis 1975
Motorbauart	Einzylinder, Zweitakt
Hubraum (cm³)	246
Leistung (PS bei 1/min)	24 bei 7000
Vmax in (km/h)	120
Rahmen	Doppelschleifenrahmen, Teleskopgabel vorne, Schwinge, Federbeine hinten
Gewicht (kg)	105

Maico MC 350

Die Maico MC 350 war eine erfolgreiche Moto-Cross-Maschine, die Ende der 1960er-Jahre eingesetzt wurde. Ihr 352 Kubikzentimeter großer Ein-Zylinder-Zweitaktmotor leistete 28 PS bei 6500/min. Der Doppelrohrrahmen war am Vorderrad mit einer öl-gedämpften Teleskopgabel ausgestattet.

Baujahr	1970 bis 1976
Motorbauart	Zweizylinder
Hubraum (cm³)	642,8
Leistung (PS bei 1/min)	45 bei 6500
Vmax in (km/h)	170
Rahmen	Doppelrohrrahmen, hydraulisch gedämpfte Telegabel, Zweiarmschwinge mit zwei hydraulisch gedämpften Federbeinen
Gewicht (kg)	220

Benelli 650 Tornado

Motiviert durch die Verkaufszahlen der englischen Motorradmarken in den USA, entwickelte Benelli einen Parallel-Twin. Der Prototyp war bereits im Jahr 1967 fertig und wurde noch im Herbst auf der Mailänder Motor-Show gezeigt. Die technischen Zugaben ließen aufhorchen, ein Parallel-Twin mit großem Volumen, ein Fünfganggetriebe, der Dell'Orto-Vergaser mit 30 Millimetern Durchlass und die in vier Rollenlagern eingebettete Kurbelwelle waren für einen echten Straßenrenner wie geschaffen. Unverkennbar war auch das Design der Maschine an den britischen Konkurrenten angelehnt.

Doch dann blieb es ganze drei Jahre still um das Projekt, bis im Jahr 1970 von Benelli die Information kam, dass die Benelli 650 Tornado produktionsreif sei. Der kurzhubige Blockmotor wurde nun von zwei 29-mm-Dell'Orto-Vergasern beatmet, und das Motorrad hatte gegenüber dem Prototyp kräftig an Kilos zugelegt. Am Vorderrad sorgte eine Doppel-Duplextrommelbremse mit 230 Millimetern Durchmesser und hinten eine Simplex-Trommelbremse mit 200 Millimetern Durchmesser für erstklassige Verzögerung. Trotz ihrer sportlichen Qualitäten hinsichtlich Leistung und Fahrwerk konnte die Italienerin nicht an die Erfolge der Engländer herankommen, und auch in Deutschland blieb sie ein echter Exot unter den Paralleltwins.

Harley-Davidson FLH Shovelhead E-Glide

In den 1960er-Jahren hatte die Harley-Davidson durch die Umrüstung von sechs auf zwölf Volt kräftig an Gewicht zugenommen. Dadurch war ein neuer, stärkerer Motor längst überfällig. Die Mehrleistung von zehn Prozent konnte vor allem durch die neuen Aluminiumzylinderköpfe, die überarbeiteten Kanäle, höher verdichtete Kolben und eine Nockenwelle mit längeren Öffnungszeiten erreicht werden. Als Standardmodell hatte der FL-Typ am Anfang 54 PS. Die höher verdichteten FLH hatte zunächst 60, dann 62 PS. Für die Harley-Davidson gab es ein äußerst umfangreiches Zubehör mit verchromten und luxuriösen Teilen wie den „buddy set", Sturzbügel, Chrome Covers, GFK-Satteltaschen, Gepäckträger und eine große Plastikwindschutzscheibe. Ein Wermutstropfen bei dem schönen Motorrad waren die immer wieder auftretenden Verarbeitungsmängel, die vor allem noch in der Zeit von AMF (American Machine and Foundry Company) auftraten. Dadurch litt das sorgsam aufgebaute Qualitätsimage von Harley-Davidson erheblich. 1978 wurde der 1200er die stärkere Shovelhead-Version mit 80 Kubikinch zur Seite gestellt. Im internationalen Verkauf lief das Motorrad unter der Bezeichnung „Electra-Glide FLH-1340".

Baujahr	1970 bis 1980
Motorbauart	V-Zweizylinder
Hubraum (cm³)	1206
Leistung (PS bei 1/min)	66
Vmax in (km/h)	160
Rahmen	Einschleifen-Stahlrohrrahmen, Teleskopgabel vorne, Federbeine hinten
Gewicht (kg)	355

Baujahr	1969 bis 1973
Motorbauart	Boxer-Zweizylinder
Hubraum (cm³)	745
Leistung (PS bei 1/min)	50 bei 6200
Vmax in (km/h)	175
Rahmen	Doppelrohrrahmen aus Stahl, Teleskopgabel, hydraulische Stoßdämpfer vorne, Langarmschwinge, Federbeine, hinten
Gewicht (kg)	210

BMW R 75/5

Mit der im Jahr 1969 erschienenen völlig neuen Motorrad-Baureihe reagierte BMW auf die zunehmende Nachfrage nach sportlichen Motorrädern. So lösten die neuen Zweiräder die veralteten Schwingenmodelle ab. Der verwindungssteife Rahmen der „Strich-Fünf" orientierte sich am berühmten Norton-Federbett-Rahmen. Dadurch war die neue BMW jedoch stärker gespanntauglich. Auch der Boxer-Motor war eine komplette Neuentwicklung mit neuen Gleitlagern an der Kurbelwelle und verbauten Teilen aus der BMW-Autoproduktion. Zur Gemischaufbereitung wurden das erste Mal Bing-Gleichdruckvergaser eingesetzt, die ein Verschlucken beim Betätigen des Gasdrehgriffs verhinderten. Große Duplex-Trommelbremsen sorgten für eine gute Verzögerung der etwas schweren Maschine. Erstmals in Berlin-Spandau gebaut, überstieg die Produktion trotz des stolzen Preises von 4996 D-Mark schon im Jahr 1971 die Nachfrage. Schnell erwarben sich die Motorräder den Ruf von Robustheit. Als die Produktion im Jahr 1973 auslief, hatten 38.370 Motorräder die Werkshallen verlassen und ihren Käufer gefunden.

Honda CB 750 Four

Im Februar 1968 entschied man sich bei Honda unter Projektleiter Yoshirou Harada und Technikern wie Masaru Shirakura zur Entwicklung und zum Bau einer Maschine, die dem Hochgeschwindigkeitssegment mit sicherer und bequemer Reisegeschwindigkeit eine neue Dimension geben sollte. Der mitverantwortliche Designer war Hitoshi Ikeda. Das blaue Vorserienmodell Dream CB 750 Four wurde erstmals am 25. Oktober 1968 auf der 15. Tokyo Motor Show der Öffentlichkeit präsentiert. Die erste Serienmaschinenpräsentation fand im Januar 1969 auf dem ersten US-amerikanischen Händlertreffen in Las Vegas, Nevada statt. Der Präsident von American Honda Motor Co., Kihachiro Kawashima, kündigte an, dieses Motorrad für 1495 US-Dollar verkaufen zu können. Gebaut wurde es ab dem Frühjahr 1969 in den Honda-Werken von Saitama, Hamamatsu und später Suzuka. Das Serienmodell CB 750 Four K0 wurde ab Mitte 1969 hauptsächlich in den USA und Japan verkauft. Es sollte 1666 US-Dollar oder 385.000 Yen kosten. Diese erste Version von 7414 Exemplaren ist heute auch unter dem Namen „Sandguss"-Modell bekannt und von Liebhabern sehr gesucht. Mit den Leistungsdaten des luftgekühlten Viertakt-Reihen-Vierzylinders mit der oben liegenden Nockenwelle war die „Four" das erste Motorrad, das jede BMW, Norton und Triumph hinter sich ließ.

Baujahr	1969 bis 1978
Motorbauart	Vierzylinder
Hubraum (cm³)	736
Leistung (PS bei 1/min)	67 bei 8000
Vmax in (km/h)	200
Rahmen	Doppelschleifen-Rohrrahmen aus Stahl, Teleskopgabel vorne, Schwinge, Federbeine hinten
Gewicht (kg)	218

Baujahr	1969 bis 1971
Motorbauart	V-Zweizylinder
Hubraum (cm³)	757
Leistung (PS bei 1/min)	50 bei 6500
Vmax in (km/h)	185
Rahmen	durchgehender Doppelschleifen- rahmen, Teleskopgabel vorne, Schwinge mit Stoßdämpfern hinten
Trockengewicht (kg)	228

Moto Guzzi V7 Special

Die V7 war wohl das berühmteste Moto-Guzzi-Motorrad aller Zeiten. Bereits im Jahr 1967 hatte die V7 Corazzieri das Licht der Motorradwelt erblickt, und die zwei Jahre später angebotene V7 Special war eine Reaktion auf die guten Verkäufe der klassischen italienischen Schönheit. Die Idee des V-Motors mit dem großen Hubraumvolumen war bereits in den 1950er-Jahren entstanden, als man einen Motor für staatliche Behörden konstruieren wollte und auch den Einbau im Fiat Topolino und Fiat 500 vorsah. Doch erst ab dem Jahr 1965 begann man mit der Konstruktion eines großvolumigen Motorrads mit ursprünglich 0,7 Litern Hubraum. Als die V7 im Dezember 1965 in Mailand der Öffentlichkeit vorgestellt wurde, war der Hubraum nochmals vergrößert worden und das moderne Bike fand schnell seine Liebhaber unter den Motorradfahrern. Doch auch die Polizei und das Militär auf der ganzen Welt bestellten das starke Motorrad. Dadurch konnte ein Konkurs der Italiener abgewendet werden. Im Jahr 1967 wurden dann die ersten 13 Maschinen über die Firma Röth in Hammelbach ausgeliefert. Im Laufe ihrer Bauzeit prägte die V7 dann das Image der Tourenmotorräder von Moto Guzzi nachhaltig.

MZ ETS 250 Tropy Sport

Technisch war gegen die 250er-MZ der frühen 60er-Jahre nichts einzuwenden, doch gefälliges Styling stand noch nie im Vordergrund des Motorradwerks in Zschopau. „Uglyness is only skin deep" (Hässlichkeit geht nicht unter die Haut), diese goldenen Worte amerikanischer Volkswagen-Werber galten und gelten gar nichts im Motorradsektor. Doch waren die zeitlosen Motorräder schnell als robust, sparsam, komfortabel und wartungsarm bekannt. Da man sich aber in Zukunft mit der westlichen Welt auseinandersetzen wollte, musste eine modernere, den westlichen Bedürfnissen angepasste Maschine her. Erste Gestaltungsmuster entstanden bereits im Laufe des Jahres 1966. Zusätzlich ließen sich der Motorenspezialist Roland Schuster und der Hauptkonstrukteur Manfred Thierfelder vom Zentralinstitut für Formgestaltung in Berlin beraten. Heraus kam ein Motorrad, das überzeugte. Da man von 1963 bis 1967 die Internationale Sechstagefahrt gewonnen hatte, nannte man das neue Motorrad MZ Trophy Sport. Die offizielle Verkaufsbezeichnung lautete aber ETS 250 (Einzylinder, Telegabel, Schwinge).

Um den Beinamen „Sport" zu unterstreichen, hatten die MZ-Techniker den Einlasskanal des Motors nebst Steuerzeiten verändert und die Verdichtung angehoben. Auf der Frühjahrsmesse in Leipzig stand die ETS erstmals auf dem MZ-Stand und der Verkauf lief gut an. Beim Export in den Westen taten sich die Sachsen jedoch schwer. Erst als man das Motorrad im Neckermann-Katalog bestellen konnte, ging es mit den Absatzzahlen aufwärts.

Baujahr	1969 bis 1971
Motorbauart	Einzylinder
Hubraum (cm³)	243
Leistung (PS bei 1/min)	19 bei 5200/5500
Vmax in (km/h)	130
Rahmen	durchgehender Stahlrohrrahmen, Teleskopgabel vorne, Schwinge mit Stoßdämpfern hinten
Trockengewicht (kg)	151

Baujahr	1969 bis 1975
Motorbauart	Zweizylinder
Hubraum (cm³)	492
Leistung (PS bei 1/min)	47 bei 6000
Vmax in (km/h)	ca. 170
Rahmen	Doppelschleifenrahmen, Teleskopgabel vorne, Schwinge mit Federbeinen hinten
Gewicht (kg)	157

Suzuki T500 Titan

Mitte der 1960er- bis Mitte der 1970er-Jahre hatten vor allem Zweitakt-Motorräder das Sagen. Die Jugend setzte auf das enorme Leistungsband der quirligen Maschinen und oft war die Leistung der Bikes mit dem massiven Durst größer als die Bremskraft der Trommelbremsen. Nur mit viel Herz konnte die Leistung stärkerer Zweitakter überhaupt gezähmt werden. In dieser Kategorie wollte auch Suzuki mitspielen und so brachten die Japaner im Jahr 1969 die T500 Titan in erster Linie für den US-Markt in das Motorradprogramm. Das bärenstarke Zweizylinder-Zweitakt-Bike leistete stramme 47 PS und war fast 170 km/h schnell. Trotz der für damalige Verhältnisse sportlichen Fahrleistungen wurde die Titan in den Staaten als Tourensportler mit halbhohem Lenker verkauft, und obwohl sie schnell waren, setzte Suzuki mit seinen „Titanen" auf Zuverlässigkeit und Benutzerfreundlichkeit. Das im Styling schlanke und bunte Motorrad sollte vor allem im Alltag robust sein und den Benutzer an das gewünschte Ziel bringen. Während der sechsjährigen Bauzeit wurden nur wenige Änderungen am Motorrad gemacht. Die einschneidendste Änderung war die Umstellung der Mikuni-Vergaser von einem 34-Millimeter-Durchlass auf 32 Millimeter – der Leistung tat dies nur wenig.

Yamaha XS-1

Suzuki hatte sich bis zum Ende der 1960er-Jahre einen großen Namen unter raketenschnellen Zweitakter-Bikes gemacht. Doch dann war plötzlich ein Viertakter-Motorrad da, das die Verwandtschaft mit britischen Bikes nicht verleugnen konnte. Auf der Motorshow in Tokio 1969 präsentierte Yamaha das erste 650er-Viertakt-Motorrad und ging damit in die Offensive gegen die japanischen Mitbewerber Honda und Kawasaki. Optisch erinnerte der Paralleltwin an die Triumph Bonneville, in seinem Herzen war er jedoch rein japanisch. Auch wenn die XS-1 brummte und vibrierte wie die „Bonni", war die Verarbeitung der japanischen Maschine um einiges besser. Auch das Triebwerk wartete mit vielen Spezialitäten wie einer rollengelagerten Kurbelwelle, einem horizontal teilbaren Motorgehäuse, einer oben liegenden Nockenwelle und zwei 30er-Mikuri-Unterdruckvergaser auf. Ein Fünfganggetriebe brachte die Leistung über eine Kette an das Hinterrad. Der europäische Markt war für Yamaha nie von Interesse, denn der Hauptabnehmer sollte Amerika werden, wohin der schnelle Viertakter auch zuerst verkauft wurde. Dennoch ergaunerte sich Ernst „Klacks" Leverkus beim Deutschlandimporteur, unter falschem adligen Namen, eine Testfahrt auf dem Nürburgring mit der einzigen nach Deutschland importierten Maschine. Mit einer Spitzengeschwindigkeit von 178,7 km/h räuberte er über die Strecke.

Baujahr	1969 bis 1971
Motorbauart	Zweiylinder
Hubraum (cm³)	650
Leistung (PS bei 1/min)	53 bei 7200
Vmax in (km/h)	170
Rahmen	Doppelschleifenrahmen, Teleskopgabel vorne, Schwinge, Federbeine hinten
Gewicht (kg)	185

Baujahr	1969 bis 1976
Motorbauart	Dreizylinder, Zweitakt
Hubraum (cm³)	498
Leistung (PS bei 1/min)	60 bei 7500
Vmax in (km/h)	190
Rahmen	Doppelschleifen-Rohrrahmen,
	Teleskopgabel vorne,
	Schwinge, Federbeine hinten
Gewicht (kg)	174

Kawasaki 500 H1 Mach III

„Das schnellste Serienmotorrad der Welt", das versprach Kawasaki im Jahr 1969 seinen Kaufinteressenten. Aber es war auch so, wie die Japaner es prophezeit hatten. Was da Mitte der 1960er-Jahre bei Kawasaki in der Sparte „Motorradbau" unter der Werkbezeichnung H1 herangereift war, war eine kleine Sensation. Da stand das erste Exemplar einer sportlichen Straßenmaschine, wie es die Japaner verstanden, mit einem quer eingebauten, fahrtwindgekühlten Dreizylinder-Zweitakt-Motor. 1969 kam das erste Serienmotorrad unter der japanischen Typenbezeichnung 500 SS in die Motorradläden. Unter der schlichten Bezeichnung Mach III machte das Maschinchen in der übrigen Welt Karriere. Ein halber Liter Hubraum, 60 Pferdestärken und nicht einmal 200 Kilogramm Gewicht versprachen ein absolut aufregendes Fahrerlebnis. Auch der Prospekt übertrieb nicht: 200 km/h Höchstgeschwindigkeit und eine Beschleunigung von 0 auf 100 km/h in 4,2 Sekunden waren wirklich bei viel Mut drin. Anfänglich machte den Japanern die komplizierte neue Elektronik einer kontaktlos gesteuerten Hochspannungs-Kondensator-Zündung viel zu schaffen, aber wenn ein Mach-III-Motor einmal richtig lief, gab es kein Halten mehr. Überhaupt gab es für den Mach-III-Fahrer nur zwei Gasgriffstellungen: auf oder zu.

Baujahr	1968 bis 1972
Motorbauart	Dreizylinder
Hubraum (cm³)	740
Leistung (PS bei 1/min)	58 bei 7250
Vmax in (km/h)	200
Rahmen	Doppelschleifenrahmen, hydraulisch gedämpfte Telegabel, Stahlrohr-Hinterradschwinge mit zwei hydraulisch gedämpften Federbeinen
Gewicht (kg)	220

BSA 750 A 75 R Rocket 3 Mk. I

Für eine echte Sensation sorgte BSA im Jahr 1968 mit der 750er mit drei Zylindern, jedenfalls aus englischer Sicht. Denn die britische Motorradindustrie stand kurz vor dem Ruin, und BSA hatte mit einem letzten Kraftakt die 750er-Rocket 3 auf den Markt gebracht. Von der ehemaligen Spitzenstellung der britischen Motorräder weltweit war nichts mehr übrig geblieben, und so bekannte Marken wie AJS, Ariel, Matchless, Royal Enfield oder Sunbeam gab es nicht mehr. Bald sollte sich herausstellen, dass auch dieser letzte Versuch, die Legende britischer Motorräder zu retten, vergeblich war. Das Ende der „Good Old British Bikes" stand längst fest. Zu sehr hegte und pflegte man die altbewährten Motorradkonzepte mit Ein- oder Zweizylindermotoren, im Glauben, dass es nur auf der britischen Insel gute Motorräder gäbe. So konnte auch die brandneue 750er-BSA gegen eine moderne Honda CB 750 Four nichts ausrichten und sah zum Erscheinungstermin gegenüber der Japanerin alt aus. Heute gehört die Rocket 3 zu einem begehrten Sammlerobjekt. Von 1968 bis zum Ende der Bauzeit 1972 verließen lediglich noch 5897 750er-Maschinen das Fließband in Birmingham.

Norton Commando 750

Norton stellte die Commando erstmals 1968 vor. Sie war eine „Fastback". 1969 stellte ihr Norton die 750 S zur Seite. Das „S" stand für „Scrambler" und entsprach den Wunschvorstellungen der USA. Der ausladende Amerika-Lenker und die Roadster-Tüten am Ende der Krümmer durften selbstverständlich nicht fehlen. Als Antrieb diente ein modifizierter Atlas-750-Kubikzentimeter-Twin. Bohrung und Hub blieben mit 73 Millimetern und 89 Millimetern gleich, die Kompression erhöhte man mit neuen Kolben auf 8,7 : 1. Das Gemisch lieferten zwei Amal-Concentric-930-Vergaser, die Bordelektrik war ein 12-Volt-System von Lukas. Neu war die Vierscheibenkupplung mit Tellerfeder. Das Vierganggetriebe stammte von AMC und war ursprünglich für 30 PS vorgesehen. Revolutionär an der Commando waren ihr Rahmen und die Motoraufhängung. Im „Isolastic" genannten System war die Motorgetriebeeinheit in Gummilagern aufgehängt. Die hintere Schwinge befestigte man mithilfe von Montageplatten am Motorgetriebeblock. Die Gummi-/Kunststofflager der Isolastic-Aufhängung mussten alle 5000 Kilometer überprüft werden. 1973 brachte Norton die 850 Roadster auf den Markt. Genau genommen waren es nur 829 Kubikzentimeter aus 77 Millimetern Bohrung und 89 Millimetern Hub. Commandos produzierte das Werk bis 1978 in den Modellreihen Fastback, Roadster und Interstate. Die Liste der über die Jahre vorgenommenen Modifikationen füllt Bände. Mitte der 70er-Jahre klagten selbst britische Tester bitter über die Qualitätsmängel der Testmaschinen.

Baujahr	1968 bis 1977
Motorbauart	Zweizylinder
Hubraum (cm³)	745
Leistung (PS bei 1/min)	60 bei 6800
Vmax in (km/h)	190
Rahmen	Doppelschleifenrahmen, Teleskopgabel vorne, Schwinge, Federbeine hinten
Gewicht (kg)	188,5

Baujahr	1965 bis 1969
Motorbauart	Zweizylinder
Hubraum (cm³)	745
Leistung (PS bei 1/min)	55
Vmax in (km/h)	164
Rahmen	Doppelschleifenrahmen, Teleskopgabel vorne, Federbeine hinten
Gewicht (kg)	186

A.J.S. 33

Nach der Übernahme von A.J.S. und Matchless durch den Norton-Villiers-Konzern (AMC, Associated Motorcycles) entstanden merkwürdige Motorradmischlinge unter dem Logo der jeweiligen Marke, bei denen Teile der Hersteller vermischt wurden. So kam in die A.J.S.33 ein Norton-Dominator-Twin-Motor, der Rahmen und der Tank stammten jedoch vom A.J.S.-20-Twin, Gabel und Räder wurden wiederum aus dem Norton-Regal bezogen. Das vergleichbare Modell bei Matchless hieß G15, bei Norton war es die N15. Im Jahr 1965 stellte das Werk die letzten Rennsportaktivitäten ein. 1966 gingen Matchless und A.J.S. in dem Manganese-Bronze-Konzern auf. Mit Abschluss der verwirrenden Typen- und Markenvielfalt im Jahr 1968 endete auch die Ära der A.J.S.-Viertakter. Nach und nach strich AMC die meisten Modelle mit dem A.J.S.-Logo aus dem Verkaufsprogramm. Gegen Ende der 1960er-Jahre wurde ein letzter Versuch unternommen, die Marke A.J.S. wiederzubeleben, doch das Experiment misslang. Im Jahr 1974 erwarb der Ingenieur Fluff Brown die Rechte des Firmennamens A.J.S. und produzierte die A.J.S.-Motocross-Bikes „Stormer". Heute wird die A.J.S. CR3 mit einem 125-ccm-Motor in China produziert.

Münch 4 – 1200 TTS Mammut

Friedel Münch war Konstrukteur bei Horex, bevor er in Ossenheim mit Motorrädern handelte und nebenbei im Rennsport tätig war. Ende der 1950er-Jahre nahm der Rennfahrer Jean Murit Kontakt zu Münch auf. Er plante den Bau eines Motorrads mit einem zuverlässigen Motor und gut funktionierenden Bremsen. Münch wählte den luftgekühlten Vierzylindermotor aus dem NSU Prinz 1000, schuf aus Komponenten der Firma Horex die Kupplung und das Getriebe und fertigte die restlichen Teile des Motorrads selbst an. Dieses außergewöhnliche Konzept fand eine große Fangemeinde. Das Motorradmodell sollte den Namen „Mammut" erhalten. Doch dieser Name war markenrechtlich bereits durch die Fima Eicher geschützt, und so nannte man das Modell TTS. Unter Enthusiasten jedoch hält sich der Name „Mammut" bis heute. Aufgrund von wirtschaftlichen Schwierigkeiten stand Münch mehrmals vor dem Ruin. Eine Zusammenarbeit mit dem amerikanischen Münch-Enthusiasten Floyd Clymer folgte 1966. Auf Clymer folgte George Bell, der zusammen mit Münch eine neue Produktionsstätte in Altenstadt-Waldsiedlung baute. Jedoch trennte sich Bell bereits Ende 1971 von der Münch KG.

Baujahr	1966 bis 1971
Motorbauart	Vierzylinder
Hubraum (cm³)	1197
Leistung (PS bei 1/min)	88/6500
Vmax in (km/h)	220
Rahmen	Doppelschleifen-Stahlrohrrahmen, Teleskopgabel vorne, Schwinge, Federbeine hinten
Gewicht (kg)	246

Baujahr	1966 bis 1976
Motorbauart	Einzylinder, Zweizylinder
Hubraum (cm³)	98
Leistung (PS bei 1/min)	9,5 bei 7500
Vmax in (km/h)	113
Rahmen	Rahmen aus Stahlblech, Teleskopgabel vorne, Schwinge mit Federbeinen hinten
Gewicht (kg	83

Suzuki A 100

Auch in den kleinen Motorradklassen bot Suzuki ganz große Bikes an. Der schlanke und elegante Einzylinder A100 war solch eine Maschine. Der quicklebendige Einzylinder-Zweitakt-Motor war drehschiebergesteuert und brachte es auf beachtliche 9,5 PS. Durch das sportliche Styling mit den schlanken Kotflügeln und den attraktiven Farben wurde er bald zu einem Erfolgsmodell. Der rassige Zweitakter hatte eine gute Beschleunigung und eine Höchstgeschwindigkeit von über 100 km/h. Dadurch war er in Japan mit einem Gewicht von nur 83 Kilogramm vor allem bei Pendlern in den Städten für die Fahrt zur und von der Arbeit beliebt. Doch auch im privaten Motorradsport wurde das kleine Motorrad aufgrund der guten Leistungen vor allem in Amerika gerne eingesetzt. Das Bild zeigt eine A100 beim „International and National Points Race" auf dem Orange County International Raceway im November 1968. Wegen der großen Beliebtheit wurde die Suzuki A100 mit leichten Veränderungen bis in die späten 1970er-Jahre gebaut. Nur wenige dieser Flitzer kamen nach Deutschland, für den Import war damals Capri Agrati in Köln verantwortlich.

Kawasaki A1 Samurai

Ab dem Jahr 1959 beschäftigte man sich bei Kawasaki auch mit Motorrädern. Heutzutage ist das Markenzeichen der Kawasaki-Motorräder: grün, giftig und schnell. In den 60er-Jahren war der japanische Motorradhersteller noch sehr weit von der Markenfarbe Grün entfernt. Aber giftig und schnell waren die Motorräder schon damals. Die beiden Zweizylinder-Drehschieber-Modelle A1 „Samurai" und A7 „Avenger" begründeten ab 1966 den sportlichen Ruf der Firma. Eigenständige Technik mit Drehschiebersteuerung und mit 31 PS bei 8000 Umdrehungen in der Minute ist viel, viel Leistung, das waren die Hauptargumente für die Kawasaki A1. Mit einem Trockengewicht von nur 145 Kilogramm rannte die kleine Japanerin mit einer Beschleunigung von 0 auf 100 km/h in 6,2 Sekunden der Konkurrenz davon. Nicht nur die Amerikaner waren von dem Motorrad begeistert, bald war der Name „Kawasaki" in aller Munde.

Spätestens ab 1967 konnte jeder Motorradfahrer den Markennamen buchstabieren. Als dann ein Jahr später die noch stärkere A7 mit 42 PS bei 7500 Umdrehungen auf den Markt kam, war der grandiose Verkaufserfolg da. Interessant ist das Detail, dass Kawasaki die 350er zwar zuerst fertig entwickelt hatte, aber zuvor mit der 250er am Markt startete.

Baujahr	1966
Motorbauart	Zweizylinder, Zweitakt
Hubraum (cm³)	247
Leistung (PS bei 1/min)	31 bei 8000
Vmax in (km/h)	160
Rahmen	Doppelschleifen-Rohrrahmen, Teleskopgabel vorne, Schwinge, Federbeine hinten
Gewicht (kg)	145

Harley-Davidson Panhead Electra Glide

Anfang der 1960er-Jahre machten es die Japaner bereits vor – der Knopfdruckstart war ein nicht mehr wegzudenkendes Luxusequipment für Motorräder geworden. Ab dem Jahr 1965 kamen auch Harley-Fahrer mit der ersten Harley-Davidson 74 FL in den Genuss eines elektrischen Anlassers. Harley stellte damit das neue Highway-Flaggschiff der Company mit der ersten 12-Volt-Anlage vor. Es war der Beginn eines bis heute legendären Motorrades, der „Electra Glide". Doch auch diese Motorradlegende bei Harley-Davidson sollte ihre ersten Schritte als Problemfall beginnen, denn die neue elektrische Anlage sollte sich gegen Nässe als sehr anfällig erweisen. Erst als die gesamte Elektroanlage wasserdicht gemacht und der Rahmen durch den Einbau einer größeren Batterie verändert worden war, konnten diese Probleme gelöst werden. Doch der Umbau des Rahmens und das dadurch größere Gewicht von zusätzlich 38 Kilogramm warfen weitere Schwierigkeiten auf. So ließen die Bremsen zu wünschen übrig, und der Motor verlangte nach mehr Power. Dann stimmte die Lenkgeometrie nicht mehr, und das Vorderrad fing bei höheren Geschwindigkeiten an zu flattern. Ab 1966 wurde die „E-Glide" dann mit dem neuen, stärkeren Shovelhead-Motor weitergebaut.

Baujahr	1965
Motorbauart	V-Zweizylinder
Hubraum (cm³)	1206
Leistung (PS bei 1/min)	60
Vmax in (km/h)	160
Rahmen	Doppelschleifen-Stahlrohrrahmen, Teleskopgabel vorne, Federbeine hinten
Gewicht (kg)	355

Baujahr	1965 bis 1974
Motorbauart	Zweizylinder
Hubraum (cm³)	444
Leistung (PS bei 1/min)	43 bei 8500
Vmax in (km/h)	180
Rahmen	Rohrrahmen aus Stahl, Teleskopgabel vorne, Schwinge, Federbeine hinten
Gewicht (kg)	186

Honda CB 450

Honda hatte den US-Markt quasi von hinten aufgerollt – mit kleinen Maschinen wie der Super Cub sowie mit kleinen Twins. Die hatten Technik vom Feinsten: obenliegende Nockenwellen, zwei Vergaser – Renntechnik für die Straße, servicefreundlich, öldicht, selbst bei fünfstelligen Drehzahlen. Im Hochsommer 1965, so beschloss der Firmenchef, war der US-Markt reif für was Größeres: Die Honda CB 450 wurde vorgestellt. Ein richtig großes Motorrad mit feinster Technik – nicht nur für die USA. Die Motorradwelt stand Kopf, staunte über den langhubigen Motor mit der 180-Grad-Kurbelwelle und die von einer gemeinsamen Kette angetriebenen Nockenwellen. Die Neue hängte mit ihrem Hochleistungstriebwerk locker alle europäischen Halblitermaschinen ab, war drehfreudig, laufruhig, komfortabel und vor allem: zuverlässig. Sie startete elektrisch, und besaß herrlich viele Kleinigkeiten, die es in sich hatten, wie zwei obenliegende Nockenwellen, Drehstäbe als Ventilfedern, dazu zwei Gleichdruckvergaser. Nennleistung bei 8500/min, ab 9500/min ging es in den roten Bereich. Die Honda CB 450 war der japanische Beweis dafür, dass sportliches Fahrverhalten, Alltagstauglichkeit und bärige Leistung unter einen Hut passten. Vor fast 50 Jahren war dies für Kunden paradiesisch, der Konkurrenz hinterließ die Black Bomber allerdings etwas anderes: Bombenkrater in der Verkaufsbilanz.

Yamaha YF1

Wie der große japanische Konkurrent Honda stieg auch Yamaha im Jahr 1958 in den Motorradrennsport ein. Bereits drei Jahre später mischte Yamaha in der Motorradweltmeisterschaft mit, und im Jahr 1964 ging der Titel in der 250er Klasse an das Werk aus Hamamatsu. Die Saison war für Yamaha perfekt gelaufen, denn der Honda-Starpilot und Favorit Jim Redman mit seiner Vierzylinder-DOHC-Honda-Werksrennmaschine hatte gegen den jungen Engländer Phil Read auf einer einfach aufgebauten Zweizylinder-Zweitakt-Yamaha-Rennmaschine nur wenig Chancen gehabt. Zum Ende der Saison 1964 hatte sich der Kampf „David gegen Goliath" zugespitzt und die beiden Rennfahrer trennten nur wenige Punkte. So trat Honda über Nacht mit einer neuen Sechszylinder-DOHC-Rennmaschine an. Doch vergeblich, Honda konnte die Führung Yamahas nicht mehr zu ihren Gunsten ändern. Plötzlich war Yamaha populär und unter den Rennsportfans eine Größe geworden. Doch auch den Markt für Alltagsmodelle ließ Yamaha nicht aus dem Auge. So entstand Anfang des Jahres 1965 ein kleines Bike, das einen äußerst sportlichen Eindruck vermittelte. Die kostengünstigen Kleinkrafträder YF1 erfreuten sich in den Aufbaujahren in Japan schnell großer Beliebtheit. Motorisiert mit dem Einzylinder-Zweitakter im Pressstahl-Rückgratrahmen und gefedert durch eine Pressstahlschwinge und zwei Federbeine waren die Fahrer günstig unterwegs. Der unter dem Rahmen „schwebende" Motor war lediglich am Kurbelgehäuse mit dem Chassis verschraubt. Ein Plattendrehschieber sorgte für den Kraftstoff, die Schmierung erfolgte über das in Hamamatsu entwickelte Autolube-System, einer separaten Ölzufuhr für Zweitaktmotoren.

Baujahr	1965 bis 1966
Motorbauart	Einzylinder, Zweitakt
Hubraum (cm³)	58
Leistung (PS bei 1/min)	4 bei 6500
Vmax in (km/h)	85
Rahmen	Pressstahl-Rückgratrahmen, Teleskopgabel vorne, Pressstahl-schwinge, Federbeine hinten
Gewicht (kg)	ca. 100

Baujahr	1964 bis 1972
Motorbauart	Zweizylinder
Hubraum (cm³)	654
Leistung (PS bei 1/min)	46 bei 7000
Vmax in (km/h)	167
Rahmen	Doppelschleifenrahmen, hydraulisch gedämpfte Telegabel, Stahlrohr-Hinterradschwinge mit zwei hydraulisch gedämpften Federbeinen
Gewicht (kg)	220

BSA A 65 T Thunderbolt

Um ihre Marktposition zu behalten, versuchten die Manager bei BSA Anfang der 1960er-Jahre den Kunden eine neue Motorradpalette schmackhaft zu machen. Nach über 30 Jahren trennte sich BSA vom Bau von Motoren mit getrenntem Getriebegehäuse und setzte auf das neu konstruierte A65-Aggregat mit glattflächigem Block und polierten Seitendeckeln. Im Jahr 1962 wurden die neuen Modelle mit der A 65 Star Twin eingeführt. Doch die Begeisterung hielt sich in Grenzen, und die Optik war sehr gewöhnungsbedürftig. Relativ schnell begriffen die Verantwortlichen bei BSA, dass sie den Geschmack der Kundschaft nicht getroffen hatten, und präsentierten bereits im Oktober 1963 die sportliche A 65 R Rocket mit 45 PS und Zwei-in-Eins-Auspuffanlage. Als nächstes Topmodell erschien die A 65 L Lightning mit nun bereits 48 PS, Stummellenker und zurückgelegten Fußrasten als „Cafe Racer" ohne Kompromisse und enormen Vibrationen während der Fahrt. Auch das nächste Modell, die A 65 S Spitfire, ließ nicht lange auf sich warten. Mit einer Verdichtung von 10,5 : 1 und zwei offenen Amal-Grand Prix-Vergasern erreichte sie eine Motorleistung von 55 PS und eine Spitzengeschwindigkeit von über 180 km/h – und der Erfolg kehrte langsam zurück. Die neue Modellreihe verkaufte sich gegen Ende der 1960er-Jahre vor allem in den USA sehr gut. Mit drei weiteren Modellen startete im Jahr 1971 BSA eine neue Baureihe, die als „Oil-in-Frame" bezeichnet wurde. Neben der 52 PS starken A 6 5L Lightning und A 65 FS Firebird Scrambler war die A 65 T Thunderbolt im Angebot.

Simson SR 4-2 Star

Fast zeitgleich mit dem Kleinroller Simson „Schwalbe" begann die Produktion des Simson „Star". Das Modell trug zuerst die Typenbezeichnung „SR4-2" (1964–1968) und später „SR4-2/1" (1963–1975). Viele Bauteile des „Star" stammten aus dem Baukastensystem, welches so auch bei den anderen Kleinkrafträdern der Vogelserie verwendet wurde: so der 3,4 PS starke, radialgebläsegekühlte 50-ccm-Zweitakt-Motor, die Sitzbank, die Räder, der Kettentrieb und der Lenker mit den Anbauteilen. Der Motor hatte ein fußgeschaltetes Dreiganggetriebe und wurde mit dem Kickstarter gestartet. War die erste Typenbezeichnung des Motors noch „M 53 KF", so wurde die Weiterentwicklung im Jahr 1968 „M 53/1 KF" genannt. Lackiert wurde der „Star" während des gesamten Produktionszeitraumes stets in Weinrot mit hellgrau-grünen seitlichen Verkleidungsteilen, Tank, Rücklichthalter und Lenkerschale. Das Modell SR4-2/1 war das in seiner Produktionszeit am stärksten optisch veränderte Fahrzeug. So waren die meisten Gummi- und Plastikteile wie Griffgummis, Scheinwerferring, Schutzhüllen für die Handhebel, Gepäckträger, Sterngriffmuttern und der Tank anfangs noch in einem Elfenbeinton und zum Ende der Produktion stets in Schwarz gehalten.

Baujahr	1964 bis 1968
Motorbauart	Einzylinder, Zweitakter
Hubraum (cm³)	49,6
Leistung (PS bei 1/min)	3,4 bei 5750
Vmax in (km/h)	60
Rahmen	Zentralrohr-Schalenrahmen, Langschwinge mit Federbeinen vorne und hinten
Gewicht (kg)	73,5

Baujahr	1963 bis 1966
Motorbauart	Zweizylinder
Hubraum (cm³)	248
Leistung (PS bei 1/min)	21 bei 7000
Vmax in (km/h)	140
Rahmen	Rahmen aus Stahlblech, Teleskopgabel vorne, Schwinge mit Federbeinen hinten
Gewicht (kg)	140

Suzuki 250 T10

Die Firma „Suzuki Shokkuki Seisakusho" wurde bereits im Jahr 1909 in Hamamatsu von dem nur 22-jährigen Michio Suzuki gegründet. Als junger Unternehmer baute der technisch begabte Zimmermann allerdings keine Motorräder, sondern bis zum Zweiten Weltkrieg nur Webstühle. Nach dem Ende des Krieges kam der Wiederaufbau rasch in die Gänge. Da Webstühle aber kaum noch gefragt waren, wurden zuerst landwirtschaftliche Gerätschaften produziert. Gegen Ende des Jahres 1951 beschloss der regsame Firmenchef ins Motorradgeschäft einzusteigen. Zwar hatte das erste Suzuki-Mopedchen „Power Free" aus dem Jahr 1952 nur 36 Kubikzentimeter und eine Pferdestärke Leistung, doch bis Ende 1952 hatte man gut 10.000 dieser Zweitakt-Drahtesel mit Hilfsmotor verkauft. Aufgrund des Erfolgs entstand bereits im Jahr 1954 die Colleda-Baureihe, die inzwischen zu richtigen Motorrädern herangewachsen waren. Mitte der 1960er-Jahre hatte sich Suzuki bereits fest auf dem japanischen Motorradmarkt etabliert und begann die ersten Maschinen in die USA zu exportieren. Topmodell im Angebot war im Jahr 1963 die 21 PS starke T10 mit 250er-Zweizylinder-Zweitaktmotor. Suzuki bezeichnete die T10 als „ein Meisterstück". Für eine zuverlässige Ölversorgung des Zweitakt-Twins sorgte nämlich die „Suzuki Selmix"-Getrenntschmierung.

BSA A 10 R Super Rocket

Die A10-Modelle gingen ursprünglich auf die Konstruktion von Herbert Perkins zurück und waren die stärksten BSA-Zweizylinder-Maschinen. Sie wurden von einem typisch britischen Parallel-Twin angetrieben, der nicht nur für beachtliche Beschleunigung, sondern auch für ein unverwechselbares Klangbild sorgte. Die Rocket-Modelle A 7 und A 10 verkauften sich aber auch in den USA prächtig und sorgten für volle Kassen bei BSA. Auch diente die erste Rocket offensichtlich als Vorlage für die aufstrebenden japanischen Hersteller, denn zahlreiche Konstruktionsmerkmale dieser Maschinen finden sich beispielsweise in der Kawasaki W1 aus dem Jahr 1965 wieder. Seit dem Jahr 1950 stand neben der 500er auch eine 650er im Programm. Doch trotz des guten Absatzes wollte man sich bei BSA nicht auf den Lorbeeren ausruhen. Zunächst gab es die 650er-A 10 mit 35 PS. Im Laufe der Zeit wurde der Parallel-Twin ständig weiterentwickelt und stand Anfang der 1960er-Jahre als A 10 R Super Rocket mit beachtlichen 45 PS und gut 180 km/h Spitze im Programm.

Baujahr	1962
Motorbauart	Zweizylinder
Hubraum (cm³)	646
Leistung (PS bei 1/min)	45 bei 6000
Vmax in (km/h)	180
Rahmen	Doppelschleifenrahmen aus Stahlrohr, Telegabel vorne, Zweiarmschwinge, Federbeine hinten
Gewicht (kg)	198

Baujahr	1962 bis 1973
Motorbauart	Zweizylinder
Hubraum (cm³)	649
Leistung (PS bei 1/min)	45 bei 6500
Vmax in (km/h)	160
Rahmen	Rohrrahmen, Teleskopgabel vorne, Schwinge, Ölfederbeine hinten
Gewicht (kg)	175

Triumph T120 Bonneville

Am Anfang ihrer Laufbahn konnte man die Leistung der Triumph T120 Bonneville durchaus mit der Leistung deutscher Maschinen vergleichen. So hatte auch eine BMW R 69 S eine Leistung von 42 PS und ein daraus resultierendes Leistungsgewicht von 4,8 kg/PS. Mit 180 Kilogramm fahrfertigem Gewicht brachte es die „Bonnie" auf ein Leistungsgewicht von 3,9 kg/PS. Also kein Grund, ein englisches Motorrad zu kaufen, und dennoch wurde die Bonneville im Laufe ihrer Karriere zu einem der populärsten Motorräder weltweit. Das hatte folgende Gründe: Das Motorrad konnte von Privatfahrern in Seriensport- und Langstrecken-Seriensport-Rennen sehr erfolgreich eingesetzt werden, wo sie viele nationale und internationale Siege verbuchen konnte. Darunter waren das 500-Meilen-Rennen von Thruxton, die Tourist Trophy und heißbegehrte Siege im amerikanischen Daytona. Die Gewinner waren so berühmte Grand-Prix-Fahrer wie der neunfache Weltmeister Mike Hailwood oder John Hartle. Durch den Erfolg angespornt, legte die Motorrad-Schmiede Ende 1964 eine kleine Serie rennfertiger „Thruxton-Bonnies" auf, die für Langstreckenrennen an Privatfahrer verkauft wurden.

A.J.S. 18

Mit dem Bau eines Viertakt-Motors begann 1897 die Geschichte der englischen Stevens Screw Company. Die vier Brüder hatten die richtige Nase gehabt, denn bald wurde von vielen Motorradfirmen der wassergekühlte Einzylinder-Einbaumotor bestellt. Im Jahr 1909 entschied sich schließlich Jack Stevens Komplettmotorräder zu bauen und gründete die Firma A.J.S. Das Resultat war eine seitengesteuerte einfach aufgebaute Maschine mit 300 Kubikzentimetern. Doch bekannt und beliebt wurden die Motorräder aus Wolverhampton durch den Sieg bei der Tourist Trophy 1914. Auch in den 1920er-Jahren setzte die Marke ihre teils spektakuläre Siegesserie fort und erweiterte ihre Produktion auf Straßenmotorräder, Kleinwagen, Radiogeräte und weitere Produkte. Doch A.J.S. übernahm sich und wurde von Matchless aus London aufgekauft, wo nun auch die weitere Produktion stattfand. Kurz vor Ausbruch des Zweiten Weltkriegs erregte A.J.S. mit der Präsentation einer 500-ccm-V-Vierzylinder-Rennmaschine mit Kompressor nochmals Aufsehen. Nach dem Krieg versuchte A.J.S. noch einmal mit einem traditionellen Viertakter Fuß am Motorradmarkt zu fassen und stellte 1961 die A.J.S.18 vor. Doch auch wenn das Modell optisch modernisiert wurde und über einen stabileren Doppelschleifenrahmen sowie eine Batteriespulen-Zündung verfügte, sah man dem Bike die Technik der Vorkriegsmodelle an.

Baujahr	1961 bis 1966
Motorbauart	Einzylinder
Hubraum (cm³)	498
Leistung (PS bei 1/min)	28 bei 5600
Vmax in (km/h)	128
Rahmen	Doppelschleifenrahmen, Teleskopgabel vorne, Federbeine hinten
Gewicht (kg)	175

Baujahr	1961 bis 1967
Motorbauart	Einzylinder
Hubraum (cm³)	246
Leistung (PS bei 1/min)	18 bei 7500
Vmax in (km/h)	120
Rahmen	Einschleifen-Stahlrohrrahmen, Teleskopgabel vorne, Federbeine hinten
Gewicht (kg)	125

Harley-Davidson 250 Sprint C

Im Jahr 1960 übernahm Harley-Davidson die Motorradsparte von Aermacchi (Aeronautica-Macchi) und weitete damit die Produktion auf Kleinkrafträder und Motorräder mit kleinen Einzylinder-Zweitakt-Motoren und Viertaktmotoren aus. Im Jahr 1961 erschien dann das erste Viertaktmodell, die 250 Sprint C. Es war der erste Einzylinder-Viertakter auf dem US-Markt. Hervorgegangen war das Motorrad aus der italienischen Aermacchi Ala Verde. Im Laufe der folgenden Jahre gab es mehrere sportlich getrimmte Rennversionen des Motorrads. Die meistverkaufte Version war die „H" im Scrambler-Design und mit 25 PS, wobei der Buchstabe für „Hot" stand. Daneben gab es unter dem Kürzel „R" eine reine Rennversion ohne Beleuchtung und mit offenen Auspuffrohren. Die Clubman Racer Sprint SS war ein gestripptes Modell im italienischen Design. Obwohl immer wieder groß angelegte Werbekampagnen gestartet wurden, konnten sich die „Sprints" gegen die wesentlich unkomplizierteren, schnelleren und billigeren Zweitakt-Japaner nicht durchsetzen. Da beschloss die Company im Jahr 1974 den Bau und den Vertrieb, vor allem nach Europa, trotz beachtlicher Rennerfolge in Amerika endgültig einzustellen.

Benelli 350 GP

Der Rennsport wurde bereits ab der Gründung des Betriebs großgeschrieben. Den ersten Weltmeisterschaftstitel gewann Benelli im Jahr 1950, doch dann stiegen die Italiener aus dem Motorradsport aus. Erst im Jahr 1958 kehrten sie wieder mit Werksmaschinen auf die Rennstrecke zurück. Ab dem Jahr 1960 entwickelte Benelli eine Vierzylinder-Rennmaschine für die 250er-Weltmeisterschaft. Zunächst wurde sie ab dem Jahr 1962 mit dem Italiener Silvio Grasetti eingesetzt, dann saß Renzo Pasolini im Sattel der Renn-Benelli. Im Jahr 1969 errang schließlich der Australier Kel Carruthers auf ihr den zweiten Weltmeistertitel. Der hervorragend konstruierte Motor hatte für damalige Verhältnisse ein sehr gutes Fahrwerk. Heute wird die 230 km/h schnelle Weltmeistermaschine immer noch bei Demonstrationsläufen eingesetzt. Als Weiterentwicklung der 250er schuf Benelli ab dem Jahr 1967 nach gleichem Muster noch weitere Rennmaschinen für die Klassen bis 350 und 500 Kubikzentimeter. Trotz einiger Erfolge, unter anderem eines Siegs in Modena, stellte mit Ende der Saison die neue Firmenleitung den teuren Rennsport ein. Heute gehört die Benelli 350 GP zur Sammlung des Frankfurters Willie Marewski und ist des Öfteren bei deutschen Klassikerveranstaltungen zu bewundern.

Baujahr	1960 bis 1967
Motorbauart	Vierzylinder
Hubraum (cm³)	343
Leistung (PS bei 1/min)	64 bei 14.500
Vmax in (km/h)	über 290
Rahmen	Doppelrohrrahmen, Teleskopgabel vorne, Federbeine hinten
Gewicht (kg)	ca. 110

Baujahr	1960 bis 1966
Motorbauart	Einzylinder
Hubraum (cm³)	247
Leistung (PS bei 1/min)	18 bei 7400
Vmax in (km/h)	90 (mit Seitenwagen)
Rahmen	Doppelrohrrahmen, Teleskopgabel vorne, Langarmschwinge, Federbeine hinten
Gewicht (kg)	162 (ohne Seitenwagen)

BMW R 27

Der Vorgänger der R 27 war das Modell BMW R 26 mit 15 PS und dem im Wesentlichen gleichen Vollschwingenrahmen mit Kardanwellenantrieb. Das Modell R 27 war das letzte Baumuster der klassischen Einzylinder-BMW mit Kardanantrieb. Mit ihr endete die Ära des bundesdeutschen Motorradbaus, in der ein Motorrad noch das Hauptfortbewegungsmittel war. Die aufkommende Konkurrenz von preiswerten Autos einerseits und sportlichen japanischen Motorrädern für den Freizeiteinsatz andererseits ließ den Markt für diese Art aufwendig gebauter Motorräder in der damaligen Bundesrepublik Deutschland zu Ende gehen. Ihre besonderen Eigenschaften machten die BMW wie die R 27 zu ausgezeichneten Reisemaschinen, mit denen sich ermüdungsarm lange Strecken zurücklegen ließen. Der Rahmen war aus Stahlrohr geschweißt und wegen seiner großen Stabilität auch für den Beiwagenbetrieb geeignet. Die R 27 hatten die seitlich angebrachten Kugelköpfe für den Beiwagenbetrieb serienmäßig eingebaut. Es wurde stets ein spezieller Hilfsrahmen benötigt. Der Seitenwagen S 250 von Steib war ein passendes Beiwagenmodell. Der Motor war wie bei den Vorgängermodellen BMW R 25/3 und BMW R 26 ein längs laufender Einzylinder-Viertakt-Motor mit seitlich halbhoch gelagerter Nockenwelle und außen neben dem Zylinder in Chromrohren geführten Stößelstangen. Die R 27 hatte ein fußgeschaltetes Vierganggetriebe mit Klauenschaltung. Insgesamt wurden von 1960 bis 1966 15.364 Einheiten gefertigt. Der letzte Verkaufspreis belief sich auf 2670 DM.

BMW R 69 S

S wie Sport: Die R 69 S war Anfang der Sechzigerjahre das Topmodell der Baureihe. Mit speziellen Kolben, Zylinderköpfen, 26-mm-Vergasern und einer erhöhten Verdichtung auf 9,2 : 1 hatte BMW die Leistung der 600er auf 42 PS gesteigert. Ein besonderes Merkmal des Boxer-Motors war das sehr breite Drehzahlband, das das Motorrad auch „aus dem Keller heraus" flott bewegen konnte. Mit einem hydraulischen Lenkungsdämpfer war eine Höchstgeschwindigkeit von 175 km/h leicht zu schaffen. Jedoch reagierte die BMW auf dauerhaft hohe Drehzahlen bisweilen mit dem Bruch der Kurbelwelle. Daher stattete BMW die Motoren bald mit einem Schwingungsdämpfer an der Kurbelwelle aus. Im Vergleich zu den Vorgängermodellen bot die R 69 S für ihre Passagiere einen ungeahnten Fahrkomfort. Im Rennsport setzten viele Privatfahrer die R 69 S bei Gespannrennen mit Seitenwagen ein. Die ersten Jahre der Produktion rollte das BMW-Motorrad ohne größere Änderungen vom Fließband, und vor allem die USA kristallisierten sich als interessantes Exportland heraus, wo die BMW R 69 S bald einen sehr guten Ruf hinsichtlich der Qualität und der Zuverlässigkeit erreichte. In Sammlerkreisen sind S-Modelle besonders begehrt.

Baujahr	1960 bis 1962
Motorbauart	Boxer-Zweizylinder
Hubraum (cm³)	594
Leistung (PS bei 1/min)	42 bei 7000
Vmax in (km/h)	175
Rahmen	geschweißter Doppelrohrrahmen aus Stahl, Langarmschwinge, Federbeine, Öldruckstoßdämpfer vorne, Federbeine, Öldruckstoßdämpfer hinten
Gewicht (kg)	202

Baujahr	1960 bis 1974
Motorbauart	Einzylinder
Hubraum (cm³)	123,1
Leistung (PS bei 1/min)	11,6 bei 7500
Vmax in (km/h)	110
Rahmen	Doppelrohrrahmen aus Stahl, Teleskopgabel vorne, Schwinge mit Stoßdämpfern hinten
Trockengewicht (kg)	92

Moto Guzzi Stornello Sport

Gegen Ende der 1950er-Jahre war die weltweite Motorradindustrie in eine Absatzkrise gerutscht. Die Bevölkerung hatte das Automobil entdeckt und zog es vor, in Zukunft lieber durch ein Dach geschützt durch die Welt zu reisen oder zur Arbeit zu fahren. Als Reaktion auf den schwachen Absatzmarkt beschloss Moto Guzzi, der inzwischen geschlossenen hausinternen Rennabteilung den Auftrag zum Bau eines preiswerten und sparsamen Massenmotorrads zu geben. Die kleine „Stornello", was übersetzt „kleiner Star" heißt, war bereits im Jahr 1960 fertig. Mit dem 123-ccm-Viertakter und einer Leistung von zunächst 7 PS und einem Vierganggetriebe konnte es das leichte Motorrad durchaus mit der Konkurrenz von Moto Morini, Gilera und MV Agusta aufnehmen. Im Jahr 1961 bekam die Standardversion dann Zuwachs durch ein Sportmodell mit 11,6 PS, Sportlenker und geändertem Kotflügel vorn. Bald war Moto Guzzi auch hier konkurrenzlos und beherrschte den Absatzmarkt als meistverkauftes Motorrad. Dieser Umstand half der Motorradmarke über die schwierige Zeit der schwachen Verkäufe im Motorradverkauf. Das Modell lief mit allerlei technischen wie stilistischen Modifikationen und 160 cm³ bis ins Jahr 1974 vom Band und wurde bis 1976 verkauft.

Triumph T100A

Auch die sportliche Tiger 100 sollte nach der Einführung der Modelle mit Blockmotor (bis 1957 waren Motor und Getriebe bei den Twin-Modellen aus Meriden getrennt) durch ein neues, wirtschaftlicher zu fertigendes Motorrad ersetzt werden. Für die beiden Distributoren der USA enttäuschend, rollte die T100A ab 1960 aber wie die 350er und die zahme 5TA mit 17-Zoll-Rädern. Zwar rund 20 kg leichter als die alte Tiger 100, besaß auch diese „Unit-500" die vermeintlich trendige Badewannenverkleidung ums Rahmenheck, das zugleich als Schutzblech fungierte, wie auch den tief heruntergezogenen Vorderkotflügel. Äußerlich nicht vom 5TA-Motor zu unterscheiden, leistete der 9:1 verdichtete Motor 32 PS, war aber mit einer kräftigeren Kupplung ausgerüstet, ein batterieloses Energy Transfer-Direktzündsystem von Lucas ersetzte die übliche Batteriezündung. Nur 3000 Exemplare der T100A wurden gefertigt.1962 schob man gemäß den Kundenwünschen die erfolgreichere T 100 SS mit 18-Zöllern und Bikini-Heckverkleidung nach, auf der Bob Dylan 1966 nahe Woodstock schwer verunglücken sollte.

Baujahr	1960 bis 1961
Motorbauart	Zweizylinder
Hubraum (cm³)	498
Leistung (PS bei 1/min)	32 bei 7000
Vmax in (km/h)	160
Rahmen	Stahlrohrrahmen, Teleskopgabel vorne, Stoßdämpfer hinten
Gewicht (kg)	168

BSA A 10 Road Rocket

Ab dem Jahr 1955 war die A 10 Road Rocket das stärkste Zweizylinder-Motorrad der BSA Motorcycles Ltd. aus Birmingham.
Mit 650 Kubikzentimeter leistete das schnelle Motorrad 40 PS bei 6000/min und erreichte mit ihrem Parallel-Twin eine Spitzengeschwindigkeit von bis zu 160 km/h.

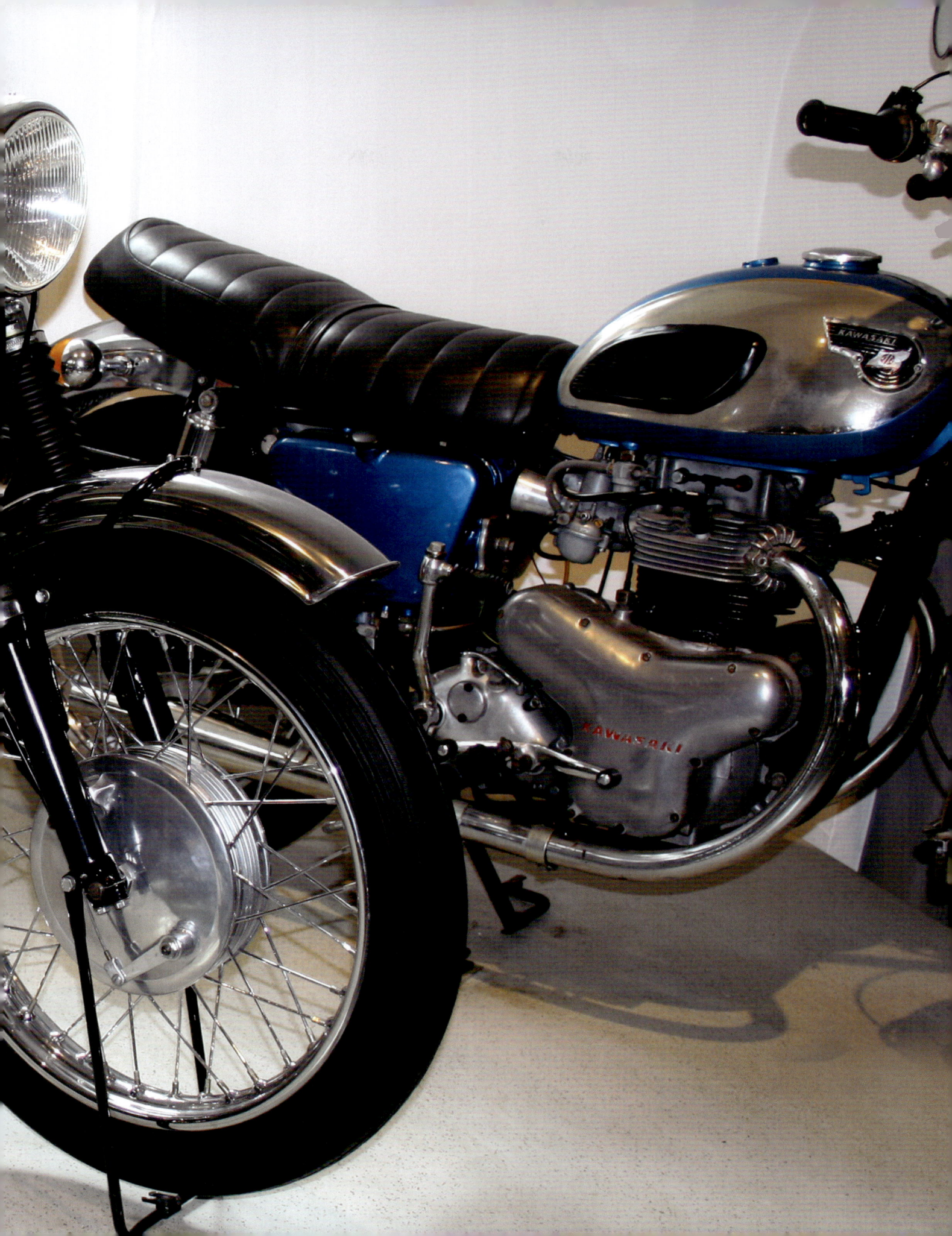

Baujahr	1959 bis 1964
Motorbauart	Zweizylinder
Hubraum (cm³)	124,67
Leistung (PS bei 1/min)	15 bei 10.500
Vmax in (km/h)	130
Rahmen	Pressstahlrahmen, geschobene Kurzschwinge mit zwei innen liegenden Stoßdämpfern und Federbeinen vorne, Federbeine hinten
Gewicht (kg)	110

Honda Benly C 92

Der D Dream folgte 1953 die größere Version E mit einem 145-ccm-Einzylinder-Viertaktmotor. Als nächster Schritt nach dem Typ E war die C 92 Benly eine vergleichsweise spritzige 125er der ganz neuen Generation. Ab Mitte des Jahres 1960 war sie auch in Deutschland erhältlich. Es war für die damalige Zeit sehr ungewöhnlich, dass ein Motorrad dieser Hubraumklasse zwei Zylinder aufwies. Ihr putzmunterer Motor mit einem Drehmoment von 10,4 Nm bei 9000/min arbeitete bereits mit einer oben liegenden Nockenwelle, einem technischen Leckerbissen, den die meisten Hersteller jener Tage allenfalls ihren Rennmaschinen spendierten. Und mit ihrem elektrischen Starter setzte sie ganz neue Zeichen in puncto Fahrerfreundlichkeit. 1961 wurde vom Hamburger Importeur eine Sportversion mit der Bezeichnung „Meller Spezial" angeboten. Dieses Motorrad wog nur 90 Kilogramm und hatte eine Leistung von 18 PS. Von der Sportversion wurden nur 20 Exemplare gebaut. Zwischen 1959 und 1961 wurden 18.814 Maschinen gebaut, die auch nach Europa, Südamerika, Australien, Südafrika und in die USA exportiert wurden. Im Jahr 1959 nahm Honda in der 125er-Klasse sogar an der Tourist Trophy auf der Isle of Man teil, zeigte sich jedoch noch nicht als konkurrenzfähig.

Honda CB 72

Honda hatte schon Anfang der 1960er-Jahre begonnen, Motorräder nach Europa zu exportieren und dabei schnell erkannt, dass sich für das Modell C 92 mit dem Pressstahlrahmen, der Vorderradschwinge und den großen Kotflügeln nur wenige Menschen interessierten. Zur gleichen Zeit waren Tom Phillis und Mike Hailwood auf Honda Weltmeister in den Klassen 125 und 250 Kubikzentimeter geworden. Was lag da näher, als eine echte Straßensportmaschine für die potenziellen Käufer zu bauen? Das europäische Fachpublikum war bei der Vorstellung der neuen Maschine, sie hieß nun CB 72, nicht unbedingt überzeugt. Vor allem die hohen Drehzahlen von 9000 Umdrehungen in der Minute konnten dem kleinen Motor sicherlich nicht guttun. Vergleichbare Maschinen hatten damals fast 2000 Umdrehungen weniger und brachten es höchstens auf 18 Pferdestärken, und einen elektrischen Anlasser durften Sportmotorräder schon gar nicht haben. So brachte es die CB 72 mit dem kettengetriebenen, geteilten Nockenwellenmotor auf Spitzenleistungen, die von so manchem hubraumstärkeren Motorrad nicht erreicht wurden. Mit einem Einstandspreis von 2500 DM war der Straßenrenner dazu noch günstig. Erst 1968 wurde er durch die CB 250 abgelöst.

Baujahr	1959 bis 1964
Motorbauart	Zweizylinder
Hubraum (cm³)	247
Leistung (PS bei 1/min)	24 bei 9000
Vmax in (km/h)	140
Rahmen	Rückgratrahmen aus Stahl, Teleskopgabel vorne, Federbeine hinten
Gewicht (kg)	136

Baujahr	1958 bis 1971
Motorbauart	V-Zweizylinder
Hubraum (cm³)	883
Leistung (PS bei 1/min)	55
Vmax in (km/h)	185
Rahmen	Einschleifen-Stahlrohrrahmen, Teleskopgabel vorne, Federbeine hinten
Gewicht (kg)	218

Harley-Davidson XLCH Sportster

Harley-Davidsons XLCH kam im Jahr 1958 als Offroad-Scrambler-Version im kalifornischen Design auf den US-Markt. Mit zunächst 55 PS, schmalen Schutzblechen, Geländesportreifen, einem Solosattel und zwei kurzen Federn war sie ein „giftiges" Zweirad für „harte" Burschen. Der kleine, etwas mehr als sieben Liter fassende Peatnut-Tank wurde das Vorbild für alle zukünftigen Sportster-Tanks von Harley-Davidson. Der Kickstarter des mit 9 : 1 hochverdichteten Motors schlug gern und kräftig zurück. Er wurde bald zum Mittelpunkt von mysteriösen Geschichten unter den Fans, die unterdimensionierten Bremsen der XLCH wurden als „jenseits von Gut und Böse" beschrieben, und auch der Ritt auf dem Rahmen des Sportmotorrads war ein kaum beherrschbares Abenteuer. Ab 1959 wurde die „Bestie" dann gezähmt und zu einer „Street Legal" mit winzigem Scheinwerfer, Rücklicht und Tachometer umgerüstet. Auch die kurze, 2-in-2-Auspuffanlage machte einer manierlicheren Abgasanlage Platz. Ab dem Jahr 1965 erhielt die XLCH eine Zwölf-Volt–Elektrik und ein Jahr später eine schärfere Nockwelle, was die Leistung auf 60 PS steigerte. Ab dem Jahr 1969 war das Zeitalter der grenzenlosen Leistungsentfaltung auf Amerikas Straßen endgültig vorbei, und der Gesetzgeber regelte auch hier die Ausführung der „heißen Öfen".

Triumph T 21/3 TA „Twenty-One"

Durch die Verkaufserfolge des Einsteigermodells Tiger Cub angespornt, beschloss Triumph Mitte der 1950er Jahre, auch in der Mittelklasse wieder mitzumischen. Nach der Einstellung des kleinsten 350-cm³-Zweizylindermodells 3T 1951 entschloss sich Chefkonstrukteur Edward Turner erstmals einen Zweizylinder-Blockmotor zu entwickeln, der in ein Fahrwerk platziert wurde, das die guten Fahreigenschaften der 5T mit denen des Einzylindermodells verband und einen maximalen Wetterschutz bieten konnte – ähnlich den Trendsettern Vespa und Lambretta. Der Name „Twenty-One", der in breiten Buchstaben an der weit heruntergezogenen Stahlblechverkleidung zu lesen war, bezeichnete im ersten Modelljahr nicht nur den Hubraum von 21 Kubikzoll, sondern kommunizierte den 21. Geburtstag der Triumph Engineering Co Ltd. Mit dem neuen Kurzhubmotor und einem wartungsfreundlichen, verblockten Vierganggetriebe entfiel das lästige Justieren und Spannen der Primärkette. Ab 1961 in 3TA umbenannt, kann die 350er mit ihrer Triumph-typischen Lampenverkleidung, dem „Badenwannenheck" und der üppigen Tankwappen als der Grundstock aller künftiger Halblitermodelle aus Meriden gelten. Erst 1966 wurde die 350er, die auch als Sondermodell bei der holländischen Armee eingesetzt wurde, schließlich endgültig ausgemustert.

Baujahr	1958 bis 1966
Motorbauart	Einzylinder
Hubraum (cm³)	350
Leistung (PS bei 1/min)	18,5 bei 6500
Vmax in (km/h)	129
Rahmen	Stahlwanne aus zwei Stücken, Teleskopgabel vorne, Stoßdämpfer hinten
Gewicht (kg)	154

Baujahr	1957 bis 1959
Motorbauart	Einzylinder
Hubraum (cm³)	172
Leistung (PS bei 1/min)	15 bei 8000
Vmax in (km/h)	110
Rahmen	Doppelrohrrahmen, Teleskop-gabel vorne, Federbeine hinten
Gewicht (kg)	ca. 140

Benelli 175

Die Gründung der Marke Benelli im Jahr 1911 ist wie kaum eine andere typisch für die Entstehung eines italienischen Familienbetriebs. Die Idee dazu kam der Witwe Teresa Boni Benelli, als sie für ihre sechs Söhne Giuseppe, Giovanni, Francesco, Filippo, Domenico und Antonio eine Beschäftigung suchte. Für dieses Ziel veräußerte sie ihren Grundbesitz und kaufte davon Maschinen, die in einem Flügel des Familiensitzes in Pesaro aufgestellt wurden. Die Benellis hatten Talent und Erfindergeist: Schon zehn Jahre nach Gründung stellte die Officina Meccanica Benelli ihr erstes Motorrad der Öffentlichkeit vor. Nachdem sich erste Erfolge einstellt hatten, beschlossen die Benelli-Brüder den Einstieg in den Rennsport, was jedoch die Entwicklung eines leistungsfähigen Viertaktmotors voraussetzte. Das Ergebnis war ein 175-cm³-Motor, der mit einer über Stirnräder angetriebenen, obenliegenden Nockenwelle ein für damalige Verhältnisse hochmodernes Motorrad befeuerte. Bereits im ersten Jahr des Straßenrenneinsatzes 1927 gewann Benelli damit die italienische Meisterschaft. Abgeleitet aus dem Renner erschien 1931 das Serienmodell 175 Grand Sport, während für den Straßenrennbetrieb ein dohc-Motor folgte. Wenn auch das zweifarbig lackierte 175er-Nachkriegsmodell statt der ohc-Steuerung mit simpler Stoßstangenbetätigung der Ventile auskommen musste, so war die Benelli schon damals mehr als ein Hingucker. In der Sportversion stellten der offene Ansaugtrichter sowie der rechtsseitig verlegte Doppelrohrschalldämpfer und Aluminiumfelgen das Nonplusultra dar für Fahrer mit Esprit.

Moto Guzzi Otto Cilindri

Mitte der 1950er-Jahre hatte die Konkurrenz den Vorsprung von Moto Guzzi in den Motorsportwettbewerben wieder eingeholt. So suchte der Rennleiter und Chef der Entwicklung Giuliano Cesare Carcano nach einer Lösung. Dabei griff er auf die Logik zurück, dass ein mehrzylindriger Motor bei gleichem Hubraum eine höhere Drehzahl und dadurch mehr Leistung erreichen konnte. Ab dem Jahr 1954 entstand aufgrund dieser Annahme das wohl spektakulärste Rennmotorrad in der Renngeschichte von Moto Guzzi, die Otto Cilindri. Innerhalb kürzester Zeit gelang es dem zwölf Mann starken Entwicklungsteam, das Rennmotorrad zu bauen, das unmissverständlich das Siegesmotorrad des Grand-Prix-Sports werden sollte. Der erste Prototyp nahm bereits im Jahr 1955 die Straße unter seine Räder und ließ das hohe Potenzial der Maschine schon während der ersten Testläufe erahnen. Die erste Serie erreichte schon eine Leistung von 68 PS, doch die Leistung konnte bis zum Jahr 1957 auf 78 PS erhöht werden. Diese Kraft reichte für eine Spitze von bis zu 275 km/h. Der Anfang einer langen Reihe von Rekorden und Rennsiegen wurde erst im Jahr 1957 jäh beendet, als sich Moto Guzzi aufgrund der wirtschaftlich schlechter werdenden Situation in der Motorradindustrie aus dem Rennsport zurückzog.

Baujahr	1955 bis 1957
Motorbauart	V-Achtzylinder
Hubraum (cm³)	498
Leistung (PS bei 1/min)	72 bei 12.000
Vmax in (km/h)	275
Rahmen	Zentralrohrrahmen, geschobene Kurzschwinge vorne, Schwinge mit Stoßdämpfer hinten
Trockengewicht (kg)	150

Baujahr	1957 bis 1959
Motorbauart	Zweizylinder, Zweitakt
Hubraum (cm³)	247
Leistung (PS bei 1/min)	14,7 bei 6000
Vmax in (km/h)	112
Rahmen	Blechpressrahmen, Teleskopgabel vorne, Schwinge, Federbeine hinten
Gewicht (kg)	140

Yamaha YD1

In Hamamatsu erkannte man früh, dass in mehrzylindrigen Motorrädern die Zukunft des Motorradbaus liegen könnte. Daher wollte Yamaha zunächst wieder bei DKW abschauen, doch die deutsche Firma hatte sich nur auf Einzylinder-Maschinen spezialisiert. So entwickelten die Ingenieure von Kawakami durch den wirtschaftlichen Erfolg der Firma motiviert zwar das Chassis, doch wollten sie beim Motor nichts dem Zufall überlassen. Die Suche nach einem geeigneten Motor ging weiter, und bei der Adler MB 250 wurde man schließlich fündig. Doch der damalige Leiter der Entwicklungsabteilung, Watase, wollte sich nicht mit einer 1:1-Kopie begnügen und schaffte es, die Firmenleitung von der Notwendigkeit einer eigenen Entwicklung zu überzeugen. Nach einer kurzen Entwicklungszeit entstand dann das Viertelliter-Erfolgsmodell YD1, das den Grundstein für die Geschichte der Zweizylinder-Zweitaktmaschinen von Yamaha wurde. Der Erfolg in den Folgejahren sollte Watase recht geben, die YD1 wurde zum Aushängeschild des Zweiradproduzenten. Im Stil der Zeit wirkte der Zweizylinder mit dem Blechpressrahmen und seinem bauchigen Tank, den schwülstigen Kotflügeln, dem geschlossenen Kettenkasten und der breiten Doppelsitzbank recht barock. In einer entsprechend getunten Version heimste der Zweizylinder auch allerlei nationale Rennsiege ein, was die Nachfrage in Japan freilich weiter ansteigen ließ.

Ariel Square Four Mk II

Im Jahr 1929 entwickelte Edward Turner den berühmten Vierzylindermotor. Die Vorstellung der ersten Serienmaschine mit der Modellbezeichnung Square Four 4F-31 und einem Hubraum von 599 Kubik fand im November 1930 während der Olympia Motor Show in London statt. Da Turner von der Leistung des Motorrads nicht überzeugt war, entwickelte er einen neuen Square-Four-Motor mit einem Liter Hubraum. Das Triebwerk der Ariel 4G/4H leistete anfänglich 36 PS, die Maschine wurde ab 1936 ausgeliefert. Dann beendete der Krieg die Fertigung, und erst im Jahr 1946 wurde das Modell wieder ins Verkaufsprogramm aufgenommen. Die Verkaufserfolge der Square Four Mark I bestätigten bald die Weiterentwicklung des Tourenmotorrads, und im Jahr 1953 löste die Mark II den Vorgänger ab. Das Motorrad leistete durch eine höhere Verdichtung von 7,2 : 1 nun 42 PS. 1956 wurde der Tourer noch mit Vollbremsnaben ausgestattet, bevor der Bau des Bikes durch eine geänderte Geschäftspolitik im Jahr 1958 eingestellt wurde. Vor allem auch als kräftige Zugmaschine für einen Seitenwagen war die Ariel Square Four mit ihrem durchzugsstarken Vierzylindermotor während der gesamten Bauzeit sehr beliebt. Anfang der 1960er-Jahre gingen die Motorradverkäufe dramatisch zurück, und die Sparmaßnahmen bei Ariel konnten den Niedergang der Marke nicht mehr verhindern.

Baujahr	1953 bis 1958
Motorbauart	Vierzylinder
Hubraum (cm³)	998
Leistung (PS bei 1/min)	42 bei 5800
Vmax in (km/h)	über 150
Rahmen	Einrohrrahmen, Teleskopgabel vorne, Geradwegfederung
Gewicht (kg)	197

Baujahr	1956 bis 1961
Motorbauart	Einzylinder, Zweitakt
Hubraum (cm³)	174
Leistung (PS bei 1/min)	10,3 bei 5500
Vmax in (km/h)	100
Rahmen	Einrohrrahmen, unten geschlossen, Teleskopgabel vorne, Geradwegfederung hinten
Gewicht (kg)	118

Yamaha YC-1

Zu Ehren des Konzerngründers Torakusu Yamaha wurde das 1955 neu gegründete Unternehmen des Nippon-Kakki-Konzerns „Yamaha Motor Co., Ltd." genannt. Sie untermauerte die Familienbande mit dem eigentlichen Metier des Musikinstrumenteherstellers durch die drei gekreuzten Stimmgabeln im Logo. Staatliche Subventionen erlaubten es dem Direktor Genichi Kawakami, die durch den Zweiten Weltkrieg beschädigten Produktionsanlagen in Hamamatsu neu zu beleben. Er entschied sich wie andere auch für den Nachbau der erfolgreichen DKW RT 125 als Yamaha YA-1. Die auch „Rote Libelle" genannte Yamaha war die erste Maschine mit den drei gekreuzten Stimmgabeln auf dem Tank. Mit ölgedämpfter Telegabel am Vorder- und der Geradwegfederung am Hinterrad bot das rotbraun lackierte Leichtgewicht viel Komfort. Wegen ihres hohen Preises zog sie nicht das Kaufinteresse auf sich, was sich aber mit dem Erfolg auf der Rennstrecke ändern sollte. In den ersten drei Jahren verkaufte Yamaha über 11.000 Einheiten! Bereits im Jahr 1956 war das zweite Modell YC-1 auf dem Markt, und wie schon das Vorgängermodell YA-1 hatte auch diese Maschine keine sehr große Entwicklungsarbeit gekostet. Sie basierte ebenfalls auf einer deutschen Entwicklung, der DKW RT 175. Lediglich der hausgemachte Vergaser unterschied die in Graubraun lackierte Maschine von ihrem Patenmodell.

AWO 425 S

Zu Weihnachten 1955 präsentierte AWO die 425 S, die einige Verbesserungen gegenüber der 425 T zu bieten hatte. Vor allem die langhubige Teleskopgabel in Kombination mit einer neuen Hinterradschwingenfederung und den hydraulisch gedämpften Federbeinen sorgte für einen beachtlichen Fahrkomfort der Simson Sport AWO. Verbessert wurden auch die Bremsen, die heute zu den begehrten Simson-AWO-Ersatzteilen gehören. Die Schwingsättel wurden durch eine Sitzbank abgelöst, und der Motor leistete nun 14 PS, ab 1959 sogar 15,5 PS bei 6800 Umdrehungen in der Minute. Die elektrische 6-Volt-Anlage hatte nun eine Gleichstrom-Lichtanlage mit 60 Watt. Auch gab es eine Version mit 350 Kubikzentimetern, die jedoch nur als Eskortenfahrzeug oder für Geländewettbewerbe eingesetzt wurde. Diese Motorversion gab es auch als Nachrüstsatz, allerdings nur in begrenzter Anzahl, im Handel. Darüber hinaus gab es für beide Simson-AWO-Modelle eine sehr beliebte Seitenwagen-Version, die gekoppelt mit dem Sportmodell eine Höchstgeschwindigkeit von 90 Stundenkilometern brachte. Im Jahr 1961 musste die Produktion der Simson-Viertakter auf Weisung „von oben" zugunsten der kleinen Zweitaktmaschinen schließlich eingestellt werden.

Baujahr	1955 bis 1962
Motorbauart	Einzylinder
Hubraum (cm³)	248
Leistung (PS bei 1/min)	14 bei 6300
Vmax in (km/h)	110
Rahmen	Doppelschleifenrahmen aus Pressstahl, Teleskopgabel vorne, Schwinge mit zwei Federbeinen hinten
Gewicht (kg)	140

Baujahr	1955 bis 1969
Motorbauart	Boxer-Zweizylinder
Hubraum (cm³)	494
Leistung (PS bei 1/min)	26 bei 5800
Vmax in (km/h)	145
Rahmen	geschweißter Doppelrohrrahmen aus Stahl, Öldruckstoßdämpfer vorne, Langarmschwinge, Öldruckstoßdämpfer hinten
Gewicht (kg)	198

BMW R 50

Das Touren- und Sportmotorrad BMW R 50 war die Grundkonstruktion einer langen Reihe von erfolgreichen Nachkriegsmotorrädern. Der neue „Vollschwingrahmen" erfüllte bis dahin unbekannte Maßstäbe in Bezug auf den Komfort, dabei hatten sich die geschobenen, durchgängig in Kegelrollen gelagerten Langschwingen (Earles-Vordergabel) zuvor vor allem auf der Rennstrecke bewährt. Beim Zweizylinder-Boxer-Motor handelte es sich um eine leicht leistungsgesteigerte Version des Vorgängermodells BMW 51/3 mit zwei 22-Millimeter-Bing-Schwimmkammervergasern. Als Getriebe war eine Viergang-Schalteinheit mit Klauenschaltung verbaut. Geschaltet wurde mit dem Fuß. Auch die Halbbremsnaben der 51/3 waren nun Vergangenheit, denn die R 50 bekam großzügige dimensionierte Vollnaben-Trommelbremsen aus Aluminium. Die BMW konnte auch mit einem Seitenwagen wie der TR 500 von der Firma Steib betrieben werden, dann musste allerdings die Zahnradübersetzung des Kardanantriebs geändert werden. Als Gespann wog die R 50 allerdings dann so viel wie ein Kleinstwagen, nämlich 600 Kilogramm. In England und den USA erwarb sich die Baureihe schon bald den Ruf als „Rolls-Royce" unter den Motorrädern.

Horex Resident

Horex gehörte zu den wenigen deutschen Motorradmarken, deren Käufer vorwiegend Motorradenthusiasten waren. Gut funktionierte das Konzept mit der anspruchsvollen Kundschaft kurz nach dem Krieg mit der Horex Regina. Doch ab 1953 veränderte sich der boomende Markt. Roller und Kleinwagen stritten um die Vorherrschaft mit den Motorrädern. Außerdem machte die Konkurrenz wie die BMW R 25/3, die Adler MB 250, die Maico Taifun, die Victoria Bergmeister und die DKW RT 350 der Horex Regina das Leben schwer. Gegenspieler Nummer 1 blieb allerdings stets die viertaktende NSU Max aus Neckarsulm. Ab 1954 entschloss sich die Geschäftsleitung, von Heinz Radtke eine Regina-Nachfolgerin zeichnen zu lassen. Schnell waren zwei Prototypen fertig. Das Konzept war typisch für den deutschen Motorradbau. Ein glatter Motorblock mit einer Fußschaltung auf der linken Seite und einem ebenfalls auf der linken Seite befindlichen Kickstarter. Auch war die Leistungsentfaltung des OHV-Singles vorzüglich. Bereits bei 3000 Touren leistete der Single schon 11 PS, bei 5000/min waren es schon 20 PS, und bei 6500 Umdrehungen in der Minute standen dem Fahrer mit der Höchstleistung von 24 PS ausreichend Kraftreserven zur Verfügung. Diese Durchzugskraft, die Rahmenstabilität und die gut gewählten Abstufungen des Vierganggetriebes machten die „Resi" auch zu einem populären Motorrad für den Seitenwagenbetrieb. Doch an den Erfolg der Regina konnte die „Resi" nicht mehr anknüpfen, und so wurde der Bau bereits 1956 eingestellt.

Baujahr	1955 bis 1956
Motorbauart	Einzylinder
Hubraum (cm³)	248
Leistung (PS bei 1/min)	18,5 bei 7200
Vmax in (km/h)	145
Rahmen	geschweißter Doppelrohrrahmen, Schwinge mit Federbeinen vorne, Öldruckstoßdämpfer hinten
Gewicht (kg)	170

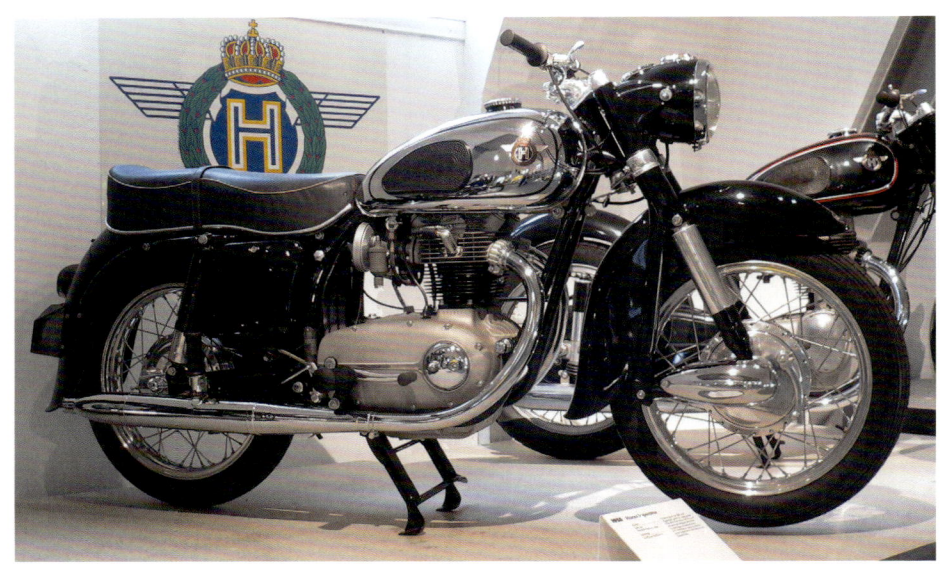

Baujahr	1955 bis 1956
Motorbauart	Zweizylinder
Hubraum (cm³)	400
Leistung (PS bei 1/min)	26 bei 6500
Vmax in (km/h)	135
Rahmen	Stahlrohrrahmen, Teleskopgabel vorne, Schwinge, Federbeine hinten
Gewicht (kg)	190

Horex Imperator 400

Die deutsche Marke Horex hatte bereits vor dem Zweiten Weltkrieg angefangen, OHC-Twins zu bauen. Also lag man in der Tradition nicht falsch, als man nach dem Krieg mit der Horex Imperator die Firmengeschichte weiterschrieb. Doch anfänglich wollte es mit dem neuen Zweizylinder-Motorrad nicht so recht klappen. Die Nasssumpfschmierung verwandelte das Motorrad in eine Öl-sardine, und die mit einer Hirth-Verzahnung zusammengesetzte Kurbelwelle verdrehte sich. Aber auch die separaten Zylinder und Köpfe bewährten sich nicht, wie auch das dreiteilige Motorgehäuse. Die „Imperator" musste neu aufgebaut werden, und auch ein neuer Motor musste her. Am Heiligen Abend des Jahres 1952 lief der völlig überarbeitete Motor dann zum ersten Mal. Das neue OHC-Triebwerk besaß nun einen einteiligen Zylinderblock, in dessen Mittelschacht die Steuerkette zur mit Wälzlagern versehenen Nockenwelle lief. Die Kurbelwelle war nun dreifach kugelgelagert. Aus dem Rennsport stammte das nur mit vier Schrauben fixierte Kassettengetriebe. Den Primärantrieb übernahm eine teure Schrägverzahnung. Auch der Stahlrohrrahmen war komplett neu gezeichnet worden. Beworben wurde die Horex Imperial zum ersten Mal im April 1955 mit dem Slogan: Die Zukunft hat begonnen und heißt Horex Imperator. Doch der Motorradabsatz hatte sich von 1953 bis 1955 fast halbiert, und mit ersten Entlassungen im Horex-Familienbetrieb wollte keine Freude über das neue Motorrad aufkommen. Weltweit konnten 1955 und 1956 keine 2000 Maschinen verkauft werden.

Baujahr	1954 bis 1956
Motorbauart	Zweizylinder, Zweitakt
Hubraum (cm³)	195
Leistung (PS bei 1/min)	11,4 bei 5450
Vmax in (km/h)	101
Rahmen	verwindungssteifer Doppelrohrrahmen, geschobene Kurzschwinge mit Reibungsstoßdämpfer vorne, Öldruckstoßdämpfer hinten
Gewicht (kg)	130

Adler MB 200

Erst bei den MB-Nachfolgemodellen von Adler zog das Fahrwerk mit dem famosen Motor gleich. Wie bei den Vorgängermodellen rollten die MB-Zweizylinder auch weiter auf den zierlichen 16-Zoll-Rädern über die Landstraßen. In der 200-ccm-Klasse existierten gleich zwei unterschiedliche Konzepte in der Adler-Modellpalette, die MB 201 mit Zweitakt-Einzylinder-Motor und die MB 200 mit dem Zweitakt-Twin. Diese Zweizylinder bildeten die Grundlage für die Rennsporterfolge im Gelände wie auch bei Straßenrennen. Auch die M 250 verfügte ab dem Jahr 1954 als MB 250 über das neue Fahrwerk. Ihr schlitzgesteuerter Zweizylinder-Zweitakt-Motor war zu erstaunlichen Leistungen fähig und machte die Maschine zu einer der sportlichsten ihrer Klasse. Drehfreudigkeit, erstaunliche Vibrationsarmut und ein außergewöhnlicher Klang zeichneten den fortschrittlichen, aber aufwendig hergestellten Twin aus. Durch Verkaufserfolge angespornt, ließ das Direktorium der Adlerwerke im Jahr 1954 eine Kleinserie von zwölf Rennmaschinen als 250 RS fertigen, die vor allem von Privatfahrern für Lizenzrennen eingesetzt werden sollten. Die Leistung der kleinen Zweitakter lag bei beachtlichen 25 PS bei 7500/min.

Baujahr	1954 bis 1963
Motorbauart	Einzylinder
Hubraum (cm³)	499
Leistung (PS bei 1/min)	40
Vmax in (km/h)	ca. 160
Rahmen	Rohrrahmen aus Stahl, Teleskopgabel vorne, Schwinge mit zwei Federbeinen hinten
Gewicht (kg)	170

BSA B 34 Gold Star/Clubman

Eine goldene Sternstunde erlebten die Birmingham Small Arms aus Small Heath im Juni 1937, als eine modifizierte 500-cm³-BSA Empire Star den Brooklands-Kurs mit über 100 Meilen pro Stunde bezwang und dafür die Auszeichnung Gold Star erhielt. Erst nach dem Krieg wurde wieder eine Gold Star mit der Bezeichnung ZB 32 angekündigt und bereits im Mai 1949 bei der Clubmans TT eingesetzt. Damit gewann die 350er den so genannten „Junior Race" ganze acht Mal in Folge. 1950 trat der Konstrukteur Bert Hopwood wieder bei BSA ein und machte sich sofort daran, den Gold Star-Motor zu optimieren. Schon ein Jahr später erhielten die 350- und 500-cm³-Modelle einen um 15 Grad geneigten Ansaugstutzen und vergrößerte Ventile. Auf der Earls Court Show 1952 wurden beide Versionen mit Hinterradschwinge und Doppelschleifenrahmen vorgestellt. Zylinder und Ventilsteuerung wurden bis ins Jahr 1956 weiter verbessert, als die Halbliterversion DBD 34 fertiggestellt wurde. Nicht nur der Amal GP 1, der mit 38 mm Durchlass eine Standgaseinstellung so gut wie nicht zulässt, macht gerade die Clubman-Ausführung der Gold Star im Alltag nur bedingt einsatzfähig – das RR T2-Getriebe ist eng gestuft, der erste Gang lang übersetzt. Die bildhübsche, 40 PS starke Clubman war mit Stummellenker, zurückverlegten Fußrasten und einer „swept-back"-Auspuffanlage ausgestattet.

Moto Guzzi 350 Bialbero

Nach Beendigung des Zweiten Weltkrieges fand Moto Guzzi schnell wieder zurück in die Fertigung von Rennmotorrädern. Zwischen den Jahren 1947 und 1948 gewann die italienische Motorradmarke sechs Europatitel, und der Moto-Guzzi-Werksfahrer Bruno Ruffo wurde der erste Weltmeister in der Klasse bis 250 Kubikzentimeter. Diese guten Ergebnisse veranlassten Moto Guzzi, eine völlig neue Werksmaschine in der 350er-Klasse zu entwickeln, die in der beliebtesten Rennklasse in Europa der Konkurrenz die Stirn bieten sollte. Vom Motor bis zum Gitterrohrrahmen war alles neu, doch das Revolutionärste war das aerodynamische Konzept der vorderen Verkleidung, mit der zuvor noch nie experimentiert worden war. Diese Rennverkleidung ließ eine Höchstgeschwindigkeit von mindestens 220 km/h zu. Weitere technische Ausstattungen der leichten und beweglichen 350 Bialbero waren eine Doppelzündung und ein modernes Fahrgestell. Schnell zeigten sich die abermals geniale Konstruktion eines Rennmotorrades und die daraus resultierende Dominanz bei Wettbewerben. Unterbrochen gewann Moto Guzzi mit der 350 Bialbero bis zum Jahr 1957 die Weltmeisterschaften in der Klasse bis 350 Kubikzentimeter.

Baujahr	1954 bis 1957
Motorbauart	Einzylinder
Hubraum (cm³)	350
Leistung (PS bei 1/min)	37 bei 8000
Vmax in (km/h)	220
Rahmen	Gitterrohrrahmen aus Stahl, Teleskopfedergabel vorne, Stoßdämpfer hinten
Trockengewicht (kg)	122

Baujahr	1953 bis 1954
Motorbauart	Zweizylinder, Zweitakt
Hubraum (cm³)	248
Leistung (PS bei 1/min)	12 bei 5590
Vmax in (km/h)	116,5
Rahmen	verwindungssteifer Doppelrohr-rahmen, Gabelholme mit Schwingarmfederung, Reibungsstoßdämpfer vorne, Öldruckstoßdämpfer (Geradewegfederung) hinten
Gewicht (kg)	135

Adler M 250

Nach dem Zweiten Weltkrieg kamen die Frankfurter Adlerwerke mit einem eigenen Motorrad-Verkaufsprogramm auf den deutschen Markt. Im Herbst des Jahres 1951 stellte das Unternehmen sein neues Zweizylinder-Zweitakt-Motorrad vor. Neben einer konkurrenzfähigen Leistung mit ca. 9 PS überraschte der Twin als Typ M 200 mit einer überragenden Laufkultur. Das Fahrwerk mit Geradewegfederung am Hinterrad und Kurzschwinge mit Reibscheibendämpfern am Vorderrad konnte jedoch mit den modernen Motoren nicht Schritt halten. Eine Vergrößerung des Hubraums durch Aufbohren der Zylinder der M 200 schien logisch. So präsentierte Adler im Jahr 1953 eine leistungsstärkere 250er, die M 250, deren Höchstgeschwindigkeit statt 95 km/h bei der kleinen Schwester damals beachtliche 116 km/h betrug. Das Adler-Vierganggetriebe im Motorblock war mit einer Ratschen-Fußschaltung, Mehrscheibenkupplung und elastischer Kraftübertragung durch eine vollgekapselte Rollenkette mit dem Hinterrad verbunden. Ein hochklappbarer Hinterradkotflügel, Mittelständer, verstellbarer Lenker, Diebstahlsicherung, Tacho und beleuchteter Kilometerzähler im Scheinwerfer, Leerlauf-Kontrolllampe, elektrisches Signalhorn, Rück- und Brems-Stopplicht gehörten zur Grundausstattung. Der Preis lag damals bei ca. 2000 D-Mark.

BMW R 68

Auf der Frankfurter FMA im Oktober 1951 war es so weit, BMW präsentierte ein Spitzenmotorrad in der 600er-Klasse. Wegen der hohen Spitzengeschwindigkeit von 160 km/h (100 Meilen) kreierte die internationale Fachwelt bald den Slogan „100 Meilen Renner" für die schnelle BMW. Mit diesem Motorrad hatte BMW das erste Serienmotorrad weltweit gebaut, das diese Geschwindigkeit erreichte. Die BMW R 68 basierte auf der bulligen R 67, war jedoch mit anderen Zylinderköpfen und Vergasern auf 35 PS Leistung gesteigert worden. Knappe Schutzbleche und ein Spezialsitzkissen, das sogenannte „Rennbrötchen", unterstrichen den sportlichen Anspruch der Renn-BMW. Doch sobald man an die Grenze des Sportlers kam, machte sich die überaltete Fahrwerkstechnik nachteilig bemerkbar. Die Geradewegfederung am Hinterrad brachte den Motorradbauern aus München viel negative Kritik ein, und so wurden die Federung und die Bremsen im Jahr 1952 einer gründlichen Überarbeitung unterzogen. Der Preis im Jahr 1952 betrug 3950 D-Mark. Zwischen 1952 und 1954 wurden insgesamt 1453 Fahrzeuge hergestellt. Heute ist die BMW R 68 eines der meistgesuchten BMW Motorräder überhaupt.

Baujahr	1952 bis 1954
Motorbauart	Boxer-Zweizylinder
Hubraum (cm³)	594
Leistung (PS bei 1/min)	35 bei 7000
Vmax in (km/h)	160
Rahmen	Stahlrohrrahmen, Teleskopgabel vorne, Geradewegfederung hinten
Gewicht (kg)	173

Baujahr	1952
Motorbauart	V-Zweizylinder
Hubraum (cm³)	742
Leistung (PS bei 1/min)	30
Vmax in (km/h)	130
Rahmen	Einschleifen-Stahlrohrrahmen, Schwinge vorne, Federbeine hinten
Gewicht (kg)	181

Harley-Davidson Sportster Flathead

Auf die verloren gegangenen Marktanteile britischer Motorräder wie BSA, Triumph und Norton auf dem US-Markt reagierte Harley-Davidson ab dem Jahr 1952 mit der Harley-Davidson KH, einem für amerikanische Verhältnisse sportlichen und kompakten Kraftbündel. Das neue Motorrad war eine komplette Neukonstruktion. Sie hatte zwar noch einen Seitenventilmotor, doch bildeten nun Motor und Getriebe eine Einheit. Die K45 Sportster war die erste Harley mit einer Telegabel und einem Schwingrahmen mit ziemlich harten hydraulischen Stoßdämpfern. Doch in Wirklichkeit erwies sich das Motorrad gegenüber der britischen Konkurrenz als zahmes „Kätzchen" und konnte bei den damals beliebten illegalen Straßensprints kaum einen „Blumentopf" gewinnen. So reagierte Harley-Davidson umgehend und brachte bereits 1954 die KH 55 mit dem 38-PS-V-Twin heraus. In den getunten Rennausführungen KK, KR und dem Track Racer KRTT erzielte die Company jedoch mit dem neuen Motorrad noch viele Jahre große Erfolge im Motorsport, und nicht selten versuchte ein Besitzer einer Straßenversion, diese mit einem getunten Motorsportmotor für die Konkurrenz überlegener zu machen. Ob es geholfen hat, ist heute nicht überliefert ...

Hercules 315

Der Wiedereinstieg in den Motorradbau nach 1945 fiel den Nürnbergern nicht leicht, in der Viertelliterklasse starteten sie mit der Neukonstruktion 311 / 312. Für den Neupreis bekam der Käufer ein Motorrad mit Dreigang-Fußschaltung, Teleskopgabel vorne, Schwingsattel und verchromter Nabe sowie Felgen. Und natürlich die hochmoderne Telegabel bei der 312. Der nun von Querstrom- auf Umkehrspülung umgestellte und mit Flachkolben ausgestattete ILO-Motor leistete zunächst 5, später 6 PS. Mit der 313 verwendete Hercules erstmals den neu konstruierten 150er-Fichtel-&-Sachs-Motor, der als unverwüstlich galt und gut mit dem Image der Nürnberger Motorenwerke in Einklang stand. In acht Raten konnte der Einzylinder abgestottert werden. Wessen Geldbeutel etwas dicker war, für den gab es neben verchromten Teilen auch noch die Geradwegfederung hinten von Carl Jurisch aus dem fränkischen Wappeltshofen. Ein 175-ILO-Motor mit Vierganggetriebe arbeitete in der 175er-Maschine, die serienmäßig mit der Jurisch-Geradwegfederung ausgestattet war. Neben solch netten Details wie einer elektrischen Ganganzeige am Scheinwerfer, Stopplicht und den ausladenden Schutzblechen unterschied sie sich nur unwesentlich von ihrer kleinen Schwester, der 313. Ein ILO-Motor trieb die Viertelitermaschine an und somit galt die 315 bereits als sehr sportlich. An höhere Hubraumklassen trauten sich Konfektionäre wie Hercules, aber auch viele andere nicht heran, denn der weitaus überwiegende Teil der Motorradkäufer fuhr immer noch mit der 1938 eingeführten Führerscheinklasse IV, die das Fahren von Maschinen bis 250 Kubikzentimetern erlaubte.

Baujahr	1952
Motorbauart	Einzylinder, Zweitakt
Hubraum (cm³)	247
Leistung (PS bei 1/min)	11,4/
Vmax in (km/h)	110
Rahmen	Einschleifen-Stahlrohrrahmen, Teleskopgabel vorne, Schwinge, Geradwegfederung hinten
Gewicht (kg)	ca. 135

Baujahr	1952
Motorbauart	Zweizylinder
Hubraum (cm³)	650
Leistung (PS bei 1/min)	34 bei 6300
Vmax in (km/h)	160
Rahmen	Stahlrohrrahmen, Teleskopgabel vorne, optionale Federnabe hinten
Gewicht (kg)	180

Triumph 6T Thunderbird

Im Jahr 1949 brachte Triumph mit der 6T Thunderbird die stärkste Nachkriegsmaschine der Firmengeschichte auf den Markt. Die Vorstellung von drei Thunderbirds geschah auf der Motorsportstrecke von Montlhéry in der Nähe von Paris. Während eines Gleichmäßigkeitsrennen erreichte ein Team von Fahrern auf einer Gesamtstrecke von 800 Kilometern eine Geschwindigkeit von 148 km/h. Mit der großen Parallel-Twin wollten die Engländer vor allem den amerikanischen Markt erobern. Dazu wurde der vorhandene Motor auf 650 Kubikzentimeter aufgebohrt und ein Leistungzuwachs von acht Pferdestärken erreicht. Im US-amerikanischen Kinofilm „The Wild One" aus dem Jahr 1953 mit Marlon Brando, alias Johnny Strabler, als Hauptdarsteller wird der Triumph 6T Thunderbird schließlich ein ewiges Denkmal gesetzt. Marlon Brando mit Motorradlederjacke, Jeans und dem Thunderbird-Motorrad erlangte durch diesen erfolgreichen Film Vorbildcharakter bei der damaligen Jugend, dennoch wurde der Film in Großbritannien verboten.

EMW R 35-2

1949 gelangten die ersten Eisenacher R 35 unter dem Markennamen BMW in den Westen, und BMW in München reagierte sofort mit dem Schutz des Markensymbols. Da nun der devisenträchtige Export gefährdet war, entschloss man sich in Eisenach zur Umbenennung des Werkes in EMW, Eisenacher Motorenwerke, und das Einzylinder-Motorrad erhielt im Juli 1951 die Bezeichnung EMW R 35-2. Auch diese Maschine hatte einen geschlossenen Rahmen aus zwei Stahlpressteilen mit U-förmigem Querschnitt, die durch drei genietete Querträger verbunden waren. In Eisenach wurde der Rahmen nur in der ersten Zeit vernietet, danach verschweißt. Sie erhielt eine hydraulisch gedämpfte Teleskopgabel mit Schutzrohr und eine Fußschaltung. Obwohl die BMW R 35-2 nicht für den Seitenwagenbetrieb ausgelegt war, bauten die Eisenacher auch ihre Gespanne mit dem nur wenig modifizierten Rahmen. Problemen mit der Seitenstabilität der Gespannmaschinen trat man später durch eingeschweißte Rahmenverstärkungen entgegen. Die R 35-2 wurde nur ein Jahr gebaut, und so fand eine grundlegende Modellpflege erst mit der 1952 vorgestellten EMW R 35/3 statt. Wenige Jahre nach Gründung der DDR wurde Awtowelo im Jahr 1952 in den VEB Automobilwerk Eisenach eingegliedert.

Baujahr	1951 bis 1952
Motorbauart	Einzylinder
Hubraum (cm³)	342
Leistung (PS bei 1/min)	14 bei 4500
Vmax in (km/h)	110
Rahmen	Doppelschleifenrahmen aus Pressstahl, Teleskopgabel vorne, Geradwegfederung hinten
Gewicht (kg)	170

Baujahr	1950 bis 1951
Motorbauart	Boxer-Zweizylinder
Hubraum (cm³)	494
Leistung (PS bei 1/min)	24 bei 5800
Vmax in (km/h)	135
Rahmen	Stahlrohrrahmen, Teleskopgabel vorne, Geradwegfederung hinten
Gewicht (kg)	185

BMW R 51/2

Nachdem die alliierten Kontrollmächte ab dem Jahr 1950 das Hubraumlimit von 250 Kubikzentimetern aufgehoben hatten, holte BMW geheime Pläne ans Licht der Motorradwelt und bot wieder ein Boxermodell mit 500 Kubik an. Im Herbst 1949 wurde bereits ein erstes Modell der neuen BMW im Münchner Werk vorgestellt. Im Januar 1950 begann die Produktion des Zweizylinder-Boxers. Die BMW 51/2 fußte im Wesentlichen auf der Vorkriegs-BMW R 51. Der Stahlrohrrahmen war für einen eventuellen Seitenwagenbetrieb mit Kugelköpfen ausgestattet. Der Boxermotor hatte zwei Nockenwellen, die über Steuerketten von der Kurbelwelle angetrieben wurden. Stoßstangen betätigten die Kipphebel für die Ventile. Mit dem Motorrad hatte BMW den Nerv der Zeit getroffen. In der Produktionszeit von nur einem Jahr wurden ca. 5000 Fahrzeuge verkauft, obwohl der Preis von 2750 D-Mark deutlich über dem Preis der PS-stärkeren Zündapp KS 601 lag. Auch der Fuhrpark der deutschen Politik entschied sich für das Motorrad. Bundespräsident Theodor Heuss bekam die ersten sechs Maschinen der inzwischen angelaufenen Produktion. Im Februar 1951 wurde dann der Bau der BMW R 51/2 eingestellt und von der R 51/3 abgelöst.

Honda Typ D Dream

Mit pfiffigen Ideen hat Soichiro Honda bis heute die Motorradtechnik revolutioniert. Dabei fing alles ganz bescheiden mit dem Bau von Motoren zum nachträglichen Einbau in Fahrräder an. Mit seinem Partner Takeo Fujisawa wurde am 24. September 1948 die Honda Motor Company gegründet. Die erste Honda als Modell A war sehr schlicht aufgebaut. Der luftgekühlte Zweitakter wurde auf den Rahmen eines Herrenrades montiert und trieb das Hinterrad über einen Riemen an. Die Konstruktion des Tanks war ebenso eigenwillig, basierte sie doch auf Bettwärmern. Weitere Modelle mit den Bezeichnungen B und C folgten. Im Jahr 1950 trug knapp die Hälfte aller in Japan gebauten Motorräder das Honda-Logo. Der Typ D aus dem Jahr 1950 gilt als das erste vollwertige Motorrad von Honda. Damit beschritt die Firma in mehrfacher Hinsicht Neuland. Es handelte sich nicht nur um das erste echte Honda-Motorrad, sondern auch um die erste japanische Maschine, die komplett von einem einzigen Hersteller produziert wurde. Den Riemenantrieb hatte inzwischen eine Kette ersetzt, und ein Zweiganggetriebe war eingebaut. Der solide Stahlrahmen war mit einer modernen Teleskopgabel kombiniert.

Baujahr	1950 bis 1954
Motorbauart	Einzylinder, Zweitakt
Hubraum (cm³)	98
Leistung (PS bei 1/min)	3 bei 5000
Vmax in (km/h)	65
Rahmen	Rahmen aus gepresstem Stahl, Teleskopgabel vorne, keine Hinterradfederung
Gewicht (kg)	80

Baujahr	1949 bis 1959
Motorbauart	Einzylinder
Hubraum (cm³)	248
Leistung (PS bei 1/min)	12 bei 5500
Vmax in (km/h)	100
Rahmen	Doppelschleifenrahmen, Teleskopgabel vorne, Geradwegfederung hinten
Gewicht (kg)	140

AWO 425 T (Touren)

Da nach dem Zweiten Weltkrieg der Waffenbau in Deutschland nicht mehr erlaubt war, musste sich die Jagdwaffenschmiede Simson in Suhl nach einem neuen Betätigungsfeld umsehen. So erhielten die Suhler Ingenieure Ewald Dähn und Helmut Pitz von der Deutsch-Sowjetischen-Aktiengesellschaft Awtowelo (AWO) den Auftrag, ein Motorrad zu entwickeln und zu bauen. Bei dieser Konstruktion konnte die Ähnlichkeit der neuen AWO mit der 250er-BMW nicht geleugnet werden. Im Sommer 1949 waren die ersten Motorrad-Prototypen fertig und bis Anfang 1950 zur Serienreife weiterentwickelt. Merkmale der neuen AWO 425 T waren der stehende Einzylinder-Viertakt-Motor, die Ventile, die über Stößel und Kipphebel angetrieben wurden, der Kardanantrieb und die Beiwagentauglichkeit. Die Bezeichnung AWO 425 stand für: AWTOWELO/AWO, 4/Viertaktmotor und 25/250 Kubikzentimeter Hubraum. Am 1. Mai 1952 wurde das Werk als „VEB Fahrzeug und Gerätewerk Simson Suhl" ein volkseigener Betrieb der Deutschen Demokratischen Republik und in das IFA-Kombinat eingegliedert. Im Jahr 1961 wurde die Produktion des Simson 425 genannten Motorrads, im Volksmund respektvoll auch „Dampfhammer" genannt, zugunsten der kleineren 50-ccm-Mokicks eingestellt.

Laverda 75 Turismo

Mit einer kleinen 75-ccm-Maschine begann Francesco Laverda, der Enkel des berühmten Landmaschinenherstellers Ditta Pietro Laverda, 1949 seine Motorradproduktion in Breganze, einer Gemeinde in der Provinz Vicenza, Italien. Zwischen den Jahren 1952 und 1956 traten die kleinen Maschinen in ihrer Klasse erfolgreich zum Langstreckenrennen von Mailand nach Tarent an, und auch beim Motogiro d'Italia siegte Laverda mit Fahrern wie Alfonso Gualtiero im Jahr 1954 (siehe Bild). Aufgrund der Rennerfolge und der Nachkriegsjahre, in denen der Bedarf an Fortbewegungsmitteln boomte, war der Verkaufserfolg garantiert. Der luftgekühlte Einzylinder-Viertakt-Motor mit Dreiganggetriebe leistete anfangs 3 PS. Die Kraftstoffzufuhr übernahm ein Dell'Orto-MA15B-Vergaser, ein Nassetti-Devil-Zündmagnet lieferte den Zündfunken. 1951 folgte die Sport, die sich zunächst optisch nicht von der bisherigen 75er unterschied. Der Motor war nur etwas höher verdichtet (7,5 statt 6,5:1), außerdem sorgte ein Dell'Orto-Vergaser für mehr Gasdurchsatz. Zunächst gab Laverda zaghaft eine Leistung von 3,7 dann 4 PS an, die dem 70 Kilogramm leichten Fahrzeug zu knappen 80 km/h verhelfen sollten. Die Verzögerung übernahmen Halbnabentrommelbremsen. 1953 erhielten sowohl die 75 Sport wie auch die nun als 75 Normale angebotenen Leichtmotorräder ein neues Fahrwerk mit Schleifenrohrrahmen, Telegabel und zwei Federbeinen an der Hinterradschwinge.

Baujahr	1949 bis 1954
Motorbauart	Einzylinder
Hubraum (cm³)	74
Leistung (PS bei 1/min)	3 bei 5200
Vmax in (km/h)	60
Rahmen	Blechrahmen, ab 1952: Rohrhauptrahmen, Teleskopgabel vorne, Federbeine hinten
Gewicht (kg)	70

Baujahr	1948
Motorbauart	V-Zweizylinder
Hubraum (cm³)	1206
Leistung (PS bei 1/min)	50
Vmax in (km/h)	160
Rahmen	Doppelschleifen-Stahlrohrrahmen, Schwinge, Springertyp vorne, keine Hinterradfederung
Gewicht (kg)	256

Harley-Davidson Panhead 74 FL

Im Jahr 1948 wurde der veraltet wirkende Knucklehead-Vorkriegsmotor einer weitreichenden Überarbeitung unterzogen. Auf den Zylinderköpfen befanden sich ab diesem Zeitpunkt verchromte, glattflächige Deckel, die dieser Motorengeneration den Namen Panhead, „Pfannenkopf", gaben. Ab dem Jahr 1952 waren die beiden Modelle mit dem 1000er- oder 1200er-Antrieb wahlweise mit zeitgemäßer Handkupplung und Fußschaltung erhältlich. Neu war auch der starre Rahmen, der wegen seiner Form den Namen „Wishbone Frame" trug. Schon ab Baubeginn 1948 sorgten wartungsfreie Hydrostößel für einen automatischen Ventilspielausgleich. Die Hydroelemente wanderten im Jahr 1953 vom Zylinderkopf in die untere Betätigung der Stoßstangen an den Nockenwellen. Im Jahr 1958 führte Harley-Davidson erstmals ein Fahrwerk ein, das nicht nur vorn, sondern auch am Hinterrad gefedert war, die Duo-Glide war geboren. Man war damit technisch erst 18 Jahre später so weit wie Indian aus Springfield, Massachusetts, wo bereits ab dem Jahr 1940 die Hinterradfederung Standard war und deren Techniker und Stylisten Harley-Davidson zu dieser Zeit ein gutes Stück voraus waren.

Harley-Davidson S 125, 125 Hummer

Nach dem Zweiten Weltkrieg musste sich auch Harley-Davidson dem neuen Trend anpassen, denn plötzlich waren bei den Motorrädern zweitaktende Leichtgewichte gefragt, denen das Management bei Harley-Davidson nie eine Aufmerksamkeit geschenkt hatte. Als Mitglied der Siegermacht USA nutzte die Company die Gunst der Stunde und stellte mit einem großen Werbeaufwand im Jahr 1947 die Harley-Davidson S 125 vor. Sie war eine genaue Kopie der deutschen DKW 125 als Kriegsbeutepatent. Mit rund fünf Millionen produzierten Exemplaren weltweit gilt die DKW 125 bis heute nach der Honda Super Cub mit einer Stückzahl von etwa 90 Millionen als eines der meistgebauten Motorräder der Welt. Bereits 1946 erschien die sowjetische Komet K 125. Auch die ab 1948 gebauten Harley-Davidson unter den Modellbezeichnungen „125 S" für „Super" oder schlicht „Harley-Davidson 125" waren auf dem Markt, die britische BSA Bantam, die sowjetische Moskva M1A oder die Yamaha YA-1 sind Kopien der DKW RT 125. Die kleine Harley-Davidson war vor allem für die Jugend gedacht und erreichte bereits im ersten Halbjahr ihres Verkaufs eine Stückzahl von rund 10.000 Exemplaren. Dies ließ nun auch skeptische Händler in den neuen Markt einsteigen.

Baujahr	1948 bis 1960
Motorbauart	Einzylinder, Zweitakter
Hubraum (cm³)	123
Leistung (PS bei 1/min)	3
Vmax in (km/h)	70
Rahmen	Einrohrrahmen, Trapezgabel (ab 1951 Telegabel) vorne, keine Hinterradfederung
Gewicht (kg)	78

Harley-Davidson

Zum Ende des Zweiten Weltkriegs wurde im Jahr 1945 eine Parade abgehalten. Natürlich durfte die Motorradmarke aus Milwaukee, die als wichtiges Transportmittel im Krieg mitgewirkt hatte, nicht fehlen.

Baujahr	1949 bis 1951
Motorbauart	Einzylinder, Zweitakt
Hubraum (cm³)	99
Leistung (PS bei 1/min)	4,5/5800
Vmax in (km/h)	75
Rahmen	einzelner Rohrträger, Einarm-
	schwingen vorne und hinten
Gewicht (kg)	57

Imme R 100

Norbert Riedel hatte mit seiner Mannschaft 1942 in der alten Schreinerei im fränkischen Muggendorf begonnen, einen Motoranlasser für die Strahltriebwerke von Junkers und BMW zu entwickeln. Kurz zuvor hatte er eine Ausschreibung des Reichsluftfahrtministeriums gewonnen. 1943 heulte der kleine Zweitaktboxer auf dem Prüfstand. Der mit Seilzug in Gang zu setzende Motor nahm über eine Fliehkraftkupplung Kontakt mit der zu starten-

den Turbine auf und brachte diese auf Anlassdrehzahl. Damit besaß die Luftwaffe den passenden Anlasser für die neue Flugzeuggeneration mit Strahlantrieb. Klar, dass diese Technologie 1945 ganz oben auf der Wunschliste der Siegermächte stand. Zehn Anlassermotoren baute man für die Amerikaner, nachdem diese auch noch die Produktionswerkzeuge des bis Kriegsende bei Junkers in Serie hergestellten Motors angeschleppt hatten. Ansonsten hielten sich der umtriebige Riedel und seine Leute mit der Produktion von Kochtöpfen und Fleischwölfen über Wasser. Doch Norbert Riedel wäre nicht er selbst gewesen, wenn er die Werkzeugmaschinen der Amerikaner nicht weitergenutzt hätte, und so konnte er mit dem Bau eines Leicht-motorrad-Prototyps beginnen. Im Sommer 1947 war das neu konstruierte Fahrwerk fertig, und Riedel prüfte es in Rollversuchen. Die unkonventionelle Maschine zeigte gute Anlagen, so-dass im Laufe des Jahres ein fahrbereiter Prototyp entstand. Ab Mitte 1948 konnte die Serienfertigung beginnen.

Vincent Black Shadow

Bereits in seiner Jugend interessierte sich Philip C. Vincent für technische Themen. 1919, damals war der Pfiffikus gerade elf Jahre alt, schickten ihn seine Eltern zum weiteren Schulbe-such nach England. Mit 16 Jahren modifizierte er bereits seine erste 350er BSA mit einer Hinterradfederung. Zwei horizontal liegende Schraubenfedern übernahmen die Federarbeit der selbst konstruierten und zusammengeschweißten Dreiecksschwinge. In jener Zeit lernte er Howard R. Davies kennen. Davies baute die H.R.D.-Motorräder, die in England einen guten Ruf genossen. Vincent organisierte sich von seinem Vater Geld und stieg bei Davies ins Geschäft ein. Während des Zweiten Weltkrieges wurde die Produktion der schnellsten Bikes zunächst auf Eis gelegt, doch gleich nach 1945 ging es weiter. Anfang 1948 kam die Vincent Black Shadow „Serie B" auf den Markt. Dank des niedrigen Schwerpunktes verfügte die „zulassungsfä-hige Rennmaschine" über ein ausgesprochen gutes Handling. Perfekte Bremsen hatte Vincent schon 1933 ausgetüftelt – je zwei Halbnaben-Trommelbremsen sorgten für beachtliche Ver-

zögerungswerte, die Bremsen wurden daher bis zur Firmenschließung 1955 verbaut. Dabei musste die ersten Black Shadows „Serie B" sogar noch mit der spindeldür-ren, ungedämpften Brampton-Trapezgabel vorliebnehmen. Auch die Hinterradfederung arbeitete ohne hydraulischen Dämpfer.

Baujahr	ab 1949
Motorbauart	Zweizylinder
Hubraum (cm³)	998
Leistung (PS bei 1/min)	55/5500
Vmax in (km/h)	bis 200
Rahmen	Zentralrohrrahmen, Trapezgabel
	vorne, zwei Zentralfederbeine hinten
Gewicht (kg)	208

Baujahr	1947 bis 1959
Motorbauart	Einzylinder
Hubraum (cm³)	499
Leistung (PS bei 1/min)	22/5000
Vmax in (km/h)	137
Rahmen	Einschleifenrahmen aus Stahl, Parallelogrammgabel vorne
Gewicht (kg)	168

Gilera Saturno

Einer der bekannten Namen im italienischen Motorrad-bau ist Gilera. Giuseppe Gilera baute sein erstes Motorrad im Jahr 1909. Die „317" war ein luftgekühlter Viertakteinzylinder mit einem Hubraum von 317 Kubikzentimetern und einer Leistung von 7 PS. Die bekannte Fabrik in Arcore, zwischen Mailand und Lecco gelegen, wurde nach dem Ersten Weltkrieg errichtet. Das erste dort hergestellte Modell war die 500-ccm-Turismo.

Es folgten weitere Viertakteinzylinder in verschiedenen Hubraumklassen in den Ausführungen Turismo und Supersport. Berühmtheit erlangte Gilera in den 50er-Jahren mit seinen Vierzylinder-Rennmaschinen. Ähnlich wie später bei MV Agusta färbte von dieser Glorie praktisch nichts auf die Straßenmaschinen ab. Das Fußvolk hatte sich mit simplen Ein- und Zweizylindern zu begnügen. Eine Ausnahme war die „Saturno", die Ingenieur Giuseppe Salmaggi schon in den 30er-Jahren konstruierte. Sie wurde erstmals 1939 vorgestellt. Bis Kriegsende wurden nicht mehr als fünf Motoren hergestellt. Erst 1946 konnte die Produktion der Saturno Turismo aufgenommen werden. Es folgten die berühmten Saturno-Wettbewerbsmaschinen „San Remo" (1947–1951), die „Corsa" (1951–1957), die „Bialbero" (1952–1953) und die „Cross" (1952–1956). Vordere Telegabeln und hintere hydraulische Dämpfer wurden 1952 eingeführt. Frühere Modelle waren mit Trapezgabeln und Reibungsdämpfern versehen. Auf den Straßen ist heute kaum mehr eine Saturno anzutreffen.

Indian 1200 Chief

Ralph Rogers war ein Neuling im Motorradgeschäft, hatte aber dafür große Erfahrung im Bereich Unternehmensführung und Marketing. Schnell entwickelte er ein Interesse an Motorrädern und lernte selbst fahren. Da er glaubte, dass sich nach dem Krieg vor allem bei den Leichtmotorrädern ein Absatzmarkt bilden könnte, kaufte er 1945 zunächst die Torque Engineering Company und im gleichen Jahr auch die schwer angeschlagene Indian Motorcycle Company aus Massachusetts. Dazu nahm er ein Vier-Millionen-Dollar-Darlehen bei der Atlas Company in New York auf. Beide Firmen wurden zusammengelegt, und ein erster spärlicher Betrieb wurde in Angriff genommen. Da die Firmenzukunft noch sehr ungewiss war, bot Indian ab 1946 als einziges Modell die nur in schwarzer Lackierung erhältliche „Chief" an. Die „Chief" hatte eine überarbeitete Trapezvorderradgabel mit den hydraulischen Stoßdämpfern der Indian 841. Die Maschine war dadurch wesentlich weicher abgefedert und bot so ein komfortables Fahrgefühl. Da zu dieser Zeit Zivilmotorräder eine Mangelware waren, war die Nachfrage nach dem neuen Modell enorm. Passionierte Zivilisten und Tausende junger Soldaten, die während ihrer Militärzeit auf den Geschmack des Motorradfahrens gekommen waren, wollten die Maschine haben. Um dem Ansturm gerecht zu werden, musste das Werk in Springfield modernisiert werden.

Baujahr	1946 bis 1953
Motorbauart	V-Zweizylinder
Hubraum (cm³)	1200
Leistung (PS bei 1/min)	40
Vmax in (km/h)	121
Rahmen	Doppelrohrrahmen aus Stahl, Trapezgabel vorne, Geradwegfederung hinten
Gewicht (kg)	253

BMW R 75 Wehrmachtsgespann

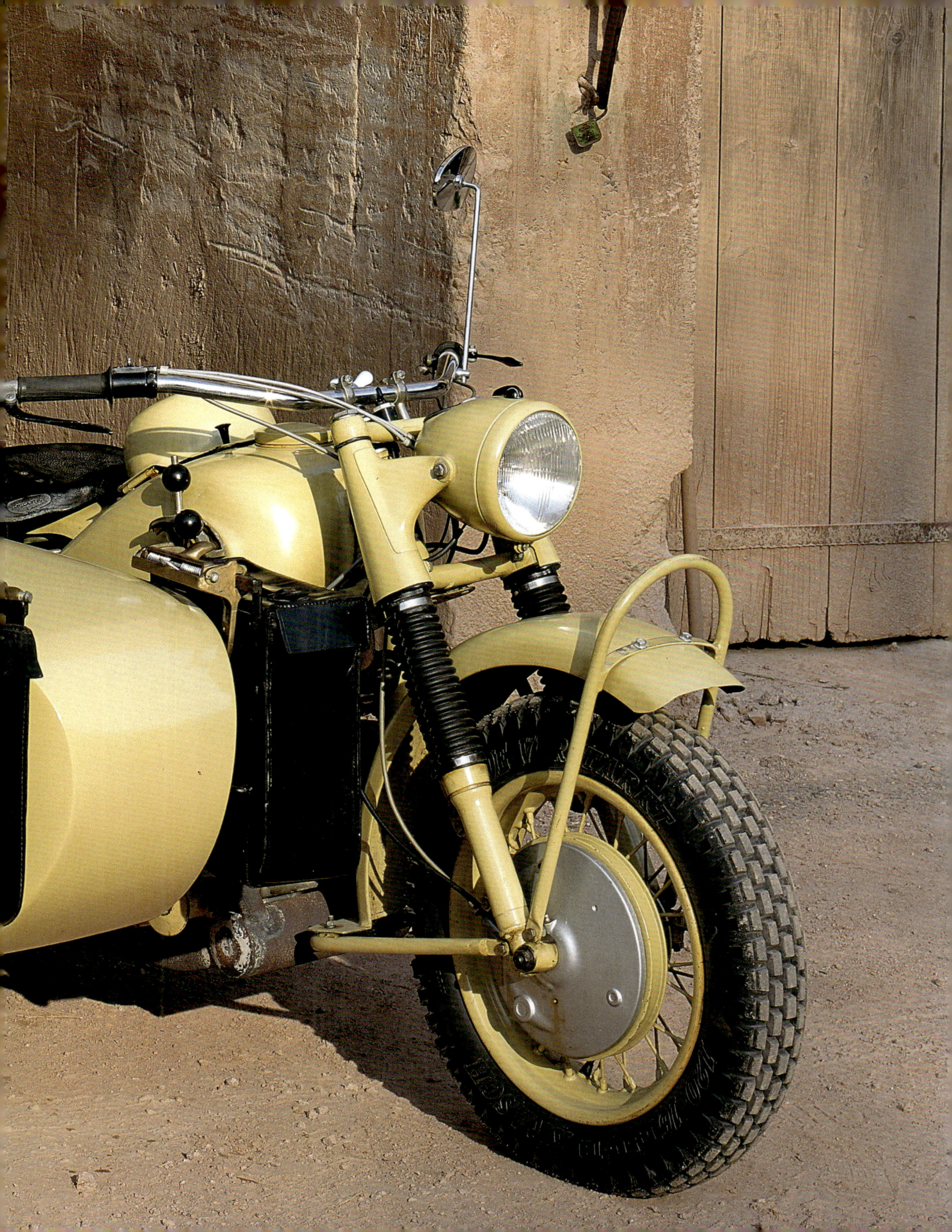

Baujahr	1947 bis 1954
Motorbauart	Einzylinder
Hubraum (cm³)	490
Leistung (PS bei 1/min)	21
Vmax in (km/h)	125
Rahmen	Federbettrahmen, Teleskopgabel vorne, Geradwegfederung hinten
Gewicht (kg)	136

Norton 500 ES2

James Landsdowne Norton gründete im Jahr 1899 eine Firma für Fahrradzubehör. Drei Jahre später bestückte er seine selbst gefertigten Rohrrahmen mit Motoren aus französischer Produktion. Im Jahr 1907 schickte Norton eine von einem Peugeot-V2 angetriebene Norton-Maschine zum berühmten Rennen auf der Isle of Man und siegte. Weltruhm sollte indes der 500-ccm-Single mit obenliegender Nockenwelle erlangen, den Konstrukteur Walter Moore 1927 entwickelt hatte. Die mit diesem Triebwerk bestückten Rennmaschinen erwiesen sich auf den allen Rennstrecken als nahezu unschlagbar. Nach dem Krieg stand der Name Norton für hervorragende Fahrwerke dank der Einführung des legendären Federbettrahmens. Die Kombination aus modifiziertem ES2-ohv-Einzylinder und einem kompakten Starrrahmen ergab die nur 136 Kilogramm schwere Tourenmaschine. Die Ausstattung umfasste spezielle Radgrößen und einen kleinen Benzintank. Viel Schwungmasse und eine durchzugstarke Motorabstimmung erlaubten waghalsige Beschleunigungswerte.

Moto Guzzi Motoleggera (Guzzino)

Nach dem Zweiten Weltkrieg stand Europa vor der schwierigen Aufgabe, wieder einen gewissen Normalzustand zu erreichen. Bei dem Ziel der Mobilität sollte dem Fahrrad, dem leichten Motorrad oder dem Motorroller ein wichtiger Anteil zukommen. Dieser Situation im Nachkriegsitalien stellte sich auch Carlo Guzzi und holte den Ingenieur Antonio Micucci in das Unternehmen nach Mandello. Dieser konstruierte ein einfaches Leichtmotorrad mit Zweitaktmotor und Dreiganggetriebe. Der 64-ccm-Motor sorgte für eine Leistung von 2 PS. Mit der gefederten Vorderradgabel, der gefederten hinteren Schwinge und dem abgefederten Sattel ergab sich ein sehr guter Fahrkomfort. Der sportliche Ruf von Moto Guzzi und die durch die Einfachheit der Konstruktion hohe Zuverlässigkeit sorgten schnell für eine große Verbreitung des kleinen Motorrades, und das Fahrzeug erhielt unter der Bevölkerung schnell den Namen „Guzzino", kleine Guzzi. Der Verkauf lief inzwischen so gut, dass bereits im Jahr 1949 50.000 Guzzinos verkauft waren und die leichte Maschine zum meistverkauften Fahrzeug ihrer Zeit wurde. Durch die Verkaufsrekorde konnte sogar der Verkaufspreis gesenkt werden.

Baujahr	1946 bis 1954
Motorbauart	Einzylinder, Zweitakter
Hubraum (cm³)	64
Leistung (PS bei 1/min)	2 bei 5000
Vmax in (km/h)	50
Rahmen	Rohrrahmen aus Stahl, Parallelogrammgabel vorne, Cantilever-gefederte Hinterradschwinge
Trockengewicht (kg)	45

Baujahr	1942 bis 1943
Motorbauart	Boxer-Zweizylinder
Hubraum (cm³)	738
Leistung (PS bei 1/min)	23
Vmax in (km/h)	105
Rahmen	Doppelschleifen-Stahlrohrrahmen, Schwinggabel vorne, Geradwegfederung hinten
Gewicht (kg)	244

Harley-Davidson Flathead Boxer

Auf bescheidene 1000 Stück brachte es eine andere Harley-Davidson-Militärmaschine. Die XA hatte einen seitengesteuerten 750er-Boxermotor und ähnelte stark der deutschen BMW R12. Sie war die einzige Harley mit Kardanantrieb. Nach den spektakulären Erfolgen des deutschen „Blitzkriegs" im Westen 1940 und des erfolgreichen Wüstenkriegs Rommels in Nordafrika, der auch auf hohes Tempo motorisierter Verbände und Kradschützen zurückgeführt wurde, beschloss die US-Armee die Anschaffung von Boxer-Krädern mit Kardanantrieb. Daraufhin entwickelte die Firma Harley-Davidson in Fort Holabird von Dezember 1941 bis Februar 1942 ein Motorrad, dessen Konstruktion den BMW-SV-Boxer-Modellen entlehnt war und das speziell beim Motor große Ähnlichkeit mit der BMW R12 hatte. Selbst die Kolbengröße war mit 78 mal 79 Millimetern ähnlich. Hauptgrund für die Kopie, die als XA im Einsatz war, war der erhoffte Import von neuen technischen Lösungen wie dem Kardanantrieb, den Harley bis dahin nicht gefertigt hatte. Zusätzlich wurde die BMW-Telegabel kopiert. Die Harley-Davidson XA und damit ausgerüstete Gespanne wurden während der Entwicklungsarbeit über Strecken von 10.000 km getestet, kamen aber nicht zum offiziellen Armee-Einsatz.

Zündapp KS 750

Zündapp hatte bereits in den 30er-Jahren Motorräder an das Militär geliefert. Doch die K 500, KS 600 und K 800 basierten noch auf den zivilen Modellen, die für den militärischen Gebrauch so manche Wünsche offenließen. Ende 1937 wurde daher von der Militärführung in Berlin eine Gespann-Militärversion gefordert. Dieses Fahrzeug sollte 500 Kilogramm Nutzlast haben, was drei Soldaten mit Waffen, Munition und der Feldausrüstung entsprach. Eine Marschgeschwindigkeit von 80 km/h sollte auf den neu gebauten Autobahnen eingehalten werden können. Als Mindestgeschwindigkeit waren vier Stundenkilometer die Vorgabe. Da die Modifizierung einer KS 600 ausschied, machte sich Zündapp an eine komplette Neukonstruktion. Schon ab 1939 waren zwei Prototypen fertig, die an das Oberkommando des Heeres (OKH) zur Erprobung übergeben wurden. Im April 1940 bestätigte schließlich das OKH die Truppentauglichkeit. An die Maschine konnten zwei Seitenwagenausführungen angebaut werden: zum einen der bei Zündapp hergestellte BW 40 mit einstellbarer Drehstabfederung und zum anderen der von Steib gefertigte BW 43.

Baujahr	1941 bis 1948
Motorbauart	Boxer-Zweizylinder
Hubraum (cm³)	751
Leistung (PS bei 1/min)	26/4000
Vmax in (km/h)	90
Rahmen	geschlossener Ovalrahmen, gekapselte Parallelogrammgabel vorne, Drehstab am Beiwagen
Gewicht (kg)	420

BMW R 75 Gespann

Die mächtige BMW 750 mit Seitenwagen war ganz auf die militärischen Bedürfnisse der damaligen Zeit ausgelegt und hatte zusammen mit der Zündapp KS 750 die Bezeichnung „Schweres Wehrmachtsgespann". Um für den militärischen Bereich einen optimalen Einsatz zu gewährleisten, hatte das Motorrad einen geschraubten Rahmen, der einen schnellen Motorwechsel zuließ. Das fußgeschaltete Vierganggetriebe hatte eine zusätzliche Geländeuntersetzung und einen Rückwärtsgang. Über eine Welle wurde das Seitenwagenrad vom Hinterrad des Motorrads angetrieben. In schwerem Gelände war das BMW-R75-Gespann den meisten Geländewagen überlegen. Da das Zündapp-Gespann sich jedoch dem BMW-Gespann überlegen erwies, sollte im Jahr 1944 die Produktion der BMW nach 20.200 Exemplaren eingestellt werden, doch der Krieg kam dem zuvor und nach der Bombardierung des Eisenacher BMW-Werks war das Ende der Produktionszeit erreicht. Auf der Basis der BMW R 75 wurde nach dem Krieg ab dem Jahr 1951 bei EMW ein Nachfolgemodell gebaut. Doch es blieb bei einer Vorserie der EMW R 75.

Baujahr	1941 bis 1944
Motorbauart	Boxer-Zweizylinder
Hubraum (cm³)	745
Leistung (PS bei 1/min)	26 bei 4400
Vmax in (km/h)	92
Rahmen	mehrteiliger geschraubter Stahlrohrrahmen, Teleskopgabel vorne, keine Hinterradfederung, Blattfedern und Rohrfederung am Seitenwagen
Gewicht (kg)	420

Baujahr	1941 bis 1947
Motorbauart	V-Zweizylinder
Hubraum (cm³)	1208
Leistung (PS bei 1/min)	48
Vmax in (km/h)	153
Rahmen	Doppelschleifen-Stahlrohrrahmen, Springergabel, Spiralfedern vorne, ungefedertes Hinterrad
Gewicht (kg)	261

Harley-Davidson Knucklehead FL

Aufgrund wiederholt geäußerter Kundenwünsche, vor allem bei der Polizei, entstand ab dem Jahr 1941 die mit einem 1,2-Liter-V-Twin-Motor ausgestattete „Seventy-Four". Endlich hatte Harley-Davidson mit dem „ewigen" Konkurrenten Indian gleichgezogen, denn die Motorradschmiede aus Springfield hatte im Moment dem leistungsstarken OHV-Motor von Harley-Davidson nichts entgegenzusetzen. Das HD-Modell erhielt einen Speedometer im Airplane-Design mit einem schwarzen Ziffernblatt, einer weißen Tachonadel und einem Air-Streamed-Rücklicht. Nach dem Verkaufstiefstand des Jahres 1933 erholte sich in den folgenden Jahren das Motorradgeschäft bei Harley-Davidson. Bis 1940 lag der jährliche Absatz bei rund 10.000 Maschinen. Im selben Jahr wurden auch Kipphebel und deren Achsen überarbeitet, um die häufig kränkelnde Ölversorgung zu verbessern. Doch die Fertigung von zivilen HD-Modellen musste nun zurückstehen, Zivilisten konnten ab Mitte 1941 nur noch gegen Bezugsscheine Neufahrzeuge kaufen. Erst nach dem Krieg kam die Produktion ziviler Maschinen wieder ins Rollen, und nun war die 74-inch-Version weitaus beliebter als die „kleine" 61er – letzte Modifikationen betrafen einen neuen Zusatzstoßdämpfer vorne sowie das zur besseren Beleuchtung nun angebrachte Tombstone-Rücklicht.

Harley-Davidson WLA Liberator

1937 wurde der Motor der Harley-Davidson-Motorräder gründlich überarbeitet. Er erhielt hängende Ventile (OHV), blieb jedoch im Versuchsstadium, da das Unternehmen nun die US Army mit großen Stückzahlen des Modells WLA beliefern musste, und dies geschah mit dem alten Motor mit stehenden Ventilen (SV, side valves). Bereits 1939 sandte Harley-Davidson zwei olivgrün lackierte zivile 45-Kubikinch-Maschinen als Testfahrzeuge zum Militärtestgelände des Mechanized Cavalry Board nach Ford Knox in Kentucky. Dort wurden sie im rauen Gelände auf ihre militärische Tauglichkeit geprüft. Dabei wurde besonders die Geländetauglichkeit der Harley-Maschinen gelobt. Schließlich kam es zu einer großen Erstbestellung der US Army mit 185 Motorrädern in Militärausführung. Insgesamt wurden während des Zweiten Weltkriegs 88.000 WLA- und WLC-Modelle sowie Ersatzteile für weitere 30.000 Maschinen bestellt. Dadurch wurde das Harley-Davidson-WL-Modell der meistgebaute Motorradtyp der Company. In der langen Modellgeschichte wurden die Maschinen ständig umgebaut, nachgerüstet und verbessert. Dadurch gibt es bis heute eine Unmenge an militärischen Motorradvarianten.

Baujahr	1941 bis 1945
Motorbauart	V-Zweizylinder
Hubraum (cm³)	743
Leistung (PS bei 1/min)	23
Vmax in (km/h)	105
Rahmen	Einschleifen-Stahlrohrrahmen, Schwinggabel (Doppel-T-Springer) vorne, ungefedertes Hinterrad
Gewicht (kg)	250

Baujahr	1933 bis 1951
Motorbauart	V-Zweizylinder
Hubraum (cm³)	494
Leistung (PS bei 1/min)	44 bei 7000
Vmax in (km/h)	186
Rahmen	Doppelrohrrahmen aus Stahl, Parallelogramm-Federgabel mit Reibungsdämpfern vorne, Hinterradschwinge
Trockengewicht (kg)	151

Moto Guzzi 500 Bicilindrica

Anfang der 1930er-Jahre versuchte sich Moto Guzzi an Dreizylinder-Motorrädern, die sich jedoch als Flop entpuppten. Die Vergrößerung des Motorrad-Programms bei den leichten Motorrädern war jedoch von Erfolg gekrönt. Im Rennsport setzte Moto Guzzi zunächst auf die 500-ccm-4VSS mit einem bronzenen Zylinderkopf. Doch die Mororradtechnik war trotz einiger Siege bereits überholt. Das Jahr 1933 geriet für Moto Guzzi beim Motorradrennen von Mailand nach Neapel zu einem Desaster: Die zehn Werksmaschinen hatten nicht die geringste Chance. So kam Car o Guzzi auf die Idee, zwei 250er-Einzylinder-Motoren der erfolgreichen Rennmaschinen in V-Bauweise miteinander zu kombinieren. Als Resultat entstand die 500 Bicilindrica. Der ungewöhnliche 120-Grad-Winkel der V-Anordnung wurde wegen der Zündfolge und dem dadurch optimalen Drehmomentverlauf gewählt. Die 500 Bicilindrica war bei Moto Guzzi die erste Rennmaschine mit einer Hinterradfederung und einer Fußschaltung mit Vierganggetriebe. Siege stellten sich nun wieder schnell ein, denn das Rennmotorrad gewann beim spanischen Grand-Prix in Barcelona am 22. April 1934, beim Rennen Mailand–Neapel mit einem Schnitt von 98,37 km/h und bei der Tourist Trophy im Jahr 1935.

BMW R 51 RS

Nachdem BMW-Werkstattinhaber Ernst Henne schon bei zahlreichen Geländesport- und Straßenrennen sein Talent unter Beweis gestellt hatte, konzentrierte er sich ab 1929 erfolgreich auf Geschwindigkeitsrekorde. Seinen größten Triumph erlebte er im Jahr 1937 auf der Autobahn von Frankfurt nach Darmstadt, als er mit einer vollverkleideten und auf 100 PS getunten Kompressor-RS 51 mit 500 Kubikzentimetern eine Spitzengeschwindigkeit von 279,5 km/h erreichte. Es war seine 76. Weltbestleistung und der Weltrekord, die Krönung seiner Karriere. Doch mit ihrem charakteristischen Heulen zogen die Kompressor-BMW auch in den folgenden Jahren Hunderttausende in ihren Bann und fuhren bei vielen Motorradrennen reihenweise aufs Siegestreppchen. Die Motoren waren mechanische Wunderwerke mit oben liegenden Nocken- und Königswellen, die dank Gebläse rund 65 PS mobilisierten. Die reichten Schorsch Meier, um im Jahr 1939 die berühmt-berüchtigte Senior-TT auf der Isle of Man zu gewinnen und sich damit als erster Ausländer in die Siegerlisten bei den 500ern einzutragen!

Baujahr	1937 bis 1939
Motorbauart	Boxer-Zweizylinder Kompressor
Hubraum (cm³)	494
Leistung (PS bei 1/min)	ca. 65 bei 7000
Vmax in (km/h)	ca. 210 (mit Verkleidung)
Rahmen	Doppelrohrrahmen, Teleskopgabel vorne, Geradwegfederung hinten
Gewicht (kg)	137

Baujahr	1939
Motorbauart	Vierzylinder
Hubraum (cm³)	1265
Leistung (PS bei 1/min)	40 bei 5000
Vmax in (km/h)	153
Rahmen	Doppelrohrrahmen aus Stahl,
	Blattfedergabel vorne, starres Heck
Trockengewicht (kg)	245

Indian Four

Die Rechte zum Bau einer Vierzylindermaschine in Reihenanordnung hatte Indian 1927 von der Firma Ace in Philadelphia erworben, die drei Jahre zuvor bankrott gemacht hatte. Das Ace-Motorrad war von William Henderson entworfen worden, dem Mitbegründer der Marke Henderson. Die Indian Four war elegant, komfortabel, schnell und teuer. In Wirklichkeit war sie so teuer, dass sie in den gesamten 15 Jahren ihrer Produktionszeit nur in geringen Stückzahlen verkauft werden konnte. Zunächst hatte Indian die Maschine unter dem Namen „Ace" einfach weiterbauen lassen. Später wurde sie unter dem Namen Indian Ace im traditionellen Rot oder im ursprünglichen Blau angeboten. Die Indian Ace war mit dem ruhig laufenden 1265-ccm-Motor mit wechselgesteuerten Ventilen ein außergewöhnliches und schnelles Motorrad. 1928 beschloss Indian, dass der Markenname „Ace" nicht mehr nötig sei, und stellte eine verbesserte Version unter dem Namen „Indian" vor. Innerhalb weniger Jahre rüstete Indian seine „Four" mit einer stärkeren Kurbelwelle, einem Doppelschleifenrahmen, einer Vordergabel mit Blattfederung und einer Trommelbremse am Vorderrad aus. 1933 erreichte Indian die niedrigste Produktion der Firmengeschichte. Lediglich 1667 Motorräder fanden einen Käufer, darunter 130 der teuren Indian Four. Drei Jahre später erholte sich die Wirtschaft langsam, doch Indian schlug mit der 436 Four den falschen Weg ein und der Motor wurde unbeliebt. So kehrte man 1939 wieder zur bewährten Ventilanordnung zurück.

Ariel 500 Red Hunter

Mit dem Jahr 1902 begann die Firmengeschichte der britischen Ariel, einem Pionier auf dem Motorradmarkt. Davor hatte die Familie Sangster in Selly Oak kleine Dreiräder mit französischen De-Dion-Bouton-Motoren gebaut. Auch die ersten Motorräder sollten mit De-Dion-Bouton-Motoren angetrieben werden, doch dann griff Jack Sangster auf Kerry-Einbaumotoren zurück. Mitte der 1920er-Jahre begann der Bau von eigenen Einzylindermotoren, die der Ariel-Konstrukteur Val Page, der von JAP kam, entwickelte. Im Jahr 1931 gelang Page zusammen mit Edward Turner die Entwicklung eines Vierzylindermotors mit zwei Kurbelwellen, der die beiden Motorenbauer berühmt machen sollte. Ab 1932 erschienen erste Hunter-Modelle mit 250, 350 und 500 Kubikzentimetern und Einzylindermotoren im Verkaufsprogramm. Gegen Ende des Jahres 1937 entstand dann aus der 500er-Hunter die Red Hunter mit Vierganggetriebe und Trommelbremsen. Diese neue Modellreihe zeigte sich als sehr leistungsfähig und robust. Sie verkaufte sich nicht nur im Inland, sondern auch im Export hervorragend. In dieser Zeit nutzten viele Rennfahrer den Red Hunter für Straßen- und Geländerennen mit beachtlichem Erfolg. Nach dem Krieg wurden die Red-Hunter-Modelle nochmals aktualisiert, doch verfügten sie auch weiterhin über den von Val Page entwickelten ohv-Motor.

Baujahr	1938 bis 1959
Motorbauart	Einzylinder
Hubraum (cm³)	497
Leistung (PS bei 1/min)	24 bei 6000
Vmax in (km/h)	140
Rahmen	Einrohrrahmen, reibungs-
	gedämpfte Trapezgabel vorne,
	Hinterrad ungefedert
Gewicht (kg	190

Baujahr	1938 bis 1939
Motorbauart	Boxer-Vierzylinder
Hubraum (cm³)	997
Leistung (PS bei 1/min)	ca. 50
Vmax in (km/h)	150
Rahmen	Doppelrohrrahmen aus Stahl, „Castle"-Gabel vorne, Hinterradfederung
Gewicht (kg)	ca. 190

Brough Superior Golden Dream

Als Krönung seines Schaffens erschien im Jahr 1938 die sensationelle Golden Dream. Vorgestellt auf der Earls Court Show kam das goldfarbene Luxusmotorrad allerdings nie über das Stadium als Prototyp hinaus. Ein Vierzylinder-Boxer-Motor mit je zwei übereinanderliegenden Zylindern und Kardanantrieb machte die Golden Dream zu einem durch und durch einzigartigen Motorrad. Es sollte die letzte Motorradentwicklung der Marke Brough Superior sein. Inzwischen war Brough auch im Rennsport nicht untätig gewesen. Im Jahr 1935 erreichte Eric Fernihough auf einer Brough Superior den Rundenrekord auf der Brooklands-Bahn bei London mit einer Geschwindigkeit von 198,88 km/h. Ein Jahr später stellte er für die fliegende Meile der Solo-Motorräder mit 263,64 km/h einen weiteren Weltrekord für Brough auf. Der nächste Weltrekord folgte im Jahr 1937 im ungarischen Gyon, als Fernihough den fliegenden Kilometer mit einer Geschwindigkeit von 273,25 km/h schaffte. 1940 endete die Fertigung der edlen Luxusmotorräder.

Triumph 500 Speed Twin

Die Triumph Speed Twin war die Erfindung des Paralleltwin-Prinzips, das für die britische Motorradindustrie der gesamten Nachkriegszeit prägend sein sollte. Die Speed Twin galt als preisgünstiger Kompromiss von Leistung und Laufruhe und des einfachen Aufbaus eines Einzylindermotors. Um den Motor so einfach wie möglich zu halten, ersetzte man die Kugellager an den Hubzapfen durch druckgeschmierte Gleitlager. So wurde der Twin-Motor sogar leichter als ein vergleichbarer Einzylindermotor. Das bauchige Kurbelgehäuse enthielt ein riesiges Schwungrad zwischen den Kurbelwangen, und die im Zylinderkopf hängenden Ventile wurden von einem völlig abgekapselten Stößelstangenantrieb bedient. Das Fahrwerk war äußerst konventionell gehalten, hinten war es starr, vorn verrichtete eine Parallelogramm-Vordergabel ihre Arbeit. Trotz der gemeinsam auf und ab laufenden Kolben waren die Vibrationen letztendlich weniger ausgeprägt als die eines Einzylindermodells. Die Speed Twin war ein großer Verkaufserfolg und wurde später zur 650er- und 750er-Maschine weiterentwickelt. Auch auf dem amerikanischen Markt wurde die leichte und handliche Alternative ein Verkaufsrenner gegenüber den schwerfälligen Harleys und Indians.

Baujahr	1937 bis 1939, 1946 bis 1958
Motorbauart	Zweizylinder
Hubraum (cm³)	498
Leistung (PS bei 1/min)	26 bei 6000
Vmax in (km/h)	121
Rahmen	Stahlrohrrahmen, Parallelogrammgabel vorne, keine Federung hinten
Gewicht (kg)	165

Baujahr	1937 bis 1940
Motorbauart	Einzylinder
Hubraum (cm³)	342
Leistung (PS bei 1/min)	14 bei 4500
Vmax in (km/h)	103
Rahmen	aus Blechen gepresster Rahmen, Teleskopgabel vorne, keine Hinterradfederung
Gewicht (kg)	155

BMW R 35

Im Jahr 1931 erschien als zweites Einzylindermodell die BMW R 2 mit bis zu 6 PS Leistung. Ein Jahr später erschien die BMW R 4, ebenfalls einzylindrig und mit einer Leistung von 12 PS. Neben den Zweizylindermodellen wirkte die Einzylinder-R35 etwas plump und derb. Tatsächlich basierte sie stark auf der BMW R 4, wies jedoch eine ungedämpfte Teleskopgabel auf, und der Motor hatte eine kleinere Zylinderbohrung. Die Kraftübertragung wurde über ein handgeschaltetes Vierganggetriebe, eine Trockenkupplung und einen Kardanantrieb auf das Hinterrad übertragen. Entwickelt wurde das Motorrad vor allem für die Polizei und das Militär. Während des Zweiten Weltkriegs dienten Zigtausende R 35 als Melderkrads. Nach dem Zweiten Weltkrieg feierte sie nach einem Rechtsstreit mit BMW aus München als EMW R 35 in der sowjetisch besetzten Zone ihre Wiederauferstehung. Im Jahr 1949 wurden insgesamt 4250 Maschinen und bis 1951 ca. 17.000 Maschinen in Eisenach produziert. Die Produktion endete in der Deutschen Demokratischen Republik im Jahr 1955.

BSA M 20

In der Vergangenheit war die englische Motorradindustrie einer der größten Wirtschaftszweige weltweit. Zu diesem Erfolg trug auch die im Jahr 1861 gegründete Birmingham Small Arms Company bei. Bereits ab dem Jahr 1909 bot BSA Motorräder zum Kauf an. In dieser Zeit entstand die BSA 500, eine der ersten Maschinen des Unternehmens. Der Erste Weltkrieg unterbrach die Motorradherstellung, und erst im November 1919 widmete man sich wieder den motorisierten Zweirädern. Zum ersten größeren Verkaufserfolg für BSA wurde im Jahr 1927 die S 31 Sloper. Durch den Erfolg konnte sich das BSA-Werk in Birmingham schon bald größter Motorradhersteller Englands nennen. Das Modellprogramm bestand aus Maschinen, die so klangvolle Namen wie Blue Star, Empire Star und Gold Star trugen. Ab dem Jahr 1937 produzierte BSA die M 20, ein Einzylinder-Viertakt-Motorrad mit einem Hubraum von 500 Kubikzentimetern. Dieses Motorrad machte sich vor allem im Zweiten Weltkrieg als unverwüstliche Kradmelder-Maschine der englischen Armee einen Namen. In den verschiedenen Modellvarianten hatte man bei BSA die M 20 während der gesamten Bauzeit bis 1955 in ungefähr 126.000 Einheiten produziert.

Baujahr	1937 bis 1955
Motorbauart	Einzylinder
Hubraum (cm³)	496
Leistung (PS bei 1/min)	13 bei 4200
Vmax in (km/h)	97
Rahmen	Rohrrahmen aus Stahl, Trapezgabel vorne, Hinterradfederung
Gewicht (kg)	280

Baujahr	1937 bis 1940
Motorbauart	Einzylinder
Hubraum (cm³)	249
Leistung (PS bei 1/min)	16 bei 5500
Vmax in (km/h)	119
Rahmen	starrer Stahlrahmen, Parallelogrammgabel vorne, keine Federung hinten
Gewicht (kg)	ca. 125

Triumph 250 Tiger 70

Für das Modelljahr 1937 hatte Triumph drei Baureihen mit modernen ohv-Einzylindermotoren im Angebot: die 250er Tiger 70, die 350er Tiger 80 und die 500er Tiger 90. Mit der Zahl hinter dem Modellnamen wollte das Werk die erreichbaren Höchstgeschwindigkeiten in Meilen pro Stunde angeben. Im Jahr 1936 übernahm Jack Sangster das Unternehmen Triumph Motorcycles Ltd., und Edward Turner, der 1927 sein erstes Motorrad mit einem 350-Kubik-ohc-Motor entwickelt hatte, wurde Geschäftsführer und Chefingenieur. Turner wurde so Nachfolger von Val Page. Waren bis Mitte der 30er-Jahre kernige Einzylinder-Dampfhämmer das Maß der Dinge, brachte Triumph im Herbst 1937 durch die Bereinigung der Modellvielfalt bei Triumph eine neue Motorradgeneration auf den Markt: die 5T mit Zweizylinder-Motor. Doch zunächst funkte der Zweite Weltkrieg dazwischen, und erst ab 1946 konnte die Herstellung ziviler Maschinen wieder anlaufen.

Harley-Davidson Knucklehead E/EL

Viel Mut und gute Nerven gehörten dazu, um in der schlimmsten Zeit der großen Wirtschaftskrise ein völlig neues Motorrad zu entwickeln. Doch die kämpferischen Firmenbosse von Harley-Davidson hatten diese starken Nerven. Sie wollten den stagnierenden Absatz von Motorrädern durch einen neuen Impuls wieder ankurbeln, und so entstand bereits 1932 unter Hochdruck ein neues Konzept mit einem ohv-Twin-Motor. Zwar wollte ihn der Entwickler Joe Petralis noch ein Jahr zurückhalten, da sich immer wieder Mängel und Ölleckagen herausgestellt hatten, doch er kam mit seiner Ansicht nicht durch. 1936 ging das neue Motorrad in die Serienproduktion, und Händler und Kunden waren begeistert. Das attraktive und sportliche Design, die bullige Kraft mit fast 10 PS mehr als beim Vorgänger machten die Modelle E (mittlere Verdichtung) und EL (hohe Verdichtung) zu einem Verkaufsrenner. Auch der neue Rahmen mit verstärkter Springer-Gabel, das gut schaltbare Vierganggetriebe mit einer Kupplung mit vergrößerten Reibflächen halfen bei der Akzeptanz vonseiten der Kunden. Dennoch mussten im ersten Verkaufsjahr über 100 technische Änderungen vorgenommen werden, bis die anfänglichen Kinderkrankheiten der werkseitig Sixty-One (Hubraum in Kubikzoll) genannten Maschine eliminiert waren. In der Szene wurde sie wegen der knöchelartigen Verschraubung der Kipphebel bald nur noch Knucklehead genannt. Auch heute noch wird die Knucklehead von der Harley-Company als das schönste produzierte Motorrad angesehen.

Baujahr	1936 bis 1947
Motorbauart	V-Zweizylinder
Hubraum (cm³)	988,1
Leistung (PS bei 1/min)	40
Vmax in (km/h)	153
Rahmen	Doppelschleifen-Stahlrohrrahmen, Ovalrohr-Schwingengabel vorne, keine Federung hinten
Gewicht (kg)	256

Baujahr	1935 bis 1937
Motorbauart	Einzylinder
Hubraum (cm³)	346
Leistung (PS bei 1/min)	25 bei 6800
Vmax in (km/h)	160
Rahmen	Stahlrohrrahmen, Parallelogrammgabel vorne, keine Federung hinten
Gewicht (kg)	140

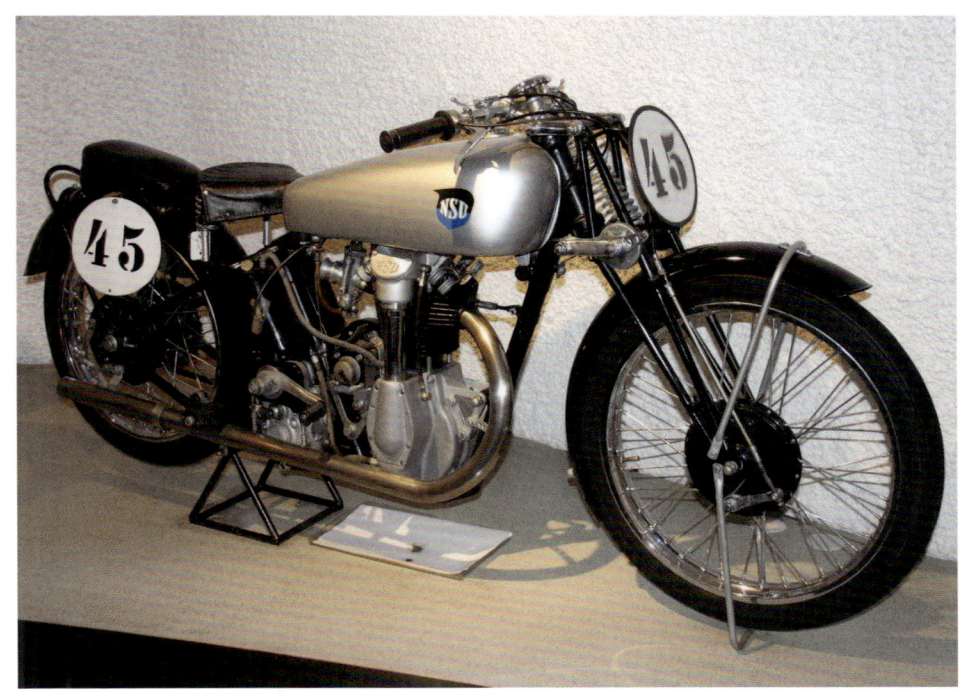

NSU 351 SS

Mit dem von Norton abgeworbenen Walter William Moore aus Großbritannien, der auch als Vater der Norton CS1 gilt, begann der große Siegeszug im Motorrad-Rennsport für NSU. Der NSU-Chefentwickler Moore konstruierte die 501-SS- und 351-SS-Rennmaschinen und knüpfte somit nahtlos an die Erfolge der 1920er-Jahre an. Neben dem raffiniert konstruierten Königswellen-Einzylindermotor, bestachen auch die glänzenden Fahreigenschaften durch die tiefe Schwerpunktlage. Fahrer wie der Brite Tom Bullus gewann auf den NSU-Maschinen von Moore zahlreiche Meisterschaftsläufe. Auch die Fortsetzung des sportlichen Erfolgs nach dem Krieg begann mit den NSU-Maschinen, die bereits vor dem Krieg erfolgreich waren.

BMW R 17

Im November 1928 präsentierten die Münchener Motorradbauer auf der Londoner Olympiashow die BMW R 16 mit genietetem Pressstahlrahmen statt dem bis dahin verwendeten Doppelrohrrahmen. Das sportliche Modell R 16 mit Kardanantrieb war mit einem Viertakt-Boxermotor mit obenliegenden Ventilen ausgerüstet. Die Steuerung der Ventile erfolgte über Stoßstangen und Kipphebel. Bis gegen Ende des Jahres 1930 wurden die ersten R 17 ausgeliefert. Die Nachfolgerin der R 16 war die sportliche R 17 mit moderner Teleskopgabel am Vorderrad anstelle der bis dahin verbauten Pressstahlschwinge. Das kopfgesteuerte Triebwerk mit 750 Kubikzentimetern und zwei Vergasern hatte inzwischen an Leistung zugelegt und war zu dieser Zeit eine der schnellsten Straßenmaschinen. Durch das ungefederte Heck war die BMW bei Höchstgeschwindigkeit nur schwer unter Kontrolle zu halten. Zum ersten Mal hatte das BMW-Motorrad zusätzlich zur vorderen auch eine hintere Trommelbremse. Statt Fußrasten konnte man seine Füße bequem auf Trittbrettern abstützen. Geschaltet wurde das Vierganggetriebe mit der Hand.

Baujahr	1935 bis 1937
Motorbauart	Boxer-Zweizylinder
Hubraum (cm³)	735
Leistung (PS bei 1/min)	33 bei 5000
Vmax in (km/h)	140
Rahmen	aus Blechen gepresster Rahmen, ölgedämpfte Teleskopgabel vorne, keine Hinterradfederung
Gewicht (kg)	ca. 185

Baujahr	1932 bis 1933
Motorbauart	Doppelkolben, Zweitakt
Hubraum (cm³)	248
Leistung (PS bei 1/min)	7 bei 3200
Vmax in (km/h)	80
Rahmen	Doppelschleifenrahmen, Trapezgabel vorne, Reibungsdämpfer hinten
Gewicht (kg)	110 (vollgetankt)

Puch 250 S4

Das Ende der „Golden Twenties" kündigte sich nicht nur durch den großen Börsenkrach in den Vereinigten Staaten, sondern auch durch die neue 250-ccm-Puch an, die anlässlich der Wiener Automobil- und Motorradausstellung in der Rotunde im Frühjahr 1929 das Licht der Öffentlichkeit erblickte. Das Motorrad Type 250 stellte eine Weiterentwicklung der bewährten Type 220 dar. Doch diesmal war der Puch-Doppelkolbenmotor im Rahmen quergestellt und mit einem Dreiganggetriebe sowie mit dem Magnetapparat zu einer Blockkonstruktion vereint. Diese Anordnung, die aus dem modernen Autobau kam, brachte wesentliche Vorteile mit sich. So fiel die vordere Kette weg und mit ihr eine ganze Reihe von Störungsmöglichkeiten. Große Aufmerksamkeit wurde der Schmierung des Motors zugewendet. Sie erfolgte völlig automatisch und bedurfte außer der Sorge für die rechtzeitige Zufuhr von Frischöl keiner besonderen Wartung. Der automatische Vergaser war mit einem wirksamen Luftfilter versehen, der die schädlichen Staub- und Schmutzteilchen vom Motor abhielt und dadurch seine Lebensdauer wesentlich erhöhte. Besonderer Wert wurde auf eine einfache Bedienung gelegt. Der Vergaser wird durch einen einzigen Regulierhebel betätigt. Eine besondere Stellung nimmt hier der Tiroler Bergsteiger und Skifahrer Max Reisch ein, der mit einer Puch 250 im Jahr 1932 eine erste Fernfahrt auf den afrikanischen Kontinent und in die Sahara unternahm. Dem gelungenen Nordafrika-Auftritt folgte 1933 noch eine weitere Expedition nach Indien.

BSA 600 Sloper

1926 präsentierte BSA eine vollkommen neue Maschine. Nicht nur der Halbliter-ohv-Motor mit dem nach vorne geneigten Zylinder war neu, auch der Rahmen hatte eine Modernisierung erfahren. Ein neuartiger Doppelrohrrahmen nahm den Motor, die Räder und den Stecktank auf. Eine ungewöhnlich niedrige Sitzposition von nur 630 Millimetern unterstrich das sportliche Erscheinungsbild. Das Motorrad hatte bis 1928 immer noch keinen speziellen Modellnamen bekommen, doch die Motorradfahrer nannten das Modell bereits „Sloper", was von dem englischen Ausdruck für die schräg stehende Zylinderanordnung abgeleitet war. Die große Weltneuheit für die Sloper-Modelle des Jahres 1930 war das gesenkgeschmiedete Rahmenrückgrat, an das die Rahmenrohre nun angeschraubt wurden. Mit der Neuheitenvorstellung im September 1932 wurde der BSA „Sloper" nun eine neue Rolle zugewiesen. Nicht mehr als schnelle und leichte Sportmaschine wurde die „Sloper" angepriesen, sondern als schwere Touren- und Gespannmaschine, wofür die 1933er-OHV mehr Hubraum erhielt. 85 Millimeter Bohrung und 105 Millimeter Hub ergaben 596 Kubikzentimeter. Der nun höher gewordene Motor verlangte wegen Platzmangels zum Tank hin einen Vergaser mit horizontaler Mischkammer. So kam der Amal Typ 89 zum Einbau. Mit den 25 PS war die intern M 33-11 genannte Maschine eine interessante Alternative zu den wesentlich schwerfälligeren 1000er-Zweizylinder-Modellen geworden.

Baujahr	1935
Motorbauart	Einzylinder
Hubraum (cm³)	596
Leistung (PS bei 1/min)	25 bei 5000
Vmax in (km/h)	130
Rahmen	gesenkgeschmiedetes Rahmenrückgrat mit integriertem Lenkkopf und angeschraubten Rohren, Trapezgabel vorne, keine Federung hinten
Gewicht (kg)	175

Baujahr	1935
Motorbauart	V-Zweizylinder
Hubraum (cm³)	1200
Leistung (PS bei 1/min)	34
Vmax in (km/h)	137
Rahmen	Doppelschleifen-Stahlrohrrahmen, Trapezgabel mit Blattfeder vorne, keine Hinterradfederung
Gewicht (kg)	222

Indian Chief

Die Weltwirtschaftskrise hatte bei Harley-Davidson wie auch bei Indian Spuren hinterlassen. Dennoch musste die Motorradmarke aus Springfield die härteren Schläge einstecken. Um nicht ganz neu entwickeln zu müssen, überarbeiteten die Indian-Techniker die 1923 bereits erschienene „Chief" nach und nach komplett. Angeboten wurden zwei Ausführungen mit Ein-Liter-Motor und mit 1,2 Litern Hubraum. 1926 wurde die „Chief" mit größeren Reifen ausgestattet, die ein dickeres Gummiprofil hatten. 1928 wurde die 1000er Chief dann aus dem Programm genommen. Zur gleichen Zeit versuchte ein neuer Vorstand mit Kenntnissen im Kfz-Bereich, den Motor der „Chief" in ein Auto zu bauen. Doch das Projekt scheiterte. 1930 wurde die „Chief" mit einem Tank aus Aluminiumguss ausgestattet. Doch schon im folgenden Jahr wurde der Tank wieder durch Blechteile ersetzt. Es ging immer weiter bergab mit Indian. Zusätzliche Vibrationen an den Modellen verunsicherten Käufer immer mehr. So war es nicht verwunderlich, dass nur 400 Motorräder verkauft wurden und ein Verlust von 750.000 Dollar eingefahren wurde. Deshalb wurde das Verkaufsprogramm im folgenden Jahr drastisch gekürzt, und dadurch entfielen viele Modelle. Doch die Chief-Fans konnten sich 1932 über ein Modell freuen, das weniger Vibrationen hatte und über längere Strecken störungsfrei lief. Eine Batteriezündung wurde zum Standard. Neu war auch eine Trockensumpfschmierung ab 1933, im Jahr darauf tauschte man den Zahnrad-Primärantrieb gegen eine Vierfachkette aus.

Moto Guzzi 500 Bicilindrica

Anfang der 1930er-Jahre versuchte sich Moto Guzzi an Dreizylinder-Motorrädern, die sich aber als Flop entpuppten. Die Vergrößerung des Motorrad-Programms bei den leichten Motorrädern war jedoch von Erfolg gekrönt. Im Rennsport setzte Moto Guzzi zunächst auf die 500-ccm-4VSS mit einem bronzenen Zylinderkopf. Doch die Mororradtechnik war trotz einiger Siege bereits überholt. Das Jahr 1933 geriet für Moto Guzzi beim Motorradrennen von Mailand nach Neapel zu einem Desaster, und die zehn Werksmaschinen hatten nicht die geringste Chance. So kam Carlo Guzzi auf die Idee, zwei 250er-Einzylinder-Motoren der erfolgreichen Rennmaschinen in V-Bauweise miteinander zu kombinieren. Als Resultat entstand die 500 Bicilindrica. Der ungewöhnliche 120-Grad-Winkel der V-Anordnung wurde wegen der Zündfolge und dem dadurch optimalen Drehmomentverlauf gewählt. Die 500 Bicilindrica war bei Moto Guzzi die erste Rennmaschine mit einer Hinterradfederung und einer Fußschaltung mit Vierganggetriebe. Siege stellten sich nun wieder schnell ein, denn das Rennmotorrad gewann beim spanischen Grand Prix in Barcelona am 22. April 1934 sowie im selben Jahr beim Rennen Mailand–Neapel mit einem Schnitt von 98,37 km/h und bei der Tourist Trophy im Jahr 1935.

Baujahr	1933 bis 1951
Motorbauart	V-Zweizylinder
Hubraum (cm³)	494
Leistung (PS bei 1/min)	44 bei 7000
Vmax in (km/h)	186
Rahmen	Doppelrohrrahmen aus Stahl, Parallelogramm-Federgabel mit Reibungsdämpfern vorne, Hinterradschwinge
Trockengewicht (kg)	151

Baujahr	1933 bis 1938
Motorbauart	Boxer-Vierzylinder
Hubraum (cm³)	804
Leistung (PS bei 1/min)	22 bei 4300
Vmax in (km/h)	123
Rahmen	starrer Pressstahlrahmen, Trapezgabel vorne, keine Hinterradfederung
Gewicht (kg)	212 (ohne Beiwagen)

Zündapp K 800

Von 1921 bis 1930 baute die Nürnberger „Zünder und Apparatebau GmbH" einfache Zweitaktmotorräder, die sich aufgrund ihres günstigen Preises und der gebotenen Qualität gut verkaufen ließen. Das Viertaktprogramm begann 1930 vorübergehend mit der Verwendung eines vierventiligen Python-Motors aus England, doch ab 1933 stand die komplette K-Modellreihe der Konstrukteure Richard und Xaver Küchen zur Verfügung.

In die Pressstahlrahmen wurden in der Folgezeit Motoren vom 200-ccm-Zweitakter bis zum 800er-Vierzylinder-Viertakt-Boxermotor eingebaut. Gerade die Zündapp K 800 als Gespann war zu dieser Zeit ein sehr vielversprechendes Motorrad. Eine Trapezgabel, geschlossene Holme, zwei Druckfedern, Reibungsdämpfer und später dann hydraulische Stoßdämpfer – die K 800 war auf der Höhe ihrer Zeit. Mit dem neuen Pressstahlrahmen war einiges an Gewicht eingespart worden, was den Fahreigenschaften zugutekam. Selbst im schwersten Gespannbetrieb war der Zündapprahmen äußerst haltbar. Bis 1938 wurden die Zündapp K 800 als Solomaschinen und als Gespanne gefertigt. Im Zweiten Weltkrieg stellte Zündapp auf das schwere Wehrmachtsgespann um, und 1950 begann man, mit der KS 601 die Tradition der schon vorher beliebten Boxermaschine fortzusetzen. Es wurden bis 1958 auch noch verschiedene Zweitaktmodelle entwickelt, darunter mit der Bella auch ein beliebter Motorroller. Bis zum Konkurs 1984 konzentrierte man sich bei der ab 1958 vollständig nach München verlagerten Produktion auf 50-cm³-, später dann auf 80-cm³-Maschinen.

Hercules K 200

Mit möglichst wenig Aufwand ein Motorrad für jedermann: Eine Vorgabe, die Hercules aus Nürnberg auch optisch sehr schön löste. Englische JAP-sv-Motoren und das Burman-Getriebe, das die Kraft mittels Kette auf das Hinterrad übertrug, brachten vor dem Krieg die benötigte Leistung mit dem Vortrieb. Wahlweise waren die Motorräder mit 200- oder 300-ccm-Motoren ausgerüstet. Die Modelle wurden auch mit ohv-Motor angeboten. Im Jahr 1928 brachte Hercules die K 200 mit JAP-Motor und Burman-Getriebe auf den Markt. Motorräder mit JAP, Villiers-, Columbus-, Bark-, Moser-, Küchen- und ILO-Motoren folgten, und entgegen dem Trend bot man den Kunden eine Modellpalette von der 75er bis zur Halblitermaschine an.

Die Typenvielfalt konnte jedoch nicht lange durchgehalten werden, und Hercules stützte sich in der Folgezeit auf das kleinvolumige Motorenprogramm von Fichtel & Sachs. Ab dem Jahr 1941 gehörte das Unternehmen als „Hercules Werke GmbH" zur Fürther Firma Dr. Carl Soldan.

Baujahr	1928 bis 1934
Motorbauart	Einzylinder
Hubraum (cm³)	198
Leistung (PS bei 1/min)	8,5 bei 5400
Vmax in (km/h)	80
Rahmen	starrer Rahmen, Trapezgabel vorne, keine Hinterradfederung
Gewicht (kg)	115

Harley-Davidson Servi-Car G

Das erste Trike, das Harley-Davidson am 9. November 1932 vorstellte, kam unter dem Namen „Servi-Car" auf den Markt und kostete 450 Dollar. Das Servi-Car hatte sofort einen enormen Erfolg. Die Polizei, Kfz-Werkstätten, Transportdienste und die Post wurden schnell Großabnehmer dieser gelungenen Idee. Der große Laderaum bot genug Platz für Werkzeug und Ersatzteile und außen genügend Fläche für die eigene Werbung. Liegen gebliebene Autos konnten nun schnell bedient werden. Auch die Polizei hatte nun ein leicht bedienbares, wendiges Fahrzeug, um im dichten Gedränge des Stadtverkehrs schnell am Einsatzort zu sein. Bereits um die Jahreswende 1933/34 gab es vier Varianten der Serie mit kleinem oder großem Aufbau, mit und ohne Anhängerkupplung und mit zusätzlichem Platz für ein Autoreserverad. 1935 wurde das Getriebe neu überarbeitet, und das Servi-Car bekam eine verstärkte Hinterachse. 1937 änderte Harley-Davidson das Design des Servi-Car. 1939 baute Harley-Davidson zwei Prototypen für die US Army. Als aber der Willys Jeep mit Erfolg an die Armee verkauft werden konnte, stand das Servi-Car bei den amerikanischen Streitkräften nicht mehr zur Debatte. Nach dem Krieg experimentierte Harley an einem Prototyp mit Boxermotor mit Kardanantrieb. Das Projekt wurde aber wieder eingestellt. Als die WL-Serie bei Harley-Davidson im Jahr 1953 auslief, wurde der unverwüstliche 45-Kubikinch-V-Twin-Motor noch 20 Jahre lang in das Servi-Car eingebaut.

Baujahr	1932 bis 1973
Motorbauart	V-Zweizylinder
Hubraum (cm³)	742
Leistung (PS bei 1/min)	18 bei 4500
Vmax in (km/h)	78
Rahmen	Stahlrohrrahmen, Schwinggabel mit Schraubenfedern vorne, keine Hinterradfederung
Gewicht (kg)	619

Baujahr	1930 bis 1936
Motorbauart	V-Zweizylinder
Hubraum (cm³)	1216
Leistung (PS bei 1/min)	30
Vmax in (km/h)	128
Rahmen	Einschleifen-Stahlrohrrahmen, Schwinggabel (Doppel-T-Springer) vorne, ungefedertes Hinterrad
Gewicht (kg)	240

Harley-Davidson Flathead Big Twin VL

Im Jahr 1930 löste die „V"-Typenreihe die wechselgesteuerten Two Cam Big Twins J und JD ab. Diese neuen Modelle hatten nun den seitengesteuerten 74-Kubikinch-V-Zweizylindermotor verbaut, den Harry Ricardo gestaltet hatte. Die Brennräume des neuen Motors konnten nun mit verschieden hohen Kolben bestückt werden, um die Verdichtung zu vergrößern (VS) oder zu verringern (V). Die Sportmotoren hatten die höchste Verdichtung und wurden mit VL bezeichnet. Um dies auch im Alltag bewerkstelligen zu können, hatten alle Maschinen leicht abnehmbare Zylinderköpfe und Kolben aus einer Magnesium-L-Legierung. Ab 1934 wurde auch eine Nickel-Eisen-Legierung verwendet. Auch der Rahmen wurde gegenüber den Vorgängermodellen deutlich verstärkt. Dadurch wurde die neue Harley-Davidson auch ca. 25 Prozent schwerer. Weitere Ausstattungen waren die Dual-Bullet-Doppelscheinwerfer, das in Schwarz gehaltene Klaxon-Signalhorn, der Doppelrohrauspuff und die an der Vordergabel montierte Werkzeugbox. Ab dem Jahr 1932 hielten dann das verchromte Sunburst-Face-Horn, cadmierte Pedale und der John-Brown-Scheinwerfer mit sieben Zoll Durchmesser Einzug.

Harley-Davidson Flathead Fourty-Five DL

Im Jahr 1929 brachte die Harley-Davidson ein richtungsweisendes Alltagsmotorrad auf den Markt, das die D-Modellreihe einläutete. Der 45-Kubikinch-V-Twin-Motor wurde in zwei Versionen hergestellt – einmal mit geringer Verdichtung als „low compression" für den Alltag und mit höherer Verdichtung als „high compression" für den sportlicheren Einsatz. Die Kolben des Motors waren aus einer widerstandsfähigen Magnesiumlegierung (Dow-Metal) gefertigt, und für den Zündfunken sorgte eine Batteriespulenzündanlage, auch war das Modell mit einem Kickstarter und einem leisen Pipes-O'Pan-Auspuffsystem mit vier Endrohren ausgerüstet. Ab dem Jahr 1930 gehörten auch Doppelscheinwerfer, ein Klaxon-Horn und eine Vorderradbremse zur Erstausstattung des nun mit einem stärkeren Rahmen versehenen Motorrads. Ab dem Jahr 1931 kamen Schebler-Deluxe-Vergaser, ein Sunburst-Face-Horn, ein John-Brown-Sieben-Zoll-Scheinwerfer und Fishtail-Auspuffrohre zum Einsatz. Wahlweise war der Lenker in der Standard- oder Speedster-Ausführung zu haben. Mittlerweile legte Harley-Davidson auch Wert auf erste verchromte Teile, um die Standardfarbe der Harleys, das altbekannte Olivgrün, zu unterstreichen.

Baujahr	1929 bis 1931
Motorbauart	V-Zweizylinder
Hubraum (cm³)	746
Leistung (PS bei 1/min)	18,5
Vmax in (km/h)	113
Rahmen	Einschleifen-Stahlrohrrahmen, Schwinggabel vorne, ungefedertes Hinterrad
Gewicht (kg)	177

Baujahr	1928 bis 1929
Motorbauart	V-Zweizylinder
Hubraum (cm³)	1216
Leistung (PS bei 1/min)	29
Vmax in (km/h)	137
Rahmen	Einschleifen-Stahlrohrrahmen, Schwinggabel, Doppelfedern, ungefedertes Hinterrad
Gewicht (kg)	185

Harley-Davidson Two Cam IOE

Im Jahr 1927 kündigte Harley-Davidson ein stärkeres und besseres Modell an. Doch es sollte noch fast das gesamte Jahr 1928 verstreichen, bevor das neue Motorrad, die F-Head mit Zweizylinder-V-Motor, auf den Markt kommen sollte. Gesteuert wurde der große 1,2-Liter-Hochleistungsmotor über zwei Nockenwellen („two cam"), doppelte Einlassventilfedern ermöglichten eine höhere Drehzahl. Für eine bessere Kühlung sorgten großflächigere Rippen an den Zylindern und am Zylinderkopf. Eine verbesserte Schmierung der mechanischen Motorteile wurde nun über eine mit dem Gaszug zu regulierende Ölpumpe gewährleistet. Für die schwere Maschine wurden nun auch Vorderradbremsen verbaut. Die Trommelbremsen verzögerten nun die 185 Kilogramm schwere Maschine akzeptabel, und der sehr tief liegende einzelne Schwingsattel machte bei der Solofahrt ein sehr entspanntes Fahren möglich – auf Wunsch konnte er auch gegen einen zweisitzigen Buddy-Seat getauscht werden. Das Modell gab es in der Ausführung JH mit 1000 Kubikzentimetern und JDH mit 1200 Kubikzentimetern. Die Standardfarbe war immer noch ein Olivgrün, es war jedoch möglich, auch eine Zweifarbenlackierung zu ordern. Der Preis belief sich bei der 1,2-Liter-Maschine auf 370 US-Dollar.

Moto Guzzi GT Norge

Im Jahr 1928 fuhr Carlos Bruder Giuseppe Guzzi auf einer Moto Guzzi GT über 6000 Kilometer nach Norwegen und an den Polarkreis, um die Standfestigkeit und die Reisetauglichkeit der Moto Guzzi Motorräder unter Beweis zu stellen. Der Name „Norge (Norwegen)" in der Typenbezeichnung des ab diesem Jahr produzierten Moto-Guzzi-Motorrads sollte an die gefahrene Tour nach Norden erinnern. Während der Bauzeit von 1928 bis 1930 wurde der Komfort des Touren-Motorrades ständig verbessert. Für die Norge entwickelte Carlo Guzzi auch eine erste Hinterradfederung. Über vier gekapselte Federn im vorderen Teil des Rahmens unterhalb des Motors war ein System mit Dreiecksschwinge angebracht, das die Hinterachse abfederte. Diese Idee des gefederten Rahmens war für die eher konservative Motorradgemeinde jedoch zu fortschrittlich. In dieser Zeit war bei den meisten anderen Herstellern noch eine starre Hinterradaufhängung das Maß aller Dinge. Dennoch sollte Carlo Guzzi mit dieser Konstruktion der Hinterradfederung recht behalten, denn die späteren Rennerfolge mit diesem Federungssystem bewiesen die Genialität des Konzeptes und die Überlegenheit der mit diesem System ausgerüsteten Moto-Guzzi-Rennmaschinen. Im Jahr 1928 wurden bei Moto Guzzi bereits 50 Motorräder pro Woche gebaut.

Baujahr	1928 bis 1930
Motorbauart	liegender Einzylinder
Hubraum (cm³)	498
Leistung (PS bei 1/min)	18 bei 5000
Vmax in (km/h)	100
Rahmen	Doppelrohrrahmen aus Stahl, Parallelogramm-Federgabel vorne, Hinterradschwinge
Trockengewicht (kg)	150

Baujahr	1926 bis 1935
Motorbauart	Einzylinder
Hubraum (cm³)	346
Leistung (PS bei 1/min)	8
Vmax in (km/h)	90
Rahmen	Einschleifen-Stahlrohrrahmen, Schwinggabel mit Doppelfedern vorne, ungefedertes Hinterrad
Gewicht (kg)	114

Harley-Davidson Flathead Fourty-Five DL

Als sofortige Reaktion auf die Indian „Prince" brachte Harley-Davidson im Jahr 1926 gleich zwei neu entwickelte 350-ccm-Single-Heads heraus. Das Modell Solo A war mit einer Magnetzündung, das B-Modell mit einer Batteriezündung samt Beleuchtung versehen. Beide Modelle leisteten 8 PS und waren für einen Kampfpreis zwischen 210 und 235 Dollar zu haben. Für sportlichere Kunden gab es eine Sport Solo, die etwa 12 PS entwickelte. Für 300 Dollar gab es dann die Rennversion Solo OHV-S mit Sager-Vordergabel und 27-Zoll-Rädern. Dieses Modell wurde später, da es beim Gaswegnehmen knallende Geräusche von sich gab, „Peashooter" genannt. Die neuen Modelle waren sehr reparaturfreundlich und hatten komplett abnehmbare Zylinderköpfe, ein wartungsarmes Dreiganggetriebe und einen niedrigen Full-Floating-Schwingsattel. Zusätzliche Anbauteile waren klappbare Fußauflagen, ein Hinterradstützständer, ein Kickstarter, 26er-Ballonreifen und eine schwarze Klaxon-Hupe. Ab 1927 erhielten die Harleys einen verstärkten Rahmen, stärkere Kupplungsfedern und verbesserte Auspufftöpfe. 1928 gab es dann das Modell B mit Leichtmetallkolben und einer leichteren Kurbelwelle. Alle Modelle bekamen nun einen Luftfilter, eine vom Gasdrehgriff abhängige Alemite-Ölpumpe und eine zusätzliche Vorderradbremse. Ab 1929 wurde für die Modelle A und B eine komplette elektrische Anlage eingeführt. Die Modelle wurden auf Bestellung bis 1935 weitergebaut.

BMW R 37

In der Geschichte gab es einige Beispiele von Flugzeugbauern, die sich auch dem Bau von Motorrädern zuwandten. Doch selten wurde ein derartiger Erfolg daraus wie bei den Bayerischen Motoren-Werken. Da mit der Kapitulation des Deutschen Reichs nach dem Ersten Weltkrieg den deutschen Unternehmen jegliche Art von Luftfahrtaktivitäten untersagt wurde, stand auch BMW ohne Betätigungsfeld da. Ende des Jahres 1919 erteilte Generaldirektor Franz-Josef Popp seinem Chefkonstrukteur Max Friz den Auftrag, einen Motorradmotor zu entwerfen. Dieser entwickelte daraufhin einen Zweizylinder-Boxermotor, der für seine Zeit revolutionär war. Zuerst wurde das neue Triebwerk anderen Herstellern als Einbaumotor angeboten. Doch dann beschloss die neu gegründete „Bayerische Motorenwerke AG", selbst in die Zweiradproduktion einzusteigen und präsentierte im Jahr 1923 ihr erstes Modell, die BMW R 32. Die R 32 wurde ein voller Erfolg und schon bald um weitere Motorrad-Modelle ergänzt. BMWs erstes Sportmodell wurde von Rudolf Schleicher entwickelt. Die BMW R 37 basierte auf der R 32, hatte jedoch im Kopf hängende, ebenfalls vollgekapselte Ventile und leistete 16 PS, die die Maschine auf 115 km/h beschleunigten. Der Doppelschleifen-Rohrrahmen der R 32 zeigte sich der Leistung als bestens gewachsen.

Baujahr	1925 bis 1926
Motorbauart	Boxer-Zweizylinder
Hubraum (cm³)	494
Leistung (PS bei 1/min)	16 bei 4000
Vmax in (km/h)	115
Rahmen	Doppelschleifen-Rohrrahmen, Kurzschwinge, Reibungsstoßdämpfer vorne, keine Hinterradfederung
Gewicht (kg)	134

Baujahr	1925 bis 1940
Motorbauart	V-Zweizylinder
Hubraum (cm³)	990
Leistung (PS bei 1/min)	48 bei 4800
Vmax in (km/h)	170
Rahmen	Einschleifen-Rohrrahmen, Castle-Gabel, Kurzschwinge vorne, keine Hinterradfederung
Gewicht (kg)	200

Brough Superior SS 100

Der Konstrukteur, Unternehmer, Verkäufer und Rennfahrer George Brough gründete 1922 eine kleine Manufaktur zum Bau besonderer Motorräder, da er damit seinem Motorradideal folgen wollte und nicht der Preisvorstellung mancher Leute. Seine erste Straßenmaschine war die SS 80 mit einer Spitzengeschwindigkeit von 130 km/h. Dann, ab 1924, baute Brough eines der größten, schönsten und leistungsstärksten Motorräder vor dem Zweiten Weltkrieg, die Brough Superior SS 100. Dabei kam Brough zugute, dass er ein Meister im Marketing war. So fasste er in seinem SS100-Prospekt die Vorteile folgendermaßen zusammen: „Sie ist eine Maschine für den erfahrenen Motorradfahrer, der weiß, dass die SS 100 mit ihrer kolossalen Leistung ebenso mehr Aufmerksamkeit verlangt als andere Sportmaschinen, wie ein Rennpferd mehr Pflege braucht als ein gewöhnliches Pferd zum Ausreiten. Schenken Sie ihr diese Aufmerksamkeit und Sie haben eine Maschine, die zuverlässig allen anderen ihr Rücklicht zeigt." Der berühmteste Superior-Liebhaber war T. E. Lawrence, der sich spezielle Edelstahltanks an seine sieben SS 100 montieren ließ. Er liebte das Motorradfahren so sehr, dass er sogar ein Buch darüber schrieb. Doch die Liebe dauerte nicht ewig. Bei einer seiner schnellen Motorradfahrten stieß er mit einem Radfahrer zusammen und verunglückte tödlich. George Brough war nie zufrieden mit der Leistung der SS 100. Daher baute er viele Sondermodelle wie die Alpine GS und die Pendine.

Triumph Modell P

Nach dem Ersten Weltkrieg ging es bei Triumph durch die guten Verkäufe der Motorräder wirtschaftlich weiterhin bergauf. Das Werk beschäftigte inzwischen über 3000 Mitarbeiter, die pro Woche 1000 Einzylinder-Zweitakt- und -Viertakt-Maschinen fertigten. Wie eine Bombe schlug im Jahr 1925 das Modell „P" ein. Der 500er-Einzylinder-Viertakt-Motor mit Seitenventilsteuerung brachte es auf 5 PS, die über eine Kette auf das Hinterrad übertragen wurden. Mit dem Dreiganggetriebe mit Handschaltung brachte es das Modell auf eine Spitzengeschwindigkeit von über 80 km/h. Für 42,75 Pfund lag der Preis weit unter allem, was die Konkurrenz anzubieten hatte. Für diesen Preis waren als Serienausstattung sogar ein Gepäckträger und ein Werkzeugkasten am Motorrad angebracht. Die Werbung versprach beste Triumph-Qualität, doch wurde die „P" zunächst wegen ihrer Kinderkrankheiten berühmt. Erst nach gründlichen Überarbeitungen wurde der damalige Luxusliner zuverlässig.

Baujahr	1925 bis 1927
Motorbauart	Einzylinder
Hubraum (cm³)	494
Leistung (PS bei 1/min)	5
Vmax in (km/h)	85
Rahmen	starrer Stahlrahmen, Parallelogrammgabel vorne, keine Federung hinten
Gewicht (kg)	ca. 115

Baujahr	1925 bis 1928
Motorbauart	Einzylinder
Hubraum (cm³)	350
Leistung (PS bei 1/min)	7
Vmax in (km/h)	88,5
Rahmen	Kwystone-Stahlrahmen, Trapezgabel mit Mittelfeder vorne, keine Hinterradfederung
Gewicht (kg)	200

Indian Prince

Ab 1924 war man in Springfield bei Indian fest entschlossen, ein Motorrad nach europäischem Vorbild auf den Markt zu bringen. Also stellte die Firma 1925 ein neues, seitengesteuertes Einzylindermodell, die „Prince" vor, die von Charles Franklin entwickelt worden war. Sie sollte 185 Dollar kosten. Die „Prince" war mit einer verstellbaren Ölpumpe und einer zusätzlichen Handpumpe ausgerüstet, um im hohen Drehzahlbereich ein Überhitzen des Motors zu verhindern. Mit ihrer geringen Kompression von 5,5 : 1 ließ sich die Maschine sehr leicht starten und verbrauchte auf 100 Kilometer lediglich vier Liter Treibstoff. Für das Folgejahr entwickelte Franklin eine oben gesteuerte Motorversion, die speziell für den europäischen Motorsport in einer geringen Auflage produziert wurde. Da England im Jahr 1926 Schutzzölle für die billige ausländische Konkurrenz einführte, musste sich nicht nur Indian auf den heimischen Absatzmarkt konzentrieren. Hier war die Indian „Prince" vor allem beim weiblichen Publikum und bei den Studenten sehr beliebt. Zu dieser Zeit entwickelte sich ein unerbittlicher Kampf im Motorsport zwischen Harley-Davidson und Indian in der neuen 350-ccm-Klasse. Der bekannteste Fahrer war hier Johnny Seymour, der eine von Franklin entwickelte 350er-Maschine bekam. Er fuhr im Fünf-Meilen-, Zehn-Meilen- und im 25-Meilen-Rennen von Syracuse neue Rekorde gegen die Harley-Davidson-Fahrer Jim Davis, Joe Petrali und Curly Fredericks.

Brough Superior SS 80

Bereits die ersten Zweiräder, die George Brough nach dem Verlassen der väterlichen Werkstatt im Jahr 1921 entwickelte, gehörten zu den schnellsten Motorrädern überhaupt. Da Brough auch Motorradrennen fuhr, dauerte es nicht lange, bis er mit einer seiner Maschinen, die einen JAP-Motor mit 70 PS hatte, mit 214 km/h einen Weltrekord für Solomotorräder aufstellte. Im Jahr 1924 brachte der kleine Betrieb dann die seitenventilgesteuerte Brough Superior SS 80 auf den Markt. Bei der Typenbezeichnung stand die „80" für die Höchstgeschwindigkeit in Meilen. Diese Geschwindigkeit wurde in Wahrheit jedoch leicht übertroffen. In einem selbst hergestellten Fahrgestell war ein 980-ccm-Seitenventiler von JAP montiert, der die Maschine auf damals beachtliche 130 km/h beschleunigte. Zur damaligen Zeit galten die Brough als Rolls-Royce unter den Motorrädern, so ist es nicht verwunderlich, dass auch der Schauspieler Steve McQueen unter seinen über 100 Motorrädern eine SS 80 aus dem Jahr 1931 besaß. Der Verkaufswert dieser Maschine wird auf ca. 350.000 Euro geschätzt. Für den Prototyp der größeren SS 100 wurden bereits bis zu 700.000 US-Dollar geboten, die Unglücks-Brough des berühmten Schriftstellers T. E. Lawrence wird im Moment auf 1,2 Millionen Euro geschätzt. Sie steht im Imperial War Museum in London.

Baujahr	1924 bis 1939
Motorbauart	V-Zweizylinder
Hubraum (cm³)	986
Leistung (PS bei 1/min)	24
Vmax in (km/h)	130
Rahmen	Rohrrahmen aus Stahl, Trapezgabel vorne, keine Federung am Hinterrad
Gewicht (kg)	ca. 90

Baujahr	1924 bis 1927
Motorbauart	liegender Einzylinder
Hubraum (cm³)	498,7
Leistung (PS bei 1/min)	22 bei 5500
Vmax in (km/h)	150
Rahmen	Doppelrohrrahmen aus Stahl, Parallelogramm-Federgabel vorne, ungefederte Hinterachse
Trockengewicht (kg)	130

Moto Guzzi C4V

Im Jahr 1924 entwarfen Guzzi und Parodi nach den Rennerfolgen der Normale und der im Jahr 1923 gebauten C2V die C4V, „Quattro Valvole". Sie war die erste reine Grand-Prix-Maschine von Moto Guzzi. Das „C" kennzeichnete ab diesem Modell alle Rennmaschinen, „4V" stand hingegen für die eingesetzte Vierventiltechnik. In einer nur geringen Stückzahl wurde das Rennmotorrad an ausgewählte Kunden verkauft. Durch ihr geringes Gewicht von gerade einmal 150 Kilogramm und das Dreiganggetriebe war die C4V in der Lage, 150 km/h zu erreichen, eine Geschwindigkeit, die lange Zeit von keinem anderen Motorrad in dieser Kubikklasse überboten wurde. Eine Trommelbremse gab es nur für das Hinterrad. Schon bald stellten sich die ersten Siege des Motorrads ein, und Moto Guzzi konnte den ersten Gewinn der Europameisterschaft beim I. Großen Preis der F.I.C.M. am 6. September 1924 in Monza für sich verbuchen. Guido Mentasti wurde Erster und Erminio Visioli Zweiter in der Klasse bis 500 Kubikzentimeter. Das Rennmotorrad war aber auch bei Langstrecken- und Bergrennen sehr erfolgreich, wo die C4V so manchen Sieg für sich verbuchen und die bis dahin dominierenden britischen Maschinen allesamt verblasen konnte.

Moto Guzzi Normale

Nach dem Ersten Weltkrieg fanden sich der spätere Unternehmer Carlo Guzzi, der Sohn eines Reeders, Giorgio Parodi, und der Rennfahrer und Flieger Giovanni Ravelli zusammen, um ein Motorrad nach ihrer Vorstellung zu bauen. Bereits im Jahr 1921 war eine erste robuste und wirtschaftliche Serienmaschine fertiggestellt. Da der Bedarf an Motorrädern nach dem Krieg auch in Italien sehr groß war und die Moto Guzzi Normale von typischen technischen Problemen der damaligen Zeit verschont blieb, erfreute sich das Motorrad einer anhaltenden Beliebtheit. Das Konzept des liegenden Einzylindermotors mit dem großen Schwungrad sollte bis in die 1970er-Jahre ein fester Bestandteil der Produktion von Motorrädern im italienischen Städtchen Mandello del Lario bleiben. Zu dieser Zeit setzten viele andere Hersteller noch auf einen Motor mit separatem Getriebe, nicht so Moto Guzzi. Bereits in der Normale war ein Blockmotor ohne getrenntes Getriebe eingebaut. Geschaltet wurde das Dreiganggetriebe des Motorrads mit einem Hebel an der rechten Tankseite. Die für die damaligen Verhältnisse perfekte Grundform der Normale garantierte einen Produktionszeitraum bis 1924. Doch auch in den Nachfolgemodellen wurde das Konzept des Motorrads bis in die 1930er-Jahre fast unverändert umgesetzt.

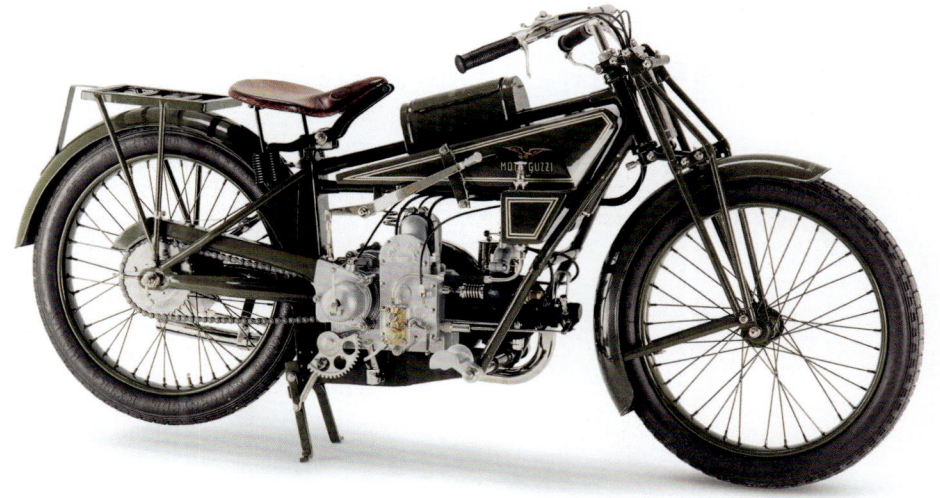

Baujahr	1921 bis 1924
Motorbauart	liegender Einzylinder
Hubraum (cm³)	498
Leistung (PS bei 1/min)	8 bei 3000
Vmax in (km/h)	80
Rahmen	Doppelrohrrahmen aus Stahl, Parallelogramm-Federgabel vorne, ungefederte Hinterachse
Trockengewicht (kg)	129,3

Baujahr	1919 bis 1923
Motorbauart	Boxer-Zweizylinder
Hubraum (cm³)	584
Leistung (PS bei 1/min)	6
Vmax in (km/h)	80
Rahmen	Einschleifen-Rohrrahmen, gezogene Schwinge, ungefedertes Hinterrad
Gewicht (kg)	120

Harley-Davidson Längs-Twin W Sport Twin

Nach dem Ersten Weltkrieg hatte sich das Motorrad als Spaß- und Freizetgerät in Amerika etabliert, daher sah sich auch Harley-Davidson genötigt, neue Wege bei der Konstruktion von Motorrädern zu gehen. Doch gerade ein Motorrad mit einem längs verbauten Zweizylinder-Boxermotor zu bauen, war zu dieser Zeit ein ziemliches Wagnis, denn die Erfahrung mit dieser Art von Motoren war für die Company ein absolutes Neuland. Doch die Sport-Twin, gebaut nach dem europäischen Vorbild der englischen Douglas Boxer, entpuppte sich schnell als ein sehr ausgereiftes und leichtes Sportmotorrad. Zwar leistete der Motor nur „magere" 6 PS, doch dank des geringen Gesamtgewichts von nur 120 Kilogramm war eine Spitzengeschwindigkeit von 80 km/h und mehr kein Problem. In der zukunftsweisenden Maschine waren bereits einige neue Finessen eingebaut, die sich erst später etablierten, wie eine Nockenwelle, die alle vier Ventile antrieb, oder ein Abgasrohr, das die Auspuffwärme zur besseren Verbrennung ausnützte. Die Antriebskette des Motorrads war gegen Schmutz und Staub komplett geschützt, und eine speziell gefederte Merkel-Gabel sorgte auf schlechten Straßen für besseren Fahrkomfort. Doch obwohl sich das Modell im Ausland gut verkaufte, war es nur bis 1923 im Programm.

Harley-Davidson F-Head First Twin 17J

Ab dem Auslieferungsjahr 1916 wurden alle Modelle nach den Jahreszahlen benannt. So hatte das Modell 17 J (17 = Baujahr, J = Spulenzündung) einen längs gelagerten V2-Motor mit 989 Kubikzentimetern Hubraum. Am Zylinderkopf befand sich das hängende Einlassventil, während das Auslassventil seitlich stand. Diese wechselgesteuerten Ventile blieben bis in die 1920er-Jahre typisch für die Zweizylinder-Harleys. Eine Kolbenpumpe sicherte die automatische Motorschmierung. Das Dreiganggetriebe, das man mit einem langen Schalthebel an der linken Seite bediente, wurde ebenso wie das Hinterrad von einer Kette angetrieben, der Fuß betätigte die Mehrscheiben-Trockenkupplung. Der Schiebervergaser war mit einem drehbaren Lenkgriff verbunden. Das 16 PS starke und 147 Kilogramm schwere Motorrad schaffte 105 km/h. Im April 1917 traten die USA in den Ersten Weltkrieg ein, und in Milwaukee entstanden die ersten Militärmaschinen. Die Standardfarbe der Militärmotorräder, das Army Green, wurde auch nach dem Krieg noch eine Zeit lang beibehalten und löste das populäre Vorkriegsgrau ab. Die großen Zweizylindermaschinen entsprachen besser den Anforderungen des amerikanischen Marktes, daher lösten sie die Einzylindermodelle endgültig ab.

Baujahr	1917 bis 1920
Motorbauart	V-Zweizylinder
Hubraum (cm³)	988
Leistung (PS bei 1/min)	16
Vmax in (km/h)	105
Rahmen	Einschleifen-Rohrrahmen, Schwinggabel, ungefedertes Hinterrad
Gewicht (kg)	147

Baujahr	1914
Motorbauart	V-Zweizylinder
Hubraum (cm³)	810,42
Leistung (PS bei 1/min)	6,5
Vmax in (km/h)	97
Rahmen	Einschleifen-Rohrrahmen, Schwinggabel, ungefedertes Hinterrad
Gewicht (kg)	146

Harley-Davidson F-Head First Twin 10F

Die wechselgesteuerten Zweizylindermodelle von Harley-Davidson waren zwischen 1912 und 1921 ständigen Verbesserungen unterzogen. Zur Optimierung des noch neuen Motors änderten die Techniker mehrmals das Verhältnis von Hub und Bohrung. So hatten die Modelle 8 und 9 einen Hubraum von 1044 Kubikzentimetern, der 8 PS brachte. Als Zubehör gab es des Weiteren eine handbetriebene Ölpumpe, den gerade patentierten Full-Floating-Schwingsattel und eine Azetylen-Lichtanlage. Ab 1914 kam auch ein neu entwickeltes Zweiganggetriebe in der Hinterradnabe zum Einsatz. Weitere Neuheiten waren eine fortschrittliche Free-Wheel-Control-Kupplung und ein nach vorne zu tretender Step-Starter. Auch wurde die Innenbackenbremse verbessert, und die ersten Trittbretter wurden eingeführt. Im Jahr 1915 änderte man die handbediente Ölpumpe in eine automatische Ölpumpe mit Schauglas ab. Zum ersten Mal wurde nun auch eine zweiteilige Magnetlichtanlage (Remy Modell 15) mit Scheinwerfer und demontierbarem Rücklicht angeboten. Ein Signalhorn gab es gegen Aufpreis. Da die Vielfalt an Modellen und Motoren fast unübersichtlich geworden war, entschied sich Harley-Davidson ab 1916 alle Modelle zu standardisieren.

Harley-Davidson F-Head Single, Model 9 A/B

Im Jahr 1913 bekamen die Harley-Davidson-Einzylindermodelle eine Kette und ein Getriebe, und der Motorradproduzent stieg werksmäßig in den Motorsport ein. Zum Einsatz kam nun der wechselgesteuerte Motor mit dem mechanischen Einlassventil. Mit der neu entwickelten Hinterrad-Zweigangschaltung erreichte das Motorrad eine Geschwindigkeit von 96 km/h. In England eröffnete die erste Niederlassung ihre Verkaufsräume, und die Jahresproduktion betrug 1913 12.904 Einheiten. Das erste Motorrad mit einer Fahrleistung von 100.000 Meilen wurde gefeiert. Die Modelle wurden nun auch mit einem Kickstarter ausgestattet, und der erste Seitenwagen wurde angeboten. Die Harley-Davidson wurde durch ihre sprichwörtliche Zuverlässigkeit zum Inbegriff von Freiheit und Abenteuer. Es genügten eine Zahnbürste und ein Schlafsack, um sich auf eine Tour mit dem Motorrad zu machen. Wenn keine Unterkunft gefunden wurde, schlief man im Straßengraben. Bei einem Verbrauch von einer Gallone auf 80 Meilen schaffte es der Harley-Lenker um die 200 Kilometer weit. In der Nacht leuchtete dabei nur eine alte Azetylen-Lampe den Weg in die Ferne, und wieder zurück vom Reiseabenteuer war meist nur ein Reifen platt.

Baujahr	1913 bis 1918
Motorbauart	Einzylinder
Hubraum (cm³)	565
Leistung (PS bei 1/min)	4,5
Vmax in (km/h)	80
Rahmen	Einschleifen-Rohrrahmen, Schwinggabel, Doppelfedern, ungefedertes Hinterrad
Gewicht (kg)	143

Baujahr	1917 bis 1920
Motorbauart	Einzylinder
Hubraum (cm³)	500
Leistung (PS bei 1/min)	4
Vmax in (km/h)	72
Rahmen	Schleifenrahmen aus Stahl, Schwinggabel mit Blattfeder, ungefedertes Hinterrad
Gewicht (kg)	104,3

Indian Single 4 HP

Aus dem im Jahr 1912 auf den Markt gekommenen Indian-500-ccm-Motorrad entwickelte Hedstrom für den Rennfahrer Jake DeRosier eine ganz spezielle Rennmaschine mit einem Zylinder, der vier Ventile hatte. DeRosier wollte in Brooklands in einem bevorstehenden Wettkampf seinen britischen Kontrahenten Charly Collier mit seiner Matchless unbedingt schlagen. Früh war DeRosier bereits an die Strecke angereist, um den Zustand zu prüfen, und trotz der betonierten Oberfläche war die Rennstrecke holpriger als die amerikanischen Holzbahnen. Daher entschied man sich vor Ort, noch einige Änderungen zusätzlich vorzunehmen. Um die Vorderradbewegungen besser kontrollieren zu können, wurde die Blattfeder an der Vordergabel gekürzt. Zusätzlich wurden die fahrradähnlichen Pedale entfernt und durch feste Fußrasten ersetzt. Kniestützen an beiden Seiten des Tanks unterstützten den festen Halt der Beine. Am Renntag waren die Ränge am Rand der Strecke mit Zuschauern gefüllt. Lauter Jubel ertönte, als sich die beiden Fahrer hinter dem Startwagen einordneten, um nach dem fliegenden Start ein erstes Zwei-Runden-Rennen zu absolvieren. Obwohl DeRosier anfänglich zurücklag, konnte er das erste Rennen noch auf der Zielgeraden gewinnen. In der zweiten Runde des folgenden Fünf-Runden-Rennens platzte DeRosier der Vorderreifen. Dennoch konnte er die Maschine aus 129 km/h ohne weiteren Schaden zum Stehen bringen. Doch das dritte Zehn-Runden-Rennen gewann DeRosier wieder souverän.

Harley-Davidson F-Head First Twin 7D

Das zweite V-Twin-Modell von Harley-Davidson war die 7D. Der neu entwickelte IOE-F-Head-Motor war nun besser gelungen als die erste Zweizylinder-Motorenvariante. Er hatte nun ein oben liegendes zwangsgesteuertes Einlassventil, das über eine Nocke gesteuert wurde, die sogenannte Wechselsteuerung, auch „inlet over exhaust" genannt. Eine überarbeitete Vorrichtung zum Spannen des Riemens verhinderte nun das Durchrutschen des Lederriemens beim Anfahren. Der Hubraum des in einem verstärken Rahmen hängenden modifizierten V-Motors war jedoch nicht geändert worden und hatte immer noch 810 Kubikzentimeter. Er entfaltete eine Leistung von ca. 6,5 Pferdestärken. Weitere Verbesserungen folgten im Jahr 1912 mit einer Erhöhung des Hubraums auf 1044 Kubikzentimeter und dem Einbau einer Kupplung sowie einer in den Rahmen integrierten Sattelfederung. Ein Jahr später kamen erstmals ein Getriebe und eine Rollenkette als Hinterradantrieb zum Einsatz, wiederum im Jahr darauf der Kickstarter. Im Jahr 1915 wurde schließlich der Hubraum auf 988 Kubikzentimeter gesenkt und ein Dreiganggetriebe eingebaut. Die Gesamtanzahl der Jahresproduktion belief sich im Jahr 1911 auf 5625 Motorräder.

Baujahr	1911
Motorbauart	V-Zweizylinder
Hubraum (cm³)	810,42
Leistung (PS bei 1/min)	6,5
Vmax in (km/h)	97
Rahmen	Einschleifen-Rohrrahmen, Schwinggabel, Doppelfedern vorne, ungefedertes Hinterrad
Gewicht (kg)	ca. 150

Baujahr	1909
Motorbauart	V-Zweizylinder
Hubraum (cm³)	810,42
Leistung (PS bei 1/min)	7
Vmax in (km/h)	72
Rahmen	Einschleifen-Rohrrahmen, Schwinggabel, Doppelfedern vorne, ungefedertes Hinterrad
Gewicht (kg)	ca. 150

Harley-Davidson F-Head First Twin 5D

Lang erwartet, stellte Harley-Davidson im Jahr 1909 das Modell 5D mit dem ersten konkurrenzfähigen Zweizylindermotor des Unternehmens vor. Um den Rahmen des Einzylindermodells beibehalten zu können, war eine kompakte Konstruktion des Motors gefragt. Daher legte man den V-Motor als klassischen „Inline-V" ohne Seitenversatz um die Pleuel-Fußbreite und im engen Zylinderwinkel von 45 Grad aus. Der Zweizylinder-V-Motor mit 45 Grad Zylinderwinkel und Gabelpleuel gilt seit dieser Zeit als der klassische Harley-Davidson-Antrieb. Seine raumsparende Konstruktion führte zu einer unregelmäßigen Zündfolge: Die Zylinder zünden jeweils um 315 beziehungsweise 405 Grad versetzt, was dem Harley-Davidson-V-Twin sein charakteristisches Laufgeräusch verleiht, das lautmalerisch oft mit „Potato-Potato" beschrieben wird. Das Motorgehäuse und die Kurbelwellenlager des V-Zweizylinders wurden gegenüber dem Einzylinder etwas verstärkt mit den „Schnüffelventilen". Sie funktionierten aber durch die in dem V2-Motor herrschenden veränderten Druckverhältnisse nicht mehr zuverlässig, und der 810-ccm-Motor startete schlecht. Nach bereits 27 Motorrädern wurde das Modell 5D eingestellt, da man die Probleme nicht in den Griff bekam.

Triumph 363

Die Ursprünge von Triumph gehen auf den 1884 aus Deutschland eingewanderten Siegfried Bettmann zurück, der zwei Jahre später die Bonneville Coventry Ltd. mit Sitz in Hinckley, England, gründete. Zunächst begann der clevere Geschäftsmann mit dem Handel von Fahrrädern, und schon im Jahr 1886 ließ er sich „Triumph" als Markennamen schützen. Gemeinsam mit seinem deutschen Ingenieur Mauritz Schulte entstand in der Fabrik in Coventry im Jahr 1902 das erste Triumph-Einzylinder-Motorrad. Bereits drei Jahre nach dem Einstieg ins Motorradgeschäft konnte Triumph im Jahr 1905 das erste selbstentwickelte Einzylinder-Motorrad anbieten. Jetzt saß der Motor da im Rahmen, wo sonst beim Fahrrad die Pedale zu finden waren. Zwar verzichtete man auch weiterhin nicht auf den Notantrieb, doch befanden sich die Tretkurbeln weiter hinten. Der Motorantrieb zum Hinterrad erfolgte direkt über einen Lederriemen. Eine Kupplung oder ein Schaltgetriebe gab es damals noch nicht.

Baujahr	1906 bis 1907
Motorbauart	Einzylinder
Hubraum (cm³)	363
Leistung (PS bei 1/min)	3
Vmax in (km/h)	80
Rahmen	starrer Stahlrahmen, Parallelogrammgabel vorne, keine Federung hinten
Gewicht (kg)	ca. 80

Baujahr	1903 bis 1905
Motorbauart	Einzylinder
Hubraum (cm³)	405,2
Leistung (PS bei 1/min)	3
Vmax in (km/h)	56
Rahmen	Einschleifen-Rohrrahmen, keine Federung, gefederter Sattel
Gewicht (kg)	81

Harley-Davidson Silent Grey Fellow

Die Produktion bei Harley-Davidson begann mit einem in einem fahrradähnlichen Rahmen montierten Einzylindermotor, der das Hinterrad über einen Riemen direkt antrieb. Das kleine Motorrad besaß weder ein Getriebe noch eine Kupplung. Die Zündung wurde von einer Batterie gespeist, ab dem Jahr 1909 wurden auch Magnetzünder eingesetzt. Die Konstrukteure legten großen Wert auf Stabilität und Qualität, was den Maschinen den Ruf von zuverlässigen Alltagsgeräten einbrachte. Wegen ihrer ab dem Jahr 1906 grauen Lackierung und aufgrund der für jene Pioniertage verhältnismäßig guten Schalldämpfung erhielt die Maschine mit dem 400-ccm-Motor bald den Spitznamen „Silent Gray Fellow" (leiser grauer Kamerad). Im Jahr 1903 wurden lediglich drei Modelle gebaut. Im Jahr 1904 waren es dann vier Motorräder. Ab 1906 wurde das Volumen des nun an vier Punkten aufgehängten Motors auf 440 Kubikzentimeter vergrößert, was beachtliche Mehr-PS brachte. In diesem Jahr kam auch zu der grauen Lackierung ein Schwarzton hinzu. Im Jahr 1907 wurde erstmals die Springer-Vordergabel in die Modelle eingebaut, und der Pilot konnte auf freier Strecke die Leistung durch eine zu öffnende Auspuffklappe nochmals leicht erhöhen.

Neckarsulmer Motorrad (NSU) Typ 1 1/4 PS

Das Unternehmen wurde 1873 als „Mechanische Werkstätte zur Herstellung von Strickmaschinen" von Christian Schmidt und Heinrich Stoll in Riedlingen an der Donau gegründet. 1880 zog die Werkstatt nach Neckarsulm um. Am 27. April 1884 wurde das Unternehmen in eine Aktiengesellschaft umgewandelt und hieß von da an Neckarsulmer Strickmaschinen-Fabrik AG. Die Fahrradherstellung begann 1886 mit dem Hochrad „Germania", dem ersten Hochrad von NSU, später folgten auch Niederräder. Nachdem ab 1892 keine Strickmaschinen mehr produziert wurden, firmierte das Unternehmen nochmals um und nannte sich ab 1897 „Neckarsulmer Fahrradwerke AG". Ab 1901 wurden auch Motorräder produziert, und so ist NSU maßgeblich an der frühen Entwicklung von Motorrädern in Deutschland beteiligt. Das erste Motorad der Neckarsulmer war das mit einem 211-Motor ausgestattete Einzylindermodell. Der Motor selbst war noch keine Eigenkonstruktion, sondern stammte aus der Schweiz. Es war ein Zedel-Einzylinder-Viertakt-Motor von Zürich & Lüthi aus Zürich, den man als anschraubbares Fahrradzubehör kaufen konnte. Das erste „Neckarsulmer Motorrad" mit einer Leistung von ca. 1,25 PS erreichte eine Spitzengeschwindigkeit von knapp 40 km/h. Ab 1904/05 hießen die Motorräder dann „N. S. U.". Im Jahr 1906 begann nach dem dreirädrigen „Sulmobil" die Entwicklung von Automobilen mit dem Namen „Neckarsulmer Motorwagen". Ab 1913 firmierte das Unternehmen als „Neckarsulmer Fahrzeugwerke AG" und „NSU".

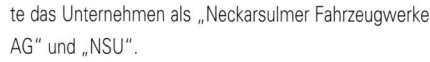

Baujahr	1903 bis 1905
Motorbauart	Einzylinder
Hubraum (cm³)	405,2
Leistung (PS bei 1/min)	3
Vmax in (km/h)	56
Rahmen	Einschleifen-Rohrrahmen, keine Federung, gefederter Sattel
Gewicht (kg)	81

Baujahr	1901 bis 1906
Motorbauart	Einzylinder
Hubraum (cm³)	213
Leistung (PS bei 1/min)	1,75
Vmax in (km/h)	ca. 50
Rahmen	verstärkter Dreiecksrahmen aus Stahl, keine Federung
Gewicht (kg)	38,4

Hedstrom Motor Cycle

Die „Hendee Manufacturing Company" wurde 1900 von dem Fahrradfabrikanten George M. Hendee und dem Motorenkonstrukteur Carl Oskar Hedstrom gegründet. Ein Jahr später brachten die beiden jungen Unternehmer ihren ersten Viertakt-Single mit 213 Kubikzentimetern und 1,75 PS unter der Bezeichnung Hedstrom Motor Cycle auf den Markt. Im Prinzip ähnelte das Gefährt noch sehr einem Fahrrad mit Hilfsmotor. Im Gegensatz zu anderen Motorradherstellern, die auf Riemenantrieb schworen, wurde bei der „Indian" das Hinterrad bereits über eine Kette angetrieben. Der Markenname „Hedstrom" sollte nicht von langer Dauer sein. Bald änderten die beiden Firmenbosse Hendee und Hedstrom den Firmennamen in „Indian Motocycle" und entwarfen das berühmte Firmenlogo, das sie schützen ließen. Keiner konnte ahnen, dass dieses „echt" amerikanische Produkt einmal Motorradgeschichte schreiben würde. Hedstrom und Hendee hatten ihr Motorradwerk professionell organisiert und nach modernsten Erkenntnissen eingerichtet. Sechs Jahre nach der Firmengründung und zwei Jahre vor Harley-Davidson konstruierte Hedstrom 1906 einen 42-Grad-Zweizylinder-V-Motor mit 633 Kubikzentimetern und 4 PS. 1907 konnte der Kunde zwischen der Indian mit Einzylindermotor oder V-Motor wählen. Landauf, landab wurden an ausgewählte Händler Verträge vergeben und Importeure in Südamerika, Südafrika und Australien gesucht. Bis 1913 hatte sich das Unternehmen zu einem gewaltigen Motorradproduzenten mit über 3000 Mitarbeitern entwickelt.

FN 133 ccm

Die belgische Firma Fabrique Nationale d'Armes de Guerre (FN) mit Sitz in Herstal bei Lüttich (Liège) wurde 1889 gegründet. 1895 startete man mit Fahrradrahmen, 1898 folgte die Fahrradproduktion, und ab 1900 wurde mit Motorrädern begonnen. Das erste FN-Modell besaß einen leichten Einzylinder-Viertakt-Motor mit einem automatischen „Schnüffelventil" als Einlassventil. Mit diesem 133-ccm-Modell begann die Motorradfertigung bei FN. Die Motorleistung des kleinen Motörchens von 1 1/4 PS wurde direkt über den Lederriemen auf eine Riemenscheibe am Hinterrad übertragen. Die Ähnlichkeit eines Fahrrades war bei diesem Modell noch unverkennbar. Die Vordergabel war noch ungefedert und der Rahmen ohne stabilisierende Versteifungen. Beim Nachfolgemodell wurden die Dimensionen bereits verändert. Zwischen 1901 und 1902 entwickelte FN auch das erste serienmäßige Vierzylinder-Motorrad der Zweiradgeschichte. Am 21. Oktober 1926 fuhr man vier Weltrekorde, der bemerkenswerteste davon waren 183,5 km/h mit einer Halbliter-FN über den „Fliegenden Kilometer". Am 22. April 1934 überbot der bekannte belgische Rennfahrer Réné Milhoux, der vorher schon mit der Konkurrenzmarke Gillet rund 60 Weltrekorde auf seiner Erfolgsliste stehen hatte, den 1932 von Ernst Henne auf BMW auf 214,22 km/h gesetzten Halbliter-Weltrekord und markierte ihn neu mit 224,019 km/h – 1934! 1963 stellte FN in Herstal die Motorradproduktion ein.

Baujahr	ab 1901
Motorbauart	Einzylinder
Hubraum (cm³)	133
Leistung (PS bei 1/min)	1,25
Vmax in (km/h)	bis 40
Rahmen	verstärkter Fahrradrahmen
Gewicht (kg)	ca. 30

Baujahr	1894 bis 1895
Motorbauart	Zweizylinder-Tandem
Hubraum (cm³)	1488/1530
Leistung (PS bei 1/min)	2,5 bei 240
Vmax in (km/h)	ca. 40
Rahmen	verstärkter Dreiecksrahmen aus Stahl, keine Federung
Gewicht (kg)	84

Hildebrand & Wolfmüller Motorrad

Firmen mit den unterschiedlichsten Wurzeln beschäftigten sich um die letzte Jahrhundertwende mit motorisierten Zweirädern. Die meisten, wie Bianchi in Italien (ab 1897), Adler in Deutschland, Norton in England oder Peugeot in Frankreich (alle ab 1899), produzierten in erster Linie Fahrräder. Andere nahmen sich dieses aufblühenden Marktes an, weil im angestammten Bereich die Umsätze zurückgingen und man so ein neues Betätigungsfeld sah. So die Münchner Brüder Wilhelm und Heinrich Hildebrand mit ihrem Partner Alois Wolfmüller. So stammte auch das erste in Serie produzierte Motorrad der Welt aus deutscher Produktion. Wilhelm und Heinrich Hildebrand und ihr Partner Alois Wolfmüller ließen sich das Wort „Motorrad" schützen. Der Zweizylinder-Viertakt-Motor mit Glührohrzündung und Wasserkühlung hatte knapp 1,5 Liter Hubraum und leistete 2,5 PS. Insgesamt wurden 2000 Exemplare der Hildebrand & Wolfmüller produziert.

Daimler „Reitwagen"

Zehn Jahre nach Ottos Zukunftsmotor schoben Gottlieb Daimler und Wilhelm Maybach am 10. November 1885 ein Holzfahrgestell mit einem leichteren und leistungsstärkeren Verbrennungsmotor aus dem ehemaligen Gewächshaus. Die erste Fahrt nach Untertürkheim soll den Erzählungen nach Daimlers Sohn Paul zusammen mit Wilhelm Maybach gemacht haben. Gottlieb traute schon damals dem Zweirad nicht, weshalb er zwei seitliche Stützräder für die Schräglage montiert hatte. Dennoch belegt die Patentschrift ein Einspurfahrzeug. Damit sollte das „Reitwagen" genannte Fahrzeug bis heute als Ursprung aller Zweiräder gelten. Maybach entwickelte später das Patentmodell in Friedrichshafen weiter und setzte den Bau von Motorrädern in seiner Fabrik im kleinen Stil fort. Das Originalmotorrad wurde im Jahr 1903 bei einem Brand zerstört, doch Mercedes baute bis heute zehn Fahrzeuge nach, die auch derzeit noch während Ausstellungen und Messen gerne gezeigt werden. Jeweils ein Exemplar ist im Mercedes-Benz-Museum in Stuttgart und im Deutschen Museum in München zu bestaunen.

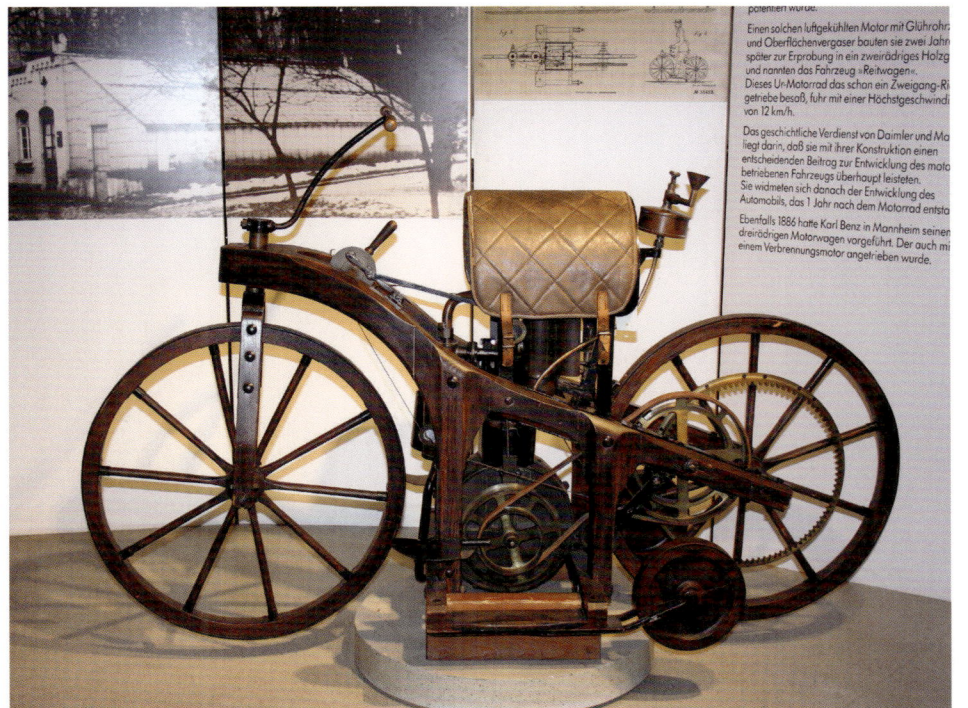

Baujahr	1885
Motorbauart	Einzylinder
Hubraum (cm³)	264
Leistung (PS bei 1/min)	0,5 bei 700
Vmax in (km/h)	bis 12
Rahmen	Rahmen aus Hickory-Holz, mit Eisenplatten verstärkt
Gewicht (kg)	90

Allright

Die Köln-Lindenthaler Metallwerke AG baute von 1901 bis 1927 Motorräder mit belgischen FN-, Kelecom- und Minerva-Motoren. Dabei verwendete man außer dem englischen Namen „Allright" auch den Namen „Tiger". Allright-Motorradmodelle, die nach England exportiert wurden, hießen dort Vindec-Spezial und V.S. Die Motorräder waren ab dem Jahr 1903 mit in Aachen ge-bauten Fafnir-Einzylinder- und V-Zweizylindermotoren ausgerüstet. Die abgebildete Maschine aus dem Jahr 1903 hatte einen 320-Kubikzentimeter-Einzylindermotor. Die Leistung betrug 2,25 PS. Damit und mit Riemenantrieb konnte das Motorrad auf 35 km/h beschleunigt werden.

Index

Bildnachweis

Benelli, Betamotor S.p.A., Bimota Deutschland, BMW AG, Boss Hoss Cycles GmbH, Buell, Derbi Schweiz, Ducati Motor, Holding S.p.A, Enfield Cycle Company, Harley-Davidson Germany GmbH, Herta Jarczok, Honda Deutschland, Horex GmbH, Kawasaki Motors Europe N.V., Moto Morini s.r.l., Motorenwerke Zschopau GmbH, Münch Motorrad Technik GmbH, MV Agusta, Assistance GmbH, Piaggio & C. SpA, Polaris Industries, Sachs Fahrzeug- und Motorentechnik GmbH, Suzuki international Europe GmbH, Triumph Motorrad Deutschland GmbH, Venturi Automobiles, Gerfried Vogt-Möbs, Wunderlich GmbH, Yamaha Motor Deutschland GmbH